特殊土加固理论与实践系列
湖北省学术著作出版基金资助项目
国家自然科学基金资助研究项目(编号:40972185,41202199,41272308)
高等学校博士学科点专项科研基金资助项目(编号:200804910504,20120145110014)

膨胀土工程特性及改性理论研究

刘清秉　项　伟　吴云刚　张伟锋　著

图书在版编目(CIP)数据

膨胀土工程特性及改性理论研究/刘清秉等著. —武汉：中国地质大学出版社，2015.12
ISBN 978 - 7 - 5625 - 3324 - 5

Ⅰ.①膨…
Ⅱ.①刘…
Ⅲ.①膨胀土-基础(工程)-研究
Ⅳ.①TU475

中国版本图书馆 CIP 数据核字(2013)第 303595 号

膨胀土工程特性及改性理论研究		刘清秉　项　伟　吴云刚　张伟锋 著
责任编辑：陈　琪		责任校对：张咏梅
出版发行：中国地质大学出版社(武汉市洪山区鲁磨路 388 号)		邮政编码：430074
电　　话：(027)67883511	传真：67883580	E - mail：cbb @ cug.edu.cn
经　　销：全国新华书店		http://www.cugp.cug.edu.cn
开本：787 毫米×1092 毫米 1/16	字数：333 千字	印张：13
版次：2015 年 12 月第 1 版	印次：2015 年 12 月第 1 次印刷	
印刷：武汉市籍缘印刷厂	印数：1—1 000 册	
ISBN 978 - 7 - 5625 - 3324 - 5		定价：45.00 元

如有印装质量问题请与印刷厂联系调换

序

  膨胀土在世界范围内广泛分布,遍布六大洲共计40多个国家。在我国,20多个省份共计约有3亿人口生活在膨胀土分布地区。膨胀土问题已成为一项世界性难题,由于膨胀土不良特性导致的工程问题或地质灾害频繁发生,造成了国民经济的巨大损失。

  与一般黏性土不同,膨胀土在一定的地质环境和条件下所形成的特殊矿物组分、结构特征,使其在受外界环境变化影响下具有力学软化、胀缩变形的特征,从而决定了其对上覆和邻近结构物的破坏影响往往具有多次反复性和长期潜在性等特点。具体来说,膨胀土的工程特性在于其强烈的胀缩势,而达到胀缩变形需要两个基本条件,即产生胀缩的物质基础和水分在土体及外界之间迁移的变化。前者包括含有亲水性的黏土矿物组分、含量和结构连接特点;后者主要与膨胀土区域的环境气候条件紧密相关,包括降雨、温度及蒸发作用等。特别在干旱及半干旱地区,膨胀土将发生膨胀—收缩—再膨胀的反复体积变化,这种频繁的胀缩变形,促使土体在原生裂隙的基础上,次生裂隙进一步加剧发展,从而为水分的渗入和水汽的蒸发提供了更好的通道,促使了土体中水介质的波动和胀缩变化的进一步发生。随着裂隙的深入扩展,土体整体结构性和连接性变差,强度急剧衰减,常发生松散崩解和垮塌,从而导致土体内原有的部分胶结连接作用力丧失,膨胀抑制力持续衰弱,膨胀势在更大程度上得以发挥。

  自20世纪60年代末以来,广大岩土及地质工作者对于膨胀土的研究投入了极大的热情,并取得了一系列卓有价值的成果。然而,由于膨胀土这一地质体自身的特殊性、复杂性,使其理论研究和治理实践仍存在诸多难点。比如,膨胀土一般处于非饱和状态,但又不同于非饱和砂土及粉土,其包含了大量的亲水活性的黏粒成分,无疑增加了非饱和状态下固—液—气等相态相互作用研究的难度,如何在目前的非饱和土力学理论框架下分析膨胀土受力变形特征并构建合理的本构关系,存在着诸多不确定性;膨胀土与水的相互作用机制则更为复杂,膨胀土水合能力及水合含量的变化是膨胀性黏土矿物与水接触过程中一系列物理化学作用的结果,受黏土矿物表面物化性参数控制;同时随着水合状态的改变,黏土矿物颗粒水合能及颗粒之间的物化能不断调整,并以结合水"楔力"形式释放,促使颗粒间距增加,导致土体膨胀,因此,土体膨胀本质上是黏土矿物与水相互作用产生的物理—化学—力学效应的综合结果,而关于膨胀土的膨胀机理,目前尚无统一定论;在膨胀土改性治理方面,目前仍广泛沿用水泥及石灰等一般土体加固材料,对于膨胀土这一特殊土,传统加固材料的改良效果及工程适宜性,仍存在很多疑问。因此,深入开展膨胀土的工程特性及改性理论的研究,具有重大的学术价值和迫切的工程实际意义。

本书的内容是笔者及课题组多年来针对南水北调中线工程沿线膨胀土工程特性及物化改性方面进行的系统科研工作的总结。其间,得到了国家自然科学基金、高等学校博士学科点专项科研基金、河南水利科技攻关基金的资助。笔者及课题组通过在南水北调中线工程沿线膨胀土地区长期深入实际的工作,获取了丰富的第一手资料,并对沿线膨胀土开展了大量现场及室内试验研究,提出了水利工程中膨胀土胀缩变形预测计算方法及理论模型,并从黏土矿物—水相互作用的微观角度提出了离子土固化剂改性膨胀土的新型方法。

本书主要内容分两部分:第一部分系统论述了南水北调中线工程沿线区域内膨胀土工程地质特性及胀缩变形特征,包括工程区膨胀土矿物的化学及结构特征,膨胀土膨胀潜势分类区划及膨胀机理分析,膨胀土浸水膨胀变形特征规律,K_0及三轴应力条件下膨胀本构模型研究等。第二部分重点介绍了采用本课题组研发的新型离子土固化剂改性膨胀土的理论研究成果,包括离子土固化剂改性膨胀土胀缩能力试验研究,改性膨胀土力学性质及长期稳定性,改性膨胀土地基承载力离心模型试验,固化剂对膨胀土表面理化性质、微结构及矿物组分的作用机制,膨胀土表面水合机制、水合模型及离子土固化剂改性机理研究等。

本书共8章,其中第1章、第4章、第6章、第7章由刘清秉撰写,第2章由张伟锋、吴云刚撰写,第3章、第5章由刘清秉、吴云刚撰写,第8章由项伟撰写。楼蓉蓉、崔德山也参与了部分工作。全书由刘清秉、项伟统稿。

在本书撰写过程中,中国科学院武汉岩土力学研究所汪稔教授及其学术团队对部分数据的收集和整理提供了帮助,西澳大学 Barry Lehane 教授、维也纳农业大学吴伟教授及其学术团队、科罗拉州矿业大学卢宁教授等也给予了宝贵的意见,在此一并表示衷心的感谢!在本书完成之际,笔者对河南省水利科学研究院、长江科学院、中国科学院武汉岩土力学研究所及澳大利亚西澳大学等单位对本项目的研究所提供的支持和帮助表示衷心的感谢！

同时也感谢为本项目研究付出努力的历届研究生，他们是崔德山博士、卢雪松博士、王顺博士、林志红硕士、董晓娟硕士、楼蓉蓉硕士、张茜硕士、夏东生硕士、王青薇硕士等。他们参与了本项研究的大量野外调查、资料收集、数据处理和分析工作。

如前所述，膨胀土研究是一项难度很大的复杂课题，许多问题目前尚无统一的认识。本书所阐述的内容和表达的观点仅仅是笔者近些年来对膨胀土问题研究的体会，但由于笔者水平有限，书中难免存在错漏和不足之处，恳请读者批评指正。

笔　者
2013 年 12 月于中国武汉

目　录

1　绪　论 ……………………………………………………………………………… (1)
　1.1　膨胀土的概念与定义 ………………………………………………………… (1)
　1.2　膨胀土对工程建设的危害 …………………………………………………… (1)
　　1.2.1　膨胀土的分布及其地质成因 …………………………………………… (1)
　　1.2.2　工程建设中的膨胀土问题 ……………………………………………… (3)
　1.3　膨胀土研究的进展 …………………………………………………………… (4)
　　1.3.1　膨胀土工程性质及膨胀机理研究 ……………………………………… (4)
　　1.3.2　膨胀土本构模型研究 …………………………………………………… (9)
　　1.3.3　膨胀土加固改良技术研究 ……………………………………………… (13)
　1.4　膨胀土研究的展望 …………………………………………………………… (18)

2　膨胀土物化性质及结构 …………………………………………………………… (19)
　2.1　膨胀土的颗粒组成 …………………………………………………………… (19)
　2.2　膨胀土矿物成分 ……………………………………………………………… (22)
　2.3　膨胀土物化性质 ……………………………………………………………… (25)
　　2.3.1　膨胀土化学成分 ………………………………………………………… (25)
　　2.3.2　膨胀土阳离子交换量及可交换阳离子 ………………………………… (26)
　　2.3.3　膨胀土中可溶盐及胶结物 ……………………………………………… (28)
　2.4　膨胀土结构特征 ……………………………………………………………… (30)
　　2.4.1　膨胀土宏观结构 ………………………………………………………… (30)
　　2.4.2　膨胀土微观结构 ………………………………………………………… (33)

3　膨胀土判别分类及膨胀机理 ……………………………………………………… (38)
　3.1　概　述 ………………………………………………………………………… (38)
　3.2　判别分类原则及关键性指标选择 …………………………………………… (38)
　3.3　水汽吸附指标判别分类方法 ………………………………………………… (40)
　　3.3.1　试验土样和方法 ………………………………………………………… (41)
　　3.3.2　试验结果与分析 ………………………………………………………… (42)

3.4 膨胀土胀缩机理 (45)
3.4.1 影响膨胀土胀缩的因素 (45)
3.4.2 膨胀土胀缩机理理论 (46)

4 膨胀土胀缩变形特征 (49)
4.1 概述 (49)
4.2 膨胀土浸水膨胀时程特征和膨胀速率 (51)
4.2.1 原状样和重塑样膨胀时程曲线 (51)
4.2.2 膨胀变形时程阶段特征 (53)
4.2.3 膨胀速率参数定义及应用 (55)
4.3 土样初始状态对膨胀变形特征的影响 (57)
4.3.1 膨胀率随土样初始孔隙比的变化 (57)
4.3.2 初始饱和度对于膨胀率的影响 (60)
4.3.3 膨胀率随上覆压力的变化关系 (62)
4.3.4 膨胀体积中"孔隙水-气"分量变化规律 (65)
4.4 膨胀土循环胀缩变形特征规律 (67)
4.4.1 胀缩变形量随循环级数、初始状态的变化规律 (68)
4.4.2 胀缩循环中"含水量-孔隙体积"的变化路径 (70)

5 膨胀土膨胀本构模型 (73)
5.1 K_0 膨胀本构模型建立 (73)
5.1.1 膨胀土有荷膨胀本构关系及验证 (73)
5.1.2 K_0 膨胀本构模型一般表达式及参数取值探讨 (83)
5.1.3 K_0 膨胀本构模型的应用探讨 (85)
5.2 膨胀土三轴膨胀本构模型 (91)
5.2.1 试验介绍 (91)
5.2.2 南阳中膨胀土三轴膨胀本构经验模型建立 (93)
5.3 K_0 膨胀与三轴膨胀相关性分析 (96)
5.3.1 反分析南阳中膨胀土平均侧压力系数 (96)
5.3.2 反演的平均静止侧压力系数规律性分析 (99)
5.4 膨胀土本构模型公式应用计算程序实现 (103)
5.4.1 软件简介 (103)
5.4.2 计算模块简介 (103)

6 离子固化剂改性膨胀土性质研究 (108)

6.1 离子固化剂成分 (108)
6.2 离子固化剂改性膨胀土胀缩能力试验研究 (109)
6.2.1 改性土自由膨胀率及最优配比浓度确定 (109)
6.2.2 膨胀变形能力对比分析 (113)
6.2.3 膨胀力变化规律 (119)
6.2.4 收缩特征曲线及胀缩各向异性比较 (122)
6.3 ISS改性膨胀土承载力离心模型实验 (127)
6.3.1 离心模型原理和试验仪器 (127)
6.3.2 离心模型静力触探试验 (129)
6.3.3 球孔扩张理论分析改性前后锥尖阻力变化机制 (132)
6.4 ISS改性膨胀土耐候性 (138)
6.4.1 单轴无侧限抗压强度试验 (139)
6.4.2 破坏强度与冷端温度的关系 (140)
6.4.3 未改性土与ISS改性土的强度对比 (142)

7 离子土固化剂改性膨胀土物化机理分析 (145)

7.1 阳离子交换量及可交换阳离子定量分析 (145)
7.1.1 概述 (145)
7.1.2 试样制备和试验方法 (146)
7.1.3 阳离子交换量及可交换阳离子变化 (146)
7.2 膨胀土胶粒电动性质 (149)
7.2.1 土胶粒表面扩散双电层 (149)
7.2.2 电泳试验土胶粒制备和试验方法 (150)
7.2.3 电位值变化结果分析 (151)
7.3 比表面积及孔隙结构分析 (152)
7.3.1 比表面积 (153)
7.3.2 孔隙体积量及孔径分布特征 (155)
7.4 膨胀土微结构特征及能谱分析 (158)
7.4.1 试验样品制备和方法 (159)
7.4.2 改性前后膨胀土微结构特征比较 (159)
7.4.3 能谱测试分析 (162)

7.5 ISS 改性膨胀土矿物成分及晶层间距分析 ·· (162)
   7.5.1 粉晶样 XRD 图比较 ··· (163)
   7.5.2 黏土矿物组衍射图比较 ·· (164)
   7.5.3 乙二醇及水汽饱和黏粒定向片分析 ······································· (165)

8 膨胀土水合机制及改性土水合模型 ·· (168)

8.1 膨胀土结合水形式及土-水作用性质 ·· (168)
   8.1.1 膨胀土中黏土矿物的水化活性形式 ······································· (168)
   8.1.2 结合水含量对黏土胀缩机制的影响 ······································· (169)

8.2 膨胀土表面吸附结合水类型界定及量化分析 ···································· (170)
   8.2.1 膨胀土表面等温水汽吸附特征 ··· (171)
   8.2.2 结合水热失重-差热分析 ·· (173)

8.3 ISS 改性膨胀土表面结合水定量分析 ·· (177)
   8.3.1 改性土表面结合水分布、数量 ··· (177)
   8.3.2 改性土吸附结合水红外光谱分析 ··· (179)
   8.3.3 液态水化下 ISS 对土表面结合水的改变 ··································· (183)

8.4 ISS 与膨胀土结合水作用模型及改性机理分析 ································· (185)

参考文献 ··· (189)

1 绪 论

1.1 膨胀土的概念与定义

膨胀土是现代工程地质学和土力学中新近出现的一个名词,它是有别于黄土、红土、软土、冻土及普通黏土的一类特殊性黏土。由于在形貌上和工程性质上的特殊性,以及对于工程建筑产生的严重破坏作用,膨胀土引起了人们的重视,是一种典型的"灾害土"。

关于膨胀土的概念,劳动人民在长期的生产实践过程中有着极其丰富的认识。若干年来,民间一直有着许多对于膨胀土的形象描述及称呼。例如,陕南一带将其称作"黄胶泥",反映了当地黄色膨胀土吸水软化后的胶黏性;湖北地区叫它"蒜瓣土",是对膨胀土多裂隙结构的生动描述;"狗子油"的叫法更是对膨胀土裂隙面上的次生黏土及其光滑结构面特性的深刻揭示;而南方广为流传的"晴天一把刀,雨天一团糟"和"天晴张大嘴,雨后吐黄水",则可以说是对膨胀土强度特性和胀缩特性的高度概括。

在专业领域,广义的"膨胀土"研究对象主要包括新近纪、第四纪以来各种成因类型的膨胀性黏土,以及第四纪以前各种膨胀岩形成的风化产物。基本上,这一种特殊型黏土虽然在世界大陆分布上有明显的地带特征,但表现的独特膨胀土地貌景观及工程地质特性是一致的。已有的研究成果多将膨胀土作如下定义:主要由强亲水性黏土矿物(蒙脱石、伊利石、高岭石等)组成,具有明显膨胀结构、多裂隙性、强胀缩特性和强度衰减性的高塑性黏性土。其具有如下典型的工程特性:①是一种高塑性黏土,这种高塑性主要由土中高黏粒含量所决定,典型的膨胀土中粒径小于 $2\mu m$ 的粒组含量一般超过 30%;②黏土矿物中以具有膨胀晶格的蒙脱石及部分混层矿物为主;③土体随外界水分迁移变化发生明显的胀缩变形,并伴随着以膨胀力释放扩张形式对上覆及邻近结构物发生应力作用;④对气候环境及水文因素非常敏感,因反复循环性的胀缩变形导致土体外在形态上常见明显的多裂隙性及各级裂隙组合;⑤强度衰减性;⑥超固结性。

1.2 膨胀土对工程建设的危害

1.2.1 膨胀土的分布及其地质成因

膨胀土在世界范围内广泛分布,遍布六大洲共计 40 多个国家。我国是膨胀土分布最广泛的国家之一,自 20 世纪 50 年代以来,我国先后发现的膨胀土危害地区已达 20 余省、市、自治区,遍及西南、中南、华东、华北、西北以及东北的一部分,广泛分布在从黄海之滨到川西平原、从雷州半岛到华北平原的狭长地带。根据各地资料和国内历次有关膨胀土会议的文件记载,我国已开展膨胀土研究工作的地区主要有云南、贵州、四川、陕西、广西、广东、湖北、河南、安徽、江苏、山东、山西、河北等省区，此外，吉林、黑龙江、新疆、湖南、江西、北京、辽宁、甘肃及宁夏等地近年来也陆续发现有膨胀土分布。我国膨胀土主要分布在从西南云贵高原到华北平原之间各流域形成的平原、盆地、河谷阶地，以及河涧地块和丘陵地带，其中，尤以珠江流域的东江、桂江、郁江和南盘江水系，长江流域的长江、汉水、嘉陵江、岷江、乌江水系，淮河流域、黄河流域以及海河流域各干支流水系等地区，膨胀土分布最为集中。

我国特定的区域地质背景，以及所处自然地理位置和气候条件等客观因素，不仅决定了膨胀土分布地域的广泛性，而且还决定了膨胀土成因类型的多样性，其内容是极为丰富的。

在我国云南，膨胀土主要分布在滇西南高原下关、保山一线以东、蒙自-大屯盆地和鸡街盆地，以及文山、开远、玉溪、滇东北的山涧盆地，宾川、曲靖、茨营、昭通等地。这些盆地在新近纪形成时期，大多同时沉积了泥岩、泥灰岩和黏土岩一类地层，而后经风化、淋滤，一部分残留于盆地或缓丘形成残积膨胀土，另一部分则被水流搬运而形成冲积-湖积膨胀土。贵州膨胀土分布在黔东南、黔西北以及黔中的小型山涧盆地和丘陵缓坡，如贵阳、都匀、安顺、遵义等地，主要是在岩溶地貌上由碳酸盐岩风化残积生成的红色黏土。四川的川西平原，川中丘陵，涪江、岷江、嘉陵江以及安宁河等河谷阶地普遍分布的膨胀土，主要是红色的黏土岩、泥灰岩风化经流水和冰水搬运堆积形成的。其中，著名的成都黏土过去一直被认为是冰水沉积的典型，但近来有学者提出它属于冲积和风积成因的观点。另外，在部分山麓地带还分布有部分冲积-洪积与残积-坡积成因的膨胀土。陕西膨胀土集中于陕南，沿汉水河谷的汉中盆地、安康盆地等河湖盆地与阶地呈带状分布，主要是各类火成岩和变质岩系风化破碎、极度分解，经水流搬运由冲积与洪积形成。广西膨胀土分布十分广泛，其中，宁明、平果、百色一带的膨胀土主要是由新近纪湖相沉积黏土岩、泥灰岩的风化物残积形成。其次也有部分风化物质经流水搬运由冲积形成。南宁膨胀土由冲积、洪积形成，而桂中的桂林、柳州、来宾以及贵县等岩溶盆地或丘陵分布的膨胀土，则是由碳酸盐岩风化残积成因形成的红色黏土。广东的广州、东莞一带膨胀土主要是凝灰岩风化的产物，而琼雷台地中琼北分布的膨胀土则是第四纪玄武岩风化残积的产物。湖北江汉平原、鄂东北与鄂西低山丘陵及山涧盆地，如襄樊盆地、光化、荆门、宜昌等地都广泛分布有膨胀土，主要是泥灰岩、各类变质岩与火成岩风化的产物，一部分经水流搬运由湖积、冲积或洪积形成，一部分在原地残积形成。河南膨胀土主要分布在豫中和豫西的南阳盆地，平顶山膨胀土主要在第四纪湖相沉积形成，南阳膨胀土则是泥灰岩以及部分变质岩系风化的产物，在水流的搬运下，沉积形成一套灰绿、灰白色湖相黏土，以及以冲积相为主的红、黄等色膨胀土。安徽境内膨胀土主要分布在江淮丘陵的河谷平原、南淝河阶地与洪积扇，如合肥、马鞍山和淮南盆地等，基本上是由红色黏土岩风化经水流搬运形成的冲积、洪积膨胀土。山东的鲁中南低山丘陵各山间盆地与山麓地带，泰安、莱芜、新太、新纹、宁阳以及临沂、沂水、平邑等地均广泛分布有膨胀土，大多是火成岩系、碳酸岩和泥灰岩的产物，由水流搬运形成的冲积、湖积与冲积、洪积物，部分为残坡积成因。山西沿晋中盆地的太谷盆地和沁水盆地一带，如太谷、榆社、武乡、霍县、沁县、长治分布的灰绿、棕红、褐、紫等杂色膨胀土，主要是泥灰岩、砂页岩风化的产物，经水流搬运在盆地富集，又经湖相沉积与河流相冲积形成。河北膨胀土主要分布在太行山麓平原边缘的邢台、邯郸一带，为玄武岩、泥灰岩的风化产物经冰水搬运形成的湖相沉积物。

现将我国各地典型膨胀土的成因类型以及生成的母岩或物质来源汇表如下(表1-1)。

表 1-1　我国部分地区膨胀土主要成因类型

地区		膨胀土成因类型	母岩或物质来源
云南	鸡街	冲积、湖积	新近纪泥岩、泥灰岩
	曲靖	残坡积、湖积	新近纪泥岩、泥灰岩
贵州	贵阳	残坡积	石灰岩风化物
四川	成都	冲积、洪积、冰水沉积	黏土岩、泥灰岩风化物
	南充		
	西昌	残积	黏土岩
广西	南宁	冲积、洪积	泥灰岩、黏土岩风化物
	宁明	残坡积	泥岩、泥灰岩风化物
	贵县	残坡积	石灰岩风化物
广东	琼北	残坡积	第四纪玄武岩风化物
陕西	安康	冲积、洪积	各类变质岩和火成岩风化物
	汉中		
湖北	襄樊	冲洪积、湖积	变质岩、火成岩风化物
	荆门	残坡积	黏土岩风化物
河南	南阳	冲积、洪积	
	平顶山	湖积	玄武岩、泥灰岩风化物
安徽	合肥	冲积、洪积	黏土岩、页岩、玄武岩风化物
	淮南	黏土岩风化物	黏土岩风化物
山东	临沂	冲积、湖积、冲洪积	玄武岩、凝灰岩、碳酸盐风化物
	泰安	冲积、湖积、冲洪积	泥灰岩、玄武岩、泥灰岩风化物
山西	太谷	湖积、冲积	泥灰岩、砂页岩风化物
河北	邯郸	湖积	玄武岩、泥灰岩风化物

1.2.2　工程建设中的膨胀土问题

大量工程实践表明，在膨胀土中修建的各种工程建筑所经受的变形破坏往往是不同于其他岩土的。膨胀土给工程建筑带来的危害，既表现在地表建筑物上，又反映在地下工程中。不仅包括铁路、公路、渠道的所有边坡、路面和基床，也包括房屋基础、地坪，同时包括地下洞室及隧道围岩、衬砌，甚至还包括这些工程中所采取的稳定性措施，如护坡、挡土墙和桩等。以至于从某种意义上讲，膨胀土对于工程建筑的危害是无所不在的。例如，房屋建筑中，我国广西、湖北、河南均发生了大面积住房变形破坏，有些轻型建筑物，即使打桩穿越了膨胀土层并加固了基脚，但纵向、横向仍发生了较大的变形位移，导致桩被剪断，而强大的膨胀压力使得房屋发生拱起、开裂。路基工程中，干膨胀土块坚硬，难击碎压实，湿土则塑性大，呈橡皮泥状，难以满足填料要求，长期开挖后堆积，不仅破坏地形地貌，且易随雨水流失，以致冲毁耕田，威胁道路安全。此外，膨胀土路基碾压加固后，也往往产生局部坍塌和隆起。从路堑边坡来看，大气物理风化作用以及湿胀干缩效应，常使边坡土块崩落，抗剪强度衰减，边坡溜塌、滑坡等病害非常突出。我国每年因膨胀土造成的各类工程损失达数亿元以上。在水利工程中，我国南水北调中线总干渠分布有膨胀土的渠段长 279.7km，因分布距离长、处理技术难度高、制约因素多，膨胀土问题严重影响工程的建设和输水的安全性。

同时,膨胀土对建筑物的破坏往往具有多次反复性和长期潜在危险性的特点,采用多种工程措施后,常使工程造价显著提高。所以,国外工程人员中有人将膨胀土比喻为"昂贵土"(expensive soil)。世界各国对于膨胀土的认识,也大都是首先经历了工程建筑的深受其害,然后在设法解决这一问题的实践中才逐步领悟和加深了解的,即经历了反复的实践和认知的过程。

1.3 膨胀土研究的进展

1.3.1 膨胀土工程性质及膨胀机理研究

20世纪60年代以来,由于膨胀土地区频繁的工程事故,引起了广大岩土工作者的高度关注。国际上先后召开了7届膨胀土专项议题的工程大会以及与膨胀土紧密相关的非饱和土会议。世界上很多国家先后制定了针对膨胀土地区工程建设的规范和标准。我国于1987年制定了《膨胀土地区建筑技术规定》。迄今为止,科研人员就膨胀土矿物组分、宏微观结构、胀缩变形特性以及物理力学性质开展了一系列卓有价值的研究,现将国内外关于膨胀土相关研究现状进行概述。

1) 膨胀土矿物组分及宏微观结构

膨胀土的矿物主要分成两大类,即黏土矿物和非黏土矿物。其中,非黏土矿物主要为碎屑类矿物,如长石、石英及云母等,另外,部分膨胀土粗粒组分里含有易遇水结晶且体积扩张的石膏。一般来说,对膨胀土诸多不良工程性质起决定作用的主要为三大黏土矿物,即蒙脱石、伊利石及高岭石。因此,对于这3种黏土矿物的研究一直是膨胀土矿物组分及化学性质研究的焦点。关于膨胀土黏土矿物的定性及定量分析测试手段,目前主要有X射线衍射(XRD)、差热分析、红外光谱及扫描电镜,等等。这些测试方法的原理为:不同黏土矿物由于结晶方式及原子排列的差异而表现出的不同晶体结构特征,以及对光谱和热反应的不同响应。尽管如此,由于黏土矿物自身成分结构的复杂性,特别是各种混层矿物的存在,要精确量化膨胀土中各黏土矿物成分的含量,仍是一项难题。

邵梧敏等(1994)采用XRD和次甲基蓝-氯化亚锡方法对我国10多个省份代表性膨胀土样中的蒙脱石及蒙脱石-伊利石混层矿物进行定量分析,并对黏土矿物的成分含量与膨胀土的膨胀潜势分级作相关性研究。廖世文(1984)研究表明,当膨胀土中蒙脱石含量达到5%时,即可对土体的强度和胀缩变形产生显著的影响。燕守勋等(2005)通过傅里叶红外光谱法对55个表层和潜表层的膨胀土干燥粉末样进行测试,分析出红外光谱指标与膨胀土中蒙脱石矿物含量、胶粒、黏粒成分的相关性,并指出可借助2 200nm、1 900nm、1 400nm红外吸收光谱吸收特征来区分高、中、低各级膨胀土。姚海林等(2004)提出用标准吸湿含水率对膨胀土进行分类,并从蒙脱石矿物晶层吸附水分子厚度对标准吸湿含水量的含义进行理论验证。Schmitz(2004)以3种不同的膨胀性黏土以及蒙脱石和伊利石两种标准参考矿物为研究对象,分析认为,对含有多种黏土矿物的天然膨胀性黏土,可以采用等效矿物层间距指标(EBS)来预测Atterberg界限含水量及膨胀土的其他相关工程性质。

由于蒙脱石为2∶1型单元晶胞叠合形式,相邻层间联结力弱,水分子易挤入层间,且内、外比表面积大,使之成为三大黏土矿物中最活跃矿物,并一直是膨胀土黏土矿物研究的焦点。

Slade(1991)选取两种表面电荷密度相似的蒙脱石,研究晶层电荷的分布位置对于其层间膨胀的影响,当电荷位于蒙脱石晶胞的硅氧四面体中时,膨胀性明显要弱于电荷位于硅-铝氧八面体片的情形。因为八面体片对于阳离子电荷的吸附力要小得多,不能阻止多数阳离子的水合膨胀过程。Salles(2007)测量了5种碱金属离子的水合能大小,并且分析不同碱金属离子对于蒙脱石表面水合能的影响作用,结果表明,对于层间吸附阳离子为Li^+、Na^+的蒙脱石,层间离子的水合膨胀是主导因素,而对于K^+、Rb^+等弱水合能离子,水合作用主要发生在晶层表面和侧面。Zhang(1995)采用XRD确定蒙脱石层间距,并利用氮气加压对钠蒙脱石晶层间膨胀力进行测量,发现当d_{001}间距大于2nm时,该方法测定的膨胀力值达到几百千帕。这里假定了层间膨胀力等同于氮气外加压力,并且认为此时的膨胀已经超过了晶层膨胀的阶段而进入连续的长程膨胀。Komine(1996)提出了关于膨润土膨胀力与蒙脱石层间结构和表面理化性质的量化关系式,该关系式分析了蒙脱石层间距、孔隙水溶液离子浓度、比表面积各因素值对于膨胀力大小的贡献,通过分析晶层间各种排斥和吸引作用力耦合作用关系对量化关系公式进行理论解释。通过与试验实测结果进行对比,表明该理论公式具有良好的预测精确度。谭罗荣(2002)用不同浓度电解质溶液调制蒙脱石试样进行X射线衍射试验,发现蒙脱石晶体的d_{001}晶面间距在试样失水至极低含水量过程中存在着反向膨胀的现象,并认为这种反常膨胀与制样时所用电解质溶液浓度有关,而不是由于晶层间阳离子的代换造成的,也不是温度变化引起的。

通过对膨胀土各黏土矿物,特别是具有活跃膨胀晶格的蒙脱石族矿物的研究,可较好地从矿物学角度揭示膨胀土-水体系相互作用机制。除矿物成分外,土体宏微观结构同样是制约膨胀土习性的关键因素。膨胀土的宏观结构主要表现为各种发育的裂隙和裂隙面组合。由于裂隙的存在为土体吸收水分提供了良好的结构性条件,进而导致土体整体力学变形性质的衰减。随着计算技术的发展及各种数学模型的建立,裂隙特征的研究经历了从定性到定量化的发展过程。近些年随着CT技术在岩土工程中的应用,使得观测未受扰动膨胀土中原生裂隙分布成为可能。

徐永福(1998)、易顺民(1999)认为膨胀土表面裂隙分布具有较好的分形特征,且受含水状态的影响,多数土样分维数在2~3之间。袁俊平、殷宗泽(2004)采用远距光学显微镜观测膨胀土样,利用图像处理软件将数字图像转化为二值化位图,统计出裂隙部位在二值图像中暗色区域的分布面积,并采用图像学指标中的灰度熵概念量化表征裂隙程度。膨胀土裂隙程度和分布特征对于土体最直接的影响在于两个方面:渗流特性和力学强度。试验结果表明,通用的渗流立方定律无法在裂隙区内得到精确满足,由于裂隙分布的空间复杂性,多数研究只简化以平板型裂隙渗流为主。速宝玉等(1994)认为,裂隙中充填物质的颗分和粒径极大地制约着裂隙的渗透性。李培勇等(2008)考虑了各种不同因素对于非饱和膨胀土的裂隙演化及发育程度的影响作用,结果表明,强度指标如有效黏聚力、内摩擦角、基质吸力等与土开裂程度密切相关,其中基质吸力存在一个临界状态值,超过此值才可能出现由于吸力而引起的表面裂隙。地下水位对于膨胀土的张拉裂隙影响存在极限值,该极限裂隙深度可以通过假设地下水位深度为无限大的情况计算得到。

膨胀土的宏观裂隙结构形态除受外在因素的作用而改变外,较大程度上由其自身微观结构形态的发育变化来控制。土体微观结构指在一定地质环境条件下,土颗粒、孔隙及胶结物组成的整体结构体系。膨胀土的一种基本微结构类型是黏土颗粒基质与无序排列的粉、细砂粒构成的基质状结构。其中,黏土颗粒形状多为片状和扁平状,颗粒间彼此互相聚集成微型聚集体或叠聚体。由于蒙脱石、伊利石的层状晶体结构，黏土颗粒相互排列形式多呈定向性。

许多学者结合 X 射线能谱仪(EDX)、扫描电镜(SEM)、透射电镜(TEM)等现代观测手段对膨胀土的微结构形态作出了较全面的研究。高国瑞(1981)研究了膨胀土中面-面叠聚体和边-面-角连接对于胀缩性的影响，认为平行的叠聚体吸水膨胀、失水收缩的形态犹如手风琴片；对于边-面-角连接，由于片上多富集负电荷，而角-边带正电荷，因为电荷的相互吸引，整体上易形成较稳定的架状网式结构，这种结构相对稳定，导致膨胀能力低于片叠聚体。施斌(1995,1997)、李生林等(1992)、谭罗荣等(1994)研究了我国多数省份典型膨胀土工程性质和微结构的相互关系，提出了 3 种微结构单元形式以及 6 种微结构连接特征。Katti(2006)研制了能随时控制单轴膨胀变形量并测定相应膨胀下膨胀力的仪器，并借助 SEM 及 X 射线能谱仪对土体在整个吸水膨胀过程中的微结构形态进行动态实时观测，结果表明随着膨胀变形不断增加，膨胀力逐渐增加，土颗粒尺寸显著减小，膨胀导致大的黏粒团聚体分解为更细、更小尺寸的团粒。

总结目前关于膨胀土微观结构的研究成果可知，如何将土体微结构特征进行参数量化表征，并将微结构参数包含到数学模型中以获得能够兼顾微结构因素的膨胀本构模型，是一个值得开展研究的方向。

2) 膨胀土胀缩特性及影响因素

膨胀土区别于一般黏性土最突出的特征在于其受外界环境影响时，土体中水分的迁移变化所呈现的体积膨胀和收缩现象。由于各类膨胀土地质成因、物质化学组分、结构特征、所处的外界环境条件(地下水、温湿度)、上覆压力等各因素差异，工程中常表现出不同的胀缩潜能及变形量。

表征土膨胀特性的指标主要有膨胀量和膨胀力两类。其中，膨胀量是指土体在吸水过程中体积膨胀变形量与初始体积的比值，根据上覆压力情况又分为有荷膨胀率和无荷膨胀率。膨胀力是指当土体吸水体积膨胀受到外界限制，而表现出试图冲破外界阻碍的内应力。另外，在膨胀土分级时，常直接取土颗粒在水中的自由膨胀率指标来评价膨胀潜能。

上述几项指标的测试，常在实验室内采用原状土或重塑土样进行，由于实验条件或制样方法的差异，对于同一种膨胀土，膨胀性指标的结果常表现出较大的离散性。如 Shahid Azam 测试 Al-Qatif 区膨胀黏土膨胀力发现，采用大尺寸的圆柱试样的膨胀力值只是常规固结仪小尺寸试样的 65%，此外，采用圆柱形试样和立方形试样测试的值也不一致。为克服室内试验的误差，现场的大比例尺膨胀特性试验技术的研究正亟待开展。

不同膨胀土的膨胀变形过程在以下几个方面表现出较大的差异：①膨胀变形随时间的变化特征，或称膨胀时程特征、膨胀速率特征；②膨胀各向异性，即土体膨胀变形在空间上的分布特征；③反复(循环)胀缩表现。

Roslan Hashim 等(2006)将膨胀分为 3 个阶段：孔隙水分填充、主膨胀和次级膨胀。其中，主膨胀和次级膨胀与黏土矿物晶层结构膨胀及黏土颗粒表面双电层厚度增加密切相关。刘特洪(1997)根据线膨胀率和吸水时间的变化关系，将膨胀速度划分 3 个阶段：等速、减速和缓慢膨胀阶段，并认为 3 个阶段的界限点主要受胶粒含量和矿物组分、结构的影响。黄熙龄等(1992)分别在改进的三轴仪和三向胀缩仪的基础上，分析了重塑膨胀土在水平和垂直方向上膨胀力及变形的差异性，并指出膨胀的各向异性很大程度上受土样初始状态，如干密度的影响。Elif Avsar(2009)采用贴有应变片的薄壁环代替常规的环刀，测试膨胀参数在水平和侧向的分布,对于 Ankara 膨胀土,实测其水平膨胀力与垂直膨胀力的比值在 0.38～0.98 之间,通过 SEM 观测得到 Ankara 黏土矿物微结构单元主要为水平或近水平向的叠片聚体,且主要以面-面连接,表明了膨胀力在空间分布的各向异性受黏土矿物微结构特征作用。刘松玉等(1999)、杨和平等(2005)指出,膨胀土经历每一次湿胀干缩循环后,其变形量是不可恢复的,且随着循环次数的增加,每一次胀缩变形量的绝对值是不断减小的,但总体膨胀变形量不断增加,并最终趋于稳定平衡状态。

对于特定的某种膨胀土,其胀缩特性主要受以下几个因素控制:①黏土矿物,以蒙脱石含量为主的土胀缩性最大,伊利石次之,高岭石最小;②土样干密度和上覆压力,初始干密度越大,上覆压力越小,土体吸水膨胀量越大;③土水化介质溶液性质,离子浓度高、离子化合价最大的水溶液,对土体膨胀性有所抑制;④结构连接特征,如重塑作用因为对结构造成破坏扰动,将显著影响胀缩特性;⑤渗透系数、气候条件等。

3) 膨胀土力学强度特性

早期膨胀土研究过于侧重其胀缩变形特征,一定程度上忽视了对其强度变化规律的分析。随着大量的膨胀土边坡灾变的发生,越来越多的学者开始正视膨胀土强度特性和破坏机理的研究,并取得了一系列有价值的成果。

Bjerrum 和 Skempton 最早提出膨胀土边坡发生滑动破坏是一个强度逐渐衰减的过程,即土体抗剪强度首先在某一点或某一个微裂隙面所形成的应力集中区达到极限状态而破坏并逐渐展开,伴随发生各种变形错动面和宏观裂隙,最终土坡沿着某一贯通面发生整体滑移。Bishop(1959)提出膨胀土边坡在开挖初始阶段多为稳定的,但若干年后破坏才发生,并认为这种滞后破坏现象的主要原因是黏聚力衰减的时间效应和缓慢的孔隙水压力平衡消散过程。

自然界中,地下水以上浅膨胀土层受降雨和干旱等气候变化作用,绝大多数处于非饱和状态,将非饱和力学原理应用到膨胀土的力学强度特征的分析中有着重要的实际意义。和饱和土一样,有效应力方程一直是很多学者研究非饱和土力学的重点。Bishop、Fredlund、沈珠江先后基于不同假定给出了非饱和有效应力公式:

$$\text{Bishop}: \sigma' = \sigma - u_a + \chi(u_a - u_w) \tag{1-1}$$

$$\text{Fredlund}: \sigma' = \sigma - u_a + \int_\theta^{u_a} \left[\frac{\theta - \theta_r}{1 - \theta_r}\right]^p \mathrm{d}u_s \tag{1-2}$$

$$\text{沈珠江}: \sigma' = \sigma - u_a + \frac{u_s}{1 + \mathrm{d}u_s} \tag{1-3}$$

式中:u_a、u_w 分别为孔隙气压力和孔隙水压力;$u_s = u_a - u_w$ 为基质吸力;θ、θ_r 分别为体积含水量和残余含水量;χ 为饱和度参数;p、d 为常数参数。

Bishop 采用有效应力公式表征强度参数 τ,采用的是单应力变量,即式(1-1)。Fredlund 提出双应力变量强度公式,即分别考虑外加应力 $\sigma - \sigma_a$ 和内部吸力 u_s 对剪切强度的贡献。沈珠江提出的吸力 u_s 有别于 Fredlund 的基质吸力概念,被认为是一种广义的吸力。

尽管非饱和土的强度理论表述形式存在以上的差异,但一个普遍的共识是:由非饱和土内水-气两相的界面作用产生吸力(或引起的水气界面膜第四相),而因吸力产生附加吸力强度,无论这种吸力是渗透吸力、溶质吸力或基质吸力。

计算吸力产生的附加剪切强度就需要测量吸力值,由于目前实验条件下精确测量吸力数值存在困难,对于非饱和膨胀土,卢肇均等(1997)先后根据试验结果将膨胀土膨胀力与吸力强度联系起来并提出两者之间的量化关系。非饱和理论的一般假定和结论对于膨胀土是适用的,但由于膨胀土的独有特征,某些情形下,将表现出一定的特异性。在非饱和理论框架内,一般认为土体在完全饱和状态下,其基质吸力值应该为零。Marcial(1996)、Peron(2007)、Buzzi(2007)通过压力板仪测定膨胀土"土-水"特征曲线时发现,在逐渐增大土体吸力到一个较大的范围内(1MPa),虽然含水量不断减小,但土体始终处于饱和状态(饱和度 $S_r=100\%$),无气体进入,即水分减小的体积和总孔隙减小的体积始终处于相等平衡状态。这种特异性变化可认为与膨胀土微细孔隙结构特征相关。

与普通黏性土一样,膨胀土的强度表现受到其含水状态、密实度、应力水平等因素影响。基本上在初始含水量越低、干密度越大、压力越高的情况下,膨胀土抗剪强度越大。由于膨胀土特殊的物质矿物成分及宏微观结构特征,特别是与水溶液介质之间的复杂相互作用过程,常常呈现出力学强度的独特性,主要为以下几个方面。

(1)土中富含的亲水性黏土矿物极大地制约其强度。蒙脱石含量越高的土样,其力学性质越差。某些情况下,为增加膨胀土强度,可添加部分非膨胀粒组(粉粒、砂粒)。

(2)膨胀土具多裂隙性。膨胀土由于大气作用、收缩作用或卸荷作用,宏观结构上分布的裂隙结构,常使剪切强度呈现空间分布的各向异性。

(3)膨胀土具反复胀缩性。干湿循环后,土体原有的结构连结力如胶结作用等都受到破坏,并且由于胀缩变形消除了部分结构黏聚力,使其强度发生更大的衰减。

4)膨胀土胀缩机理

膨胀土的胀缩机理,说到底是"膨胀土为什么会膨胀和收缩"的问题。已有很多研究试图从土体饱和状态、结构特征、密度程度以及应力状态等各个角度分析膨胀土胀缩变形机制,但这些理论从本质上是对胀缩能力影响因素的论述。膨胀土胀缩机理的实质就是土体本身和水介质是如何作用而产生土体体积增加或减小。从这个角度出发,现将目前比较普遍接受的胀缩机理理论进行简要概述。

(1)黏土矿物晶格扩张理论:该理论的基础是膨胀土内多包含具有膨胀晶格的黏土矿物,如蒙脱石等。黏土矿物学研究表明,蒙脱石类矿物单元晶胞为 2∶1 型,即由两层硅氧四面体片夹一层硅铝氧八面体片叠合而成,晶胞层间多为氧原子的极弱连接,并由于同晶置换等作用,表面及层间吸附数量较多的电荷平衡阳离子。由于该类矿物层间连接微弱,水分极易被吸入层间,导致矿物晶格膨胀扩张,并伴随着宏观上显著的膨胀变形。而干燥过程中,矿物层间吸附的极性水分子脱去,晶格收缩,土体积相应发生收缩。

晶格扩张理论可以很好地解释"为什么富含蒙脱石类矿物的膨胀土其胀缩能力要显著高于以伊利石和高岭石为主的土体"。同样将该理论进一步延伸,亦可以从黏土矿物表面物化性对于晶层扩张的影响能力进行分析,如不同层间离子型蒙脱石的胀缩能力存在着显著的差异,层间电荷密度、比表面积对于晶层间扩张的影响等。

(2)双电层理论:该理论基于胶体化学原理,认为黏土矿物因为表面带有负电荷,使颗粒周围形成了静力电场,并吸附正电荷阳离子,这些反离子多以水合形式存在,因此,在黏土矿物周围便形成了以水合状态阳离子扩散分布为形式的电层分布。

根据双电层理论模型,黏土矿物周围吸附的反离子层中阳离子由于距离颗粒表面的远近不同,而受静电场引力的强弱有差异,可将外层划分为紧密吸附层和扩散层,相应的结合水层分为强结合水层和弱结合水层。膨胀土胀缩主要受扩散层控制,当土体弱结合水层加厚时将楔开颗粒与颗粒之间的间距,表现为土体积增加;反之,这种楔开作用力在颗粒表面结合水膜或扩散层减薄时消失,表现为颗粒间距减小,土体积收缩。

黏土矿物晶格扩张理论和双电层理论都是从膨胀土矿物组成的角度解释土胀缩机理,前者侧重于矿物晶层结构在水介质作用下的改变,后者主要分析了矿物颗粒表面和颗粒聚体表面与极性水分子间的电化学相互作用性质。

两种理论有相通的地方,如晶格层间吸水扩张的阶段也伴随着层间双电层的分布过程。在一定程度上,双电层理论显得更加完善且适用面更广。但对于以蒙脱石矿物为主的土胀缩能力却小于富含伊利石矿物的土,该理论亦难以给出圆满解释,对于此,廖世文(1984)认为膨胀土空间微结构可以很好地解释这一现象,并提出从黏土矿物组分和微结构特征两个角度联合分析土体胀缩机理。

1.3.2 膨胀土本构模型研究

自 Roscoe 创立剑桥模型以来,各国研究人员已提出很多土体本构模型公式,但得到学术界与工程界普遍认可的模型屈指可数。岩土体具有非线性、弹塑性、黏性、剪胀性、各向异性,实际工程中应力-应变关系非常复杂,很难用一个统一的模型公式来描述。目前,膨胀土本构模型主要是从非饱和土的观点进行研究,非饱和土本构关系主要内容有两相流体运动与变形、土骨架变形与强度等。从研究途径来看,非饱和土弹塑性本构关系主要分为 3 种:单一应力理论(有效应力理论)、双应力理论、应力与含水率双变量理论。非饱和土本构模型大致有 3 类:全量型、增量型与混合型。全量型利用状态面概念,把孔隙比或者饱和度与应力变量之间的关系用三维空间曲面描述或者以显式数学公式给出。Bishop 提出有效应力 σ' 公式:

$$\sigma' = \sigma - u_a + \chi(u_a - u_w) \tag{1-4}$$

式中:u_a、u_w 为孔隙气压、孔隙水压;σ 为总应力;χ 为有效应力参数。

包承刚于 1986 年指出,Bishop 公式既没有从理论上论证,也没有通过试验加以验证,其可靠性有待商榷。

Fredlund 于 1993 年提出了非饱和土增量型本构模型,将广义胡克定律应用到非饱和土,该本构方程包括土体变形与含水率变化两个方面。陈正汉于 1990 年根据理性力学理论,将非饱和土看成由固结颗粒、孔隙水体和空隙气体 3 种物质构成的混合体,推导了水气运移、土骨架二次弹性与吸力状态 3 方面的模型公式,Terzaghi 和 Bishop 有效应力公式是陈正汉推导的模型公式的特例。1999 年陈正汉又建立了一个较为完整的非饱和土增量非线性本构模型公式:

$$d\varepsilon_w = \frac{dp}{K_{wt}} + \frac{ds}{H_{wt}} \tag{1-5}$$

式中:$d\varepsilon_w$ 为土中水体积增量;dp 为平均应力增量;ds 为基质吸力增量;K_{wt}、H_{wt} 分别为与平均应力、吸力有关的水体切线体变模量。

该模型可看作饱和土 Duncan-Chang 模型的推广,陈氏模型公式中有 13 个参数。参数需要特殊的精细试验确定,试验耗时耗力,所用的仪器价格昂贵,在普通工程中很难应用。

混合型本构模型对土的变形用增量形式描述,对含水率变化用全量形式描述,如 Lloret 和 Gatmiri 的研究,徐永福也做了不少这方面的研究工作。非线性本构模型在工程中得到了比较广泛的应用,这是由于非线性模型公式的参数比较容易确定,在特定条件下,吸力与含水率存在一一对应关系,可用含水率取代吸力代入本构模型公式中,易用于数值分析。

目前较成熟的非饱和土弹塑性本构模型是 Gens 和 Alonso 提出的膨胀土 G-A 模型。该模型将土体变形看作微观与宏观两个层次,主要描述重塑膨胀土在干湿交替过程中反复胀缩的特性,具有一定的研究与应用价值。同时,该模型也存在一些缺点,主要有:①土体变形分微观变形和宏观变形显得过于复杂;②仅依靠普通试验无法得到土体微观层次的变形,相应力学参数只能假定;③G-A 本构模型只适用于重塑膨胀土。

另外,Richards、Thomas 从水气耦合方面对非饱和膨胀土的力学行为进行了分析。

膨胀土的膨胀经验本构模型研究主要分为两类:一类是在固结仪上试验得到的 K_0 膨胀本构模型,这是目前大部分研究者采用的方法;另一类是通过三轴膨胀试验得到的膨胀三轴本构模型,这方面的研究目前较少。

当侧向不膨胀或者产生很小膨胀时,就可将膨胀土看作半无限空间体,可利用固结仪对其膨胀特性进行试验研究,这种侧限条件(K_0 状态)下的膨胀本构模型最早是 Huder、Amberg 于 1970 建立的 Huder-Amberg 模型,用公式表示为:

$$\delta = -a\ln p + b \tag{1-6}$$

式中:δ 为膨胀应变;a、b 为试验常数,取决于膨胀岩土本身的性质。

这就是 K_0 状态下这种泥灰岩的膨胀本构关系,该模型公式给出了膨胀应变与上覆荷载之间的关系,表明膨胀应变与上覆荷载的对数线性负相关。这一模型公式为后人研究奠定了基础,后来许多学者所得到的膨胀本构模型都是在这一公式的基础上发展而来的。这一公式的缺陷是当上覆荷载 $p \to 0$ 时,膨胀应变 δ 将趋于无穷,这显然不符合实际情况。

徐永福研究了在 K_0 状态下宁夏膨胀土膨胀变形规律,统计分析膨胀量 δ_h 与膨胀土起始含水率 ω 之间的关系后发现,膨胀量可近似表示为:

$$\delta_h = -a_1\omega + b_1 \tag{1-7}$$

式中:δ_h 为膨胀土的膨胀量;ω 为膨胀土的起始含水率;a_1、b_1 为试验参数,其值随压力增加而减小,与压力呈线性负相关。

公式(1-7)可估算因含水率变化而引起的膨胀量。同时,他还发现膨胀量 δ_h 与上覆应力 p 存在如下关系:

$$\lg\delta_h = -a_2\lg\left(\frac{p+p_a}{p_a}\right) + b_2 \tag{1-8}$$

式中:p_a 为标准大气压;a_2、b_2 为试验参数。

公式(1-8)可估算因上覆荷载变化而引起的膨胀量。徐永福得到的膨胀土本构模型公式的不足之处在于,仅仅研究单因素同膨胀量之间的关系,不能全面反映影响膨胀土膨胀量的各种要素。

韦秉旭等(2007)通过侧限条件下的有荷膨胀率试验,研究宁明膨胀土的膨胀率与荷载、最终含水率及过程含水率之间的相关性,得到了在一定起始含水率条件下,膨胀率与荷载的半对数呈线性关系、最终含水率与荷载的半对数呈线性关系、膨胀率与过程含水率呈线性关系的结论,最后给出了一维膨胀本构模型,该模型的不足之处在于没有反映出干密度或者压实度对膨胀应变的贡献。

丁振洲等(2007)利用常规固结仪,对河南唐河县重塑膨胀土的膨胀特性进行了研究,得到膨胀率与各个单因素之间的相关关系。其中,膨胀率 δ_{ep} 与含水率 ω_0 的关系为:

$$\delta_{ep} = f\omega_0 + g \tag{1-9}$$

式中:f、g 为试验参数,与起始含水率和上覆荷载有关。

根据公式(1-9)可预测由增湿而引起的膨胀应变。膨胀土的膨胀率 δ_{ep} 与干密度 ρ_{d0} 的关系为:

$$\delta_{ep}(\rho_{d0}) = b \cdot e^{a\rho_{d0}/\rho_w} - l_1 \qquad (1-10)$$

式中:a、b 为试验参数,与含水率及压力有关;$l_1 = 5$;ρ_w 为水的密度。

根据公式(1-10)可预测由干密度而引起的膨胀应变。膨胀土的膨胀率 δ_{ep} 与荷载 p_u 的关系为:

$$\delta_{ep}(p_u) = d \cdot e^{[c \cdot (p_u + p_a)/p_a]} - l_2 \qquad (1-11)$$

式中:c、d 为试验参数,与干密度及初始含水率有关;p_u 为荷载;p_a 为大气压力;$l_2 = 5$。

丁振洲等人最后又假设 ω_0、ρ_{d0}、p_u 为相互独立的影响因素,三因素同时改变时,膨胀率公式可以表述为:

$$\delta_{ep}(\rho'_{d0}, \omega'_0, p'_u) = \lambda(\rho_{d0})\lambda(\omega_0)\lambda(p_u)\delta_{ep}(\rho_{d0}, \omega_0, p_u) \qquad (1-12)$$

式中:$\lambda(\rho_{d0}) = \delta_{ep}(\rho'_{d0})/\delta_{ep}(\rho_{d0})$;$\lambda(\omega_0) = \delta_{ep}(\omega'_0)/\delta_{ep}(\omega_0)$;$\lambda(p_u) = \delta_{ep}(p'_u)/\delta_{ep}(p_u)$。

丁振洲等人研究的不足之处是,假设 ω_0、ρ_{d0}、p_u 为相互独立的影响因素,对每一分量做乘法得到膨胀应变与三因素之间的关系,至于为什么要做乘法而不做加法或者别的方法,作者并没有给出合理的解释,也没有具体的试验数据作支撑和验证。

苗鹏等(2008)对南宁膨胀土进行了侧限膨胀试验,结果表明:其他条件相同时,膨胀率与起始含水率线性负相关,与干密度线性正相关,与竖向压力的半对数线性负相关。张爱军等(2005)以安康膨胀土为研究对象,通过不同的初始干容重、不同的起始含水率等一系列膨胀性试验,得到安康膨胀土无荷膨胀率与起始含水率、干重度之间的表达式:

$$\begin{cases} V_h = (c\dfrac{\gamma_d}{\gamma_w} + d)\omega_r & (\gamma_d \leqslant \gamma_m) \\ V_h = (c\dfrac{\gamma_d}{\gamma_w} + d)\omega_r + e\dfrac{\gamma_d}{\gamma_w} + f & (\gamma_d > \gamma_m) \end{cases} \qquad (1-13)$$

式中:γ_m、c、d、e、f 为试验参数;V_h 为无荷膨胀率;ω_r 为吸水率与饱和含水率比值。

对压力与膨胀率之间的计算模式,选用徐永福、史春乐(1997)发表的《宁夏膨胀土的膨胀变形规律》中的模式,即:

$$V_{hp} = A\left(\dfrac{\sigma_z + p_a}{p_a}\right)^{-B} \qquad (1-14)$$

式中:A、B 为试验参数,其中 A 等于无荷膨胀率;σ_z 为上覆压力;p_a 为大气压力;V_{hp} 为有荷膨胀率。

最后将公式(1-13)、公式(1-14)联立相乘,得到有荷膨胀率的计算公式:

$$\begin{cases} V_{hp} = (c\dfrac{\gamma_d}{\gamma_w} + d)\omega_r\left(\dfrac{\sigma_z + p_a}{p_a}\right)^{-B} & (\gamma_d \leqslant \gamma_m) \\ V_{hp} = [(c\dfrac{\gamma_d}{\gamma_w} + d)\omega_r + e\dfrac{\gamma_d}{\gamma_w} + f]\left(\dfrac{\sigma_z + p_a}{p_a}\right)^{-B} & (\gamma_d > \gamma_m) \end{cases} \qquad (1-15)$$

张爱军等人研究的不足之处在于,用宁夏膨胀土有荷膨胀率的经验本构模型来代替安康膨胀土的有荷膨胀本构模型,不同类型的土其有荷膨胀率与荷载之间的规律不尽相同,将两种不同性质土的经验模型嵌套在一起,这是否可行有待更多试验验证。

Seed 等(1962)在试验的基础上提出,一维膨胀应变和塑性指数之间存在幂函数关系:

$$S = 2.16 \times 10^{-3} (IP)^{2.44} \tag{1-16}$$

式中:S 为膨胀土一维膨胀应变;IP 为塑性指数。

同时,他还提出了一维膨胀应变同膨胀土活动性和黏粒含量之间的相关关系:

$$S = 3.6 \times 10^{-5} (A^{2.44})(C^{3.44}) \tag{1-17}$$

式中:S 为膨胀土一维膨胀应变;A 为膨胀土的活动性;C 为膨胀土的黏粒含量。

Chen(1988)提出了重塑膨胀土的膨胀率同塑性指数之间的关系:

$$S = B \times e^{A(IP)} \tag{1-18}$$

式中:S 为膨胀土一维膨胀应变;IP 为塑性指数;A、B 为试验常数。

公式(1-16)~公式(1-18)的不足之处是,只建立了膨胀应变同塑性指数、黏粒含量等指标之间的关系,这些指标是膨胀土基本特性的反映,是影响膨胀的内因,对某一膨胀土来说,这些指标是固定的,不能反映外因(起始含水率、压实度、上覆荷载等)变化对膨胀应变的影响。

Nayak 和 Christensen(1974)给出的膨胀潜势统计规律为:

$$S = (2.29 \times 10^{-2})(IP)^{1.45} \times C/\omega_i + 6.39 \tag{1-19}$$

式中:S 为膨胀率;IP 为塑性指数;C 为黏粒含量;ω_i 为初始含水率。

该公式不足之处是没有反映上覆荷载和压实度对膨胀应变的影响。

以上介绍了国内外研究人员在 K_0 条件下得到的膨胀经验本构关系式,由于自然环境中的膨胀土在 3 个方向上均会发生膨胀,并且侧限条件下(K_0 状态)土体应力情况不明确,这就要对膨胀土进行三向应力状态下的膨胀试验。在三轴膨胀试验研究方面,Einstein、Wittke 在 Huder-Amberg 模型的基础上,共同提出了三维膨胀本构关系:

他们假定侧向应力为:

$$\sigma_x = \sigma_y = \frac{\nu}{1-\nu}\sigma_z \tag{1-20}$$

则膨胀土的体积膨胀应变与第一应力不变量的关系为:

$$\varepsilon_V = K\left[1 - \frac{\lg(\sigma_V \cdot \frac{1-\nu}{1+\nu})}{\lg(\sigma_{V_{\max}} \cdot \frac{1-\nu}{1+\nu})}\right] \tag{1-21}$$

式中:ε_V 为体积膨胀应变;σ_V 为第一应力不变量;$\sigma_{V_{\max}}$ 为最大体积膨胀应力;ν 为泊松比。

杨庆(1995)根据膨胀土三轴膨胀试验结果,验证了 Einstein、Wittke 关于三维膨胀本构的假说,并建立了综合考虑应力、吸水率两个因素的某矿山膨胀岩重塑样的膨胀体积应变经验关系式:

$$\varepsilon = A + B \cdot W/\sigma - C \cdot \ln\sigma \tag{1-22}$$

式中:ε 为体积应变;W 为单位体积吸水率;σ 为体积应力;A、B、C 为试验常数。

孙钧和李成江(1998)认为膨胀体积应变为第三应力不变量的函数,他们对山东省张家洼矿区膨胀岩样进行试验,得到如下关系:

$$\varepsilon_V = 0.033\,805 - 0.002\,572 I_3 \tag{1-23}$$

式中:ε_V 为体积膨胀应变;I_3 为第三应力不变量。

李振等(2008)利用改造的三轴仪,对安康重塑膨胀土进行增湿膨胀特性研究,结果表明,在相同应力比状态下,应力较小时,轴向和径向均表现出膨胀变形;应力较大时,轴向为压缩变形,径向为膨胀变形,两个方向的变形量均较小。土样增湿剪切过程中,以体积膨胀为主,体积

变化主要由侧向变形引起,轴向变形较小。同时,对试验资料进行数学拟合,提出了膨胀体应变与含水率、球应力之间的关系:

$$\varepsilon_V = -\frac{(A\frac{p}{p_a}+B)(\omega-\omega_0)}{1+(C\frac{p}{p_a}+D)(\omega-\omega_0)} \quad (1-24)$$

式中:ε_V 为体积膨胀应变;p 为球应力;p_a 为大气压力;ω 为某级浸水稳定以后土样含水率;ω_0 为试样起始含水率;A、B、C、D 为试验参数。

1.3.3 膨胀土加固改良技术研究

为减轻膨胀土所诱发的工程灾害和损失,各种加固改良膨胀土的技术方法逐渐被提出并在膨胀土地区得到推广应用。根据加固机理,目前对于膨胀土的治理方式主要可划分为以下几类。

(1)物理加固方法:通过热力或电力学方法,改良膨胀土的物理性质。

(2)力学加固方法:通过在膨胀土体中混合特殊的材料来提高土体力学强度,但添加的物质材料并不改变土自身的理化性质。

(3)传统化学加固方法:在土体中掺入一种或几种固态或液态的添加剂,通过与黏土-水介质体系发生一系列物化作用达到膨胀土改性的目的。

(4)非传统型活性溶剂改良加固方法:近些年来,各种非传统型活性离子溶液逐渐进入土体加固的领域,这些固化剂溶液通过解离出一系列活性离子、基团成分,与膨胀土中亲水性、膨胀性黏土矿物发生物理化学作用,达到改变黏土表面亲水膨胀的特性并稳固土体的目的,从作用机理上来看,也属于化学加固方法的一种,但同时又包括更复杂的界面物化作用。

1)物理加固技术

"物理加固"的含义通常是指热力加固和电动加固方法。Winterkom(1991)通过对土体进行短期和长期的加热及冷冻,以探究温度效应对膨胀土性质的改良作用,结果表明,通过加热可以显著提高土体的承载力,减小其水敏性、膨胀性和易压缩性,并且在一定程度上减小了土体侧向压力和易崩解特征;反之,通过冷冻土体,可明显减小膨胀土渗透性并增大其抗压强度,通过温度效应加固膨胀土受加固龄期、土粒径分布的综合影响。

电动加固方法主要是驱除土体中的水分,通常采用发生电流的方法使土颗粒发生运动。电动加固法可分为3种类型:电渗法、电固化和电化学法。电渗多应用于软土地基的加固处理,主要原理是通过黏土矿物表面可交换阳离子的移动,促使水分从土体中脱去。

Ingles(1972)采用腐蚀阳极促使阳离子进入水溶液,并通过与黏土矿物表面阳离子发生交换作用,达到提高土剪切强度和降低膨胀的效果。电化学作用常采用高浓度的 Al 盐或 KCl 作为阳极室,通过土颗粒表面的离子置换作用或使铝胶结于孔隙之中,来提高土体工程稳定性,Bell(1993)等对此有过详细报道。

尽管电力学方法目前更多的是应用于加固软土或非膨胀性土体,但从该加固方法的原理可以看出,其同样适用于膨胀性黏土的加固处理。由于黏土矿物表面负电荷吸附厚水化阳离子层,通过采用电化学离子交换等作用,改善黏土表面电化学性质,达到加固土体的目的,这是一条正确且有意义的加固方法。

2）力学加固方法

在地基力学加固中，常通过夯击来提高土层密实度和承载力，其中，动力击实、重夯对于一般土体加固效果很明显，但对于膨胀性黏土地基却往往收效甚微。Kota(1996)认为，采用机械夯实方法加固膨胀土要求土体本身在击实过程中发生的位移变形量不能过大。Brand(1981)提出可采用水平振击法处理膨胀土，促使土体中超静孔隙水压力消散，达到加快土体固结过程，从而提高抗剪强度。

真空预压法是通过预压使膨胀土体中孔隙水在负孔压下先前排除，从而减小膨胀土地基建筑物的后期沉降。Bell指出预压的超加荷载值受到土体膨胀力的影响，当膨胀压力很大的情形下，预压超加荷载的作用效果是有限的。

力学加固膨胀土中行之有效的一个方法是在土层中插入某种特殊材料，这些材料结构和膨胀土产生复合作用，可提高膨胀土力学强度和抗变形能力。目前普遍采用的力学加固材料有塑料或刚性板、复合纤维材料、土工格栅和土工薄膜等。汪明元等（2008）较系统地研究了单向土工格栅、双向土工格栅加筋膨胀土的强度变形以及筋土界面摩擦和抗拉拔性质，并讨论了土工格栅加筋膨胀土的机理。徐晗等(2007)采用有限差分软件 $Flac^{3D}$ 对膨胀土渠坡采用土工格栅加筋治理过程中的应力和应变量进行了计算，该数值计算方式较充分考虑到了膨胀土自身在吸水软化和膨胀中的力学性质衰减，计算结果表明，土工格栅改变了土坡中原有的应力分布状态，并可有效地抑制膨胀土膨胀变形和水平变形位移的发展。刘斯宏(2009)提出在治理南水北调中线干渠边坡膨胀土问题中，采用土工织袋将开挖的膨胀土装入，并通过一定的施工方式堆叠在边坡上，采用压实方法形成土工袋装膨胀土坡覆盖层，从而防治膨胀土的胀缩变形并提高边坡的力学强度和稳定性。

Sharma(2005)通过将土工格栅制成圆柱材料桩形式垂直打入膨胀土地基层，土工格栅桩内填充地质纤维复合材料。通过纤维材料和格栅桩-土的摩擦阻力，达到防治土体膨胀变形的作用。Sharma通过室内试验分析了格栅桩径填充材料性质对于膨胀量的影响，结果表明，桩径越大，填充材料粒径越大，膨胀抑制效果越好。

实践表明，由于各种辅助力学结构物和加固材料的抗衰能力有限，且由于温度、气候等外界影响因素的综合作用，力学加固长期效果往往并不稳定。因此，着力于膨胀土自身性质的改变，从根本上改善膨胀土体亲水性和膨胀性，成为膨胀土治理的另外一个重要方向，各种膨胀土化学或理化综合改性方法得到岩土工作者的高度关注。

3）传统化学加固方法

物化方法通常从以下3个方面达到加固效果：①促进土颗粒相互致密连接，从而阻止水分对于土体的侵害；②降低土颗粒的亲水性，减小黏土颗粒表面吸附结合水层的能力，从而使土体始终处于较低的含水状态；③生成复杂的无机化合胶结物质，提高土后期强度和长期耐久性。总体上，常用的化学添加剂方法改良膨胀土的主要机理过程为：促进颗粒致密连接并生成新的逆水性化合物。改良效果及速度取决于添加剂的成分和类型，几种常用的膨胀土化学改良方法研究现状具体叙述如下。

（1）石灰改良土。添加石灰是常用的膨胀土治理方法，石灰材料分生石灰和熟石灰两种，两者与膨胀土-水体系作用过程的差异主要在于初期是否有消化发热和土干燥效应的产生。

无论是生石灰还是消石灰，当添加入膨胀土中时，均会产生以下两个理化过程：①石灰溶解于孔隙水溶液中,大量的 Ca^{2+} 与黏土颗粒表面和矿物层间吸附阳离子发生置换作用,使黏土扩散层变薄;②土体处于高碱性环境下,黏土矿物颗粒被破坏,导致 Al^{3+} 和 Si^{4+} 分解,并与 Ca^{2+} 和水分子反应生成 $Ca^{2+}-Al^{3+}$ 或 $Si^{4+}-Ca^{2+}$ 水化物,使土体发生硬凝作用。

经石灰处理的膨胀体多表现出脆性、粗粒性、塑性降低,易被压实、压密,持水能力下降,膨胀势减小。很多学者针对石灰改良膨胀土的工程表现、施工工艺、加固机理和长期稳定性因素作了较详细的探讨。杨明亮(2010)分析了石灰改性某机场膨胀土层的室内外工程效果,试验结果表明,在一定的石灰添加量下,膨胀土击实特性显著提高,膨胀潜势较大程度弱化,通过一定的现场振动碾压方式,且合理控制石灰剂量和土含水量的情况下,可有效提高灰土路基的承载力和强度。郭爱国、孔令伟(2007)提出,采用石灰改性膨胀土可先通过击实试验确定灰土的最佳含水量,并以高于试验最佳含水量3%左右来控制现场施工土含水量,可获得最好的工程效果。Rao(2001)讨论了石灰加固膨胀性黑棉土在循环干湿效应下的表现,结果表明,经历一定的水分干湿变化后,部分加固效果开始丧失,且灰土内黏粒含量随着循环次数逐渐增加,促使土体进一步发生崩解。George(1992)测试不同养护温度下石灰土的力学性质,认为适当提高养护温度可获得较好的加固效果,并提出该温度不宜小于50℃。

Muzahim 在控制温度的条件下,对不同添加剂量石灰与膨胀土内部作用的机理进行了试验分析,结果表明,添加5%的石灰剂量时,阳离子交换作用在土体内短期就可充分发生,且该剂量下,室内测试灰土各项指标均得到很好的提高;当石灰剂量超过5%时,在膨胀土内将进一步发生火山灰反应,生成各种钙硅铝水化物,且随着养护时间的增加,土体强度得到进一步提高。刘志彬等(2004)探讨了表面吸附仪测试石灰改性前后膨胀土比表面积和微孔隙分布特征变化,测试表明,改性土比表面积显著减小,且土平均孔径增大,黏土矿物层间距增加。

尽管石灰处理膨胀土可取得较好的效果,但研究表明,石灰土的性能易受到外界气候条件变化的影响,如反复干湿条件下,强度明显发生衰减。对于膨胀土路基,可利用拌合石灰、碾压完成加固;针对膨胀土边坡治理,石灰处理施工困难。此外,石灰土呈现的高碱性对环境和植被的不良影响也不容忽视。

(2)水泥加固处理。水泥具有强烈的黏结作用,是通用的土体加固材料,亦可用于膨胀土的加固处理。水泥加固膨胀土主要基于其在水化过程中生成各种硅铝酸盐及氢氧化钙,其中,氢氧化钙和膨胀土内的黏土矿物发生作用,生成各种硬胶成分,且 Ca^{2+} 可与黏土颗粒表面发生阳离子交换作用,从而逐渐增加颗粒之间的黏结力和强度。在膨胀土改性处理中,通常是采用先期施加少量的水泥提高其早期强度,后期继续添加石灰达到联合加固作用效果。

Chew(2004)对水泥处理膨胀性黏土的物理化学性质和工程性质进行了详细的分析,通过X射线衍射、电镜扫描、pH值测试、激光衍射等方法考察了加固前后土体微结构和理化性质的变化,并测试了含水率、孔隙比、液塑限、渗透性和无侧限抗压强度等工程性质指标。结果表明,土体工程性质的变化主要由4种微观变化产生,包括伊利石矿物的聚凝,火山灰反应过程中高岭石对于 Ca^{2+} 的优先吸附,以及大的黏粒团聚体的形成和团聚体之间孔隙的存在。

Puppala(2006)通过剪切波试验测试了水泥和石灰联合改性富硫性膨胀土的小应变剪切模量,并分析了不同的硫酸质含量的膨胀土在不同养护条件下的动力应变响应,结果表明,对于酸根含量低于 $1\,000\times10^{-6}$ 的膨胀土,小应变剪切模量得到显著提高,但酸度高于 $10\,000\times10^{-6}$ 的土其刚度增大幅度要小得多,这主要是源于硫酸盐的膨胀作用。此外,浸水养护试件的剪切模量增加幅度明显低于水汽保湿养护条件下的变化幅度。

Laureano(2004)利用共振柱试验研究了抗酸性水泥对美国阿林顿地区硫酸渍膨胀土的加固动力特性,试验分别测试了小应变剪切幅度范围(<0.000 1%)内击实土含水量、围压对于线性剪切模量和材料阻尼比的影响,以及小到中等应变幅度范围(0.000 1%～0.01%)下加固土的临界应变量和周向荷载对于剪切模量比的衰减影响机制。结果表明,水泥剂量在10%左右的改性酸渍土具有最高的剪切模量和最低的阻尼值,当土试件击实含水量高于最优含水量且压实度控制在95%左右时效果最佳。

水泥加固膨胀土存在如下弊端:①水泥在土体内水化作用要吸取大量水分,从而易引起土本身干燥收缩,当水泥添加量增大,土体会出现明显的干缩裂隙,裂隙的存在损害了土结构和强度的稳定性;②水泥初凝和终凝时间都很短,给土搅拌和加固施工带来了很多困难;③对于高塑性膨胀土,水泥加固效果往往并不是很理想,需要与其他加固材料联合作用,且水泥不仅成本偏高,而且还阻碍了植被生长,影响了自然环境。

(3)粉煤灰和工业废渣类加固剂。粉煤灰是工业生产中一种利用率极低的废渣烟尘,出于环保循环利用的考虑,加之含有特定的氧化物,可用于膨胀土的加固处理。通常采用的粉煤灰添加剂分C级和F级两种,其中F级粉煤灰主要由火山灰组成,不具有自身黏结性,常需要辅助添加水泥和石灰等联合作用。粉煤灰在膨胀土的加固中反应速率一般低于水泥,但高于石灰。

Ferguson(1992)指出粉煤灰对于土膨胀潜势和塑性的降低程度通常低于石灰,主要是由于粉煤灰不能提供足够的 Ca^{2+} 来置换黏土颗粒表面的阳离子。White(2001)试验表明,粉煤灰可提高黏性土的承载比(CBR)值,掺量达到20%可提高CBR值达75%,此外,粉煤灰可提高黏土最大击实干密度,降低最优含水率。因为粉煤灰可以干燥土体且较快地获得早期强度,常适合在潮湿和不稳定的路面地基中施工应用。Cokca(2001)比较了石灰和粉煤灰加固膨胀土的效果,认为掺加量为20%的粉煤灰对于塑性指数和膨胀势的降低程度相对于石灰添加量在8%左右。粉煤灰土的强度很大程度受养护时间、温度的影响,此外,土体内某些特殊成分含量可直接导致其加固效果丧失。Puppala(2006)指出,当膨胀土中硫元素含量过高时,将在粉煤灰土中生成膨胀性的矿物组分,从而破坏加固持久性和长期稳定的强度。

4)非传统型固化剂改良方法

传统型加固材料如石灰、水泥主要为钙离子型加固剂,即主要加固机理是通过 Ca^{2+} 离子的交换作用和后期的火山灰反应来完成。该类固化材料对于某些特殊土质,如德克萨斯州的富酸性膨胀性黏土(硫酸盐含量高),加固效果不佳。近些年来,越来越多的非传统型固化剂产品逐渐被研发出来,并取代传统固化材料广泛应用于路基建设、水利渠道防渗以及环保和农业等多个领域。

这些非传统加固剂多为液体,由于添加的化学组分和含量的不同,其加固机理各异,且对于不同类型的土质改良适宜性差异很大。较常见的代表性类型有酸质固化剂、酶类、高分子聚合物、电离子无机盐类、磺化油类固化剂等。

(1)酸质类:该类固化剂用于处理酸性土有较好潜力。酸质固化剂溶液解离出 H^+ 并交换出黏土颗粒表面吸附的可交换 Al^{3+} 离子,交换出来的 Al^{3+} 离子在水溶液中生成 $Al(OH)_2^+$ 并被黏土矿物层间稳定吸附。这一交换过程降低了土体的阳离子交换量,从而降低了黏土收缩-膨胀特征。代表产品有 Roadbond EN1。

(2)生物酶类:多数为从氨基酸类提取的蛋白质分子。当将其添加入土体中时,可借助酶的催化作用加快其与土中某些特殊基团链的化学反应。一般通过酶催化作用可以改善土结构,并通过施加一定外力使土体固结成较密实的整体,降低其渗透吸水性。由于生物作用受外在环境影响明显,该类固化剂产品长期稳定性有待进一步认识。目前主要产品为 EMC SQUARED 2000。

(3)无机盐类:蒙脱石黏土矿物表面吸附的水合阳离子,如 Ca^{2+}、Na^+、Mg^{2+} 的数量程度决定了其水合膨胀能力。一般来说,离子水合半径受其离子自身半径和价位的影响,半径越大、价位越低的离子水合半径越小、吸附水能力越弱。基于此,常用的无机盐类固化剂多包含大量水合度低的 K^+ 和 NH_4^+,通过离子交换置换出黏土矿物表面的高水合离子,从而减小土体吸水膨胀性和塑性。

(4)高分子类:主要是中—大分子有机阳离子或阴离子通过交换作用与黏土矿物表面紧密吸附,并将颗粒之间进行桥接,从而阻止水分侵入,降低胀缩力。目前市面上常见的产品有 Enviroseal M10 Aught-set。

(5)磺化油类:是一类经硫磺酸化学处理的油且可溶于水,并可在水溶液中分解出大量的净负电荷。据 Scholen(1995)的研究,该类固化剂由于在水中积聚了大量的负电荷,从而可将黏土矿物结构中的阳离子及其吸附的水分拉出,并在一定程度上使黏土矿物晶胞中的四面体层和八面体层解离,产生非晶体态的 SiO_2 和 $Al(OH)_3$。

关于离子土固化剂,目前的分类比较混乱,有的将无机盐类、高分子类固化剂归为离子土固化剂,究其原因,主要是这两种产品在土-水体系中亦可解离出高浓度活性金属阳离子或有机大分子带电离子,并发生离子吸附、交换等一系列物理化学作用。离子土固化剂主要类型为在磺化盐表面活性物质中添加一定强金属阳离子、有机阳离子基及其他化学成分的液态复合物。本书中论述的离子土固化剂就是这一类型,该固化剂由中国地质大学(武汉)与长江科学院长江工程公司自主研发,是专门针对高黏粒含量的土体如膨胀土进行加固的成本低廉型改性剂。

离子土固化剂目前较为成熟的类型主要有美国 ISS2500、澳大利亚 ISS-roadpacker(路基实)等,该类固化剂自 20 世纪 90 年代初引入我国后,在道路工程、水利工程中得到推广使用,并取得了良好效果。国内外很多学者就离子土固化剂的加固效果和加固机制开展了相关研究,并分析了不同类型离子固化剂的工程适用性。

张丽娟等(2002,2004)利用美国产离子土固化剂(固路宝 ISS2500)并配合石灰和水泥等材料,对粉土和黏性土进行了一系列的室内改良对比试验和工程现场施工工艺分析。结果表明,配合石灰和水泥等材料使用,离子固化剂可提高土质强度指标:无侧限抗压强度、击实 CBR 值。同时,试验结果表明,单独使用 ISS2500,土体整体性质改良程度并不明显。但离子土固化剂与石灰和水泥混合使用时,固化剂的贡献程度究竟有多大很难鉴定,或者说很难区分水泥和石灰在加固的各阶段所起的作用。黄文强(2005)介绍了离子土固化剂在堤顶路面加固工程的实际应用,并总结了固化剂施工的详细方法和施工工艺流程,指出喷洒该液体固化剂应特别注意施工中水分的控制和施工环境的影响。沈新元(2003)介绍了 ISS 在防汛道路工程中的应用,从设计方案、施工方法流程、技术要点、材料质量检测等各方面详细分析了 ISS 的加固过程和稳定性,并比较了 ISS 技术的优缺点,为工程应用提供了有价值的参考。于强等(2001)概述了 ISS-roadpacker 与土体中各种类型的水分作用机制,指出 ISS 主要通过电动特性排除土中湿气衍生水和表面张力吸着水,并以自由水的形式在机械力学作用下排除,从而提高土体的工程性质并降低其吸水能力。于强等人对 ISS 的使用范围及其在公路工程中的使用特点进行了总结。需要指出的是,他们对 ISS 土中水的作用机制仅仅是一般意义上的概述和猜测,并没有试验数据和结论的支撑。汪益敏等(2001,2002)探讨了离子型 RBS 固化材料加固广西南宁低液限微膨胀性粉土的机理,利用 X 射线衍射、SEM 技术,就加固前后膨胀土内蒙脱石矿物晶体结构和土微结构特征进行了分析,并以无侧限抗压强度的指标变化评价 ISS 加固土的效果。

欧鸥(2004)采用 SPP 离子土稳定剂对几种有代表性黏土进行加固稳定效果评价和加固机制分析,通过室内试验比较该稳定剂对于黏土力学强度性能的影响,并从细观结构角度对其加固机理进行验证。结果表明,该种固化剂对于黏土矿物改变并不明显,在一定程度上提高了黏土微结构连接。Rauch 比较分析了 3 种离子土固化剂和酶类、高分子固化剂加固 5 种不同黏土矿物成分的效果,通过液塑限、击实、自由膨胀及剪切强度试验对 3 种液体固化剂加固前后的土相应的各项性能进行综合评估。结果表明,选用的几种液体加固剂对于黏土性质并无特别大的改变,虽然某一种固化剂对某一特定黏土矿物类型有一定程度的效果,但整体趋势并不明显。作者指出,应修改击实制样的规范标准,以消除制样中含水量和密度差异对于加固效果评价的影响。Katz(2001)对主要成分为磺化柠檬酸的液态离子固化剂的加固机理进行了探索,得到了一些有益的结论。

自 2006 年以来,在国家自然科学基金、高等学校博士学科点专项科研基金及河南省水利厅的资助下,本课题组对南水北调中线工程沿线的河南安阳、新乡、南阳等处膨胀土的工程特性及加固改良开展了一系列研究工作,并自主研发了一种新型离子土固化剂,用于处理南水北调中线河南段膨胀土,取得了良好的改良固化效果。本书在后面章节中将陆续对前期理论和实践研究成果进行论述和总结,以期为水利工程膨胀土的理论研究和治理工作提供一些有益的参考。

1.4 膨胀土研究的展望

膨胀土作为现代工程地质学的一个特殊研究领域而发展,所采用的研究方法及其依据的理论自然同工程地质学紧密相连,它所要研究和解决的实际问题必然也是工程地质学任务的一部分。只不过从膨胀土的定义可以看出,膨胀土的研究对象主要是地壳表层各种成因类型的膨胀土及其与工程建筑物的相互关系,即膨胀土的工程地质作用。

膨胀土研究同工程地质学和其他自然学科一样,都是以自然地质体的客观属性为基础,研究它们与人类工程活动之间的关系和规律。因此,它是一门应用性很强的学科。要达到解决各项实际任务的目的,膨胀土研究除应该广泛采用工程地质学、土质学和土力学等的研究方法和最新成果外,还必须不断地总结经验,发展适合于膨胀土特性的新的研究方法与基础理论,认真做到以解决工程实际问题为中心的理论研究与工程实践相结合,宏观地质与微观结构研究相结合,物化-力学性质与工程地质作用研究相结合,定性评价与定量评价相结合,历史、现状研究与未来预测研究相结合。

总之,由于我们对膨胀土采取了如此种种特殊的研究理论和方法,明确了研究的实际任务与要达到的目的,而且在客观上膨胀土已经形成了一套比较系统的调查、试验与研究方法,产生了新的理论。因此,无论从发展的观点来看,或是从科学的实质而论,我们完全有理由相信,随着各国生产和科学技术的进一步发展,对膨胀土的研究将不断开拓新的领域。

2 膨胀土物化性质及结构

膨胀土区别于一般黏性土的重要特征,在于其包含大量亲水性,具有活动晶层结构的膨胀黏土矿物,如蒙脱石、伊蒙混层矿物等。这些膨胀性黏土矿物结构单元由两层二氧化硅和一层三氧化二铝组成,层间联接微弱,遇水时,极性水分子可以自由地渗入层间,产生晶层膨胀,即短程膨胀。此外,由于该类黏土矿物自身的带电性,其层间及外表面均吸附着平衡的可交换阳离子。这些层间及表面的可交换阳离子与水分子结合形成水合阳离子,进一步增大了黏土矿物单片及黏土颗粒的水化能力。这种位于黏土矿物表面和层间的水合作用,促使结合水膜厚度不断增大,并楔开了土颗粒之间的黏结力,进入到所谓的长程膨胀阶段。无论是短程膨胀还是长程膨胀作用,其外在显现均为土体积增大、膨胀性增强,当膨胀受到外在约束时,便表现为内部扩张力的形式,即宏观膨胀力。因此,黏土矿物是决定膨胀土工程性质的物质基础,而黏土矿物表面及层间的特殊的物化性质又进一步决定了膨胀土亲水活性及水化能态。

另外,膨胀土的结构主要是指与其力学强度相关的宏-微观结构特征,包括宏观地质界面,如软弱面、不连续裂隙面,以及微观颗粒、团粒的排列与接触方式、微孔隙裂隙等。这些结构特征是地质历史发展的产物,反映了膨胀土成土地质环境与原始应力条件以及各种外力的改造作用。膨胀土的结构特征与特殊的黏土矿物成分均是在特定地质历史过程中形成的,矿物化学成分、粒度成分与结构等紧密相关。因此,不同区域、不同成因类型的膨胀土,其物化性质及结构特征差异显著,从而造成不同区域上土体膨胀性、收缩性、力学强度等工程性质以及膨胀土灾害特征明显不同。

基于对南水北调中线工程沿线河南段安阳、新乡、南阳等多处膨胀土的现场调查及室内试验工作,本章将对该区域膨胀土的物化性质及结构特征作概要论述。

2.1 膨胀土的颗粒组成

膨胀土因富含黏土矿物,整体上多以细颗粒为主。膨胀颗粒组成主要受地质沉积过程中各种外界环境和搬运作用等综合因素的影响,对于不同成因类型的膨胀土,反映在颗粒组成上必然呈现较大差异。如湖相沉积膨胀土的细粒组普遍高于洪积成因膨胀土,后者的粗颗粒含量相对增大,粉、砂粒含量一般较多。对于河流冲积相膨胀土,颗粒组成受到搬运距离影响,搬运距离近的土体,除角砾、碎石外,粉、砂、黏粒分选程度较差,含量均较高;搬运距离远的膨胀土,在搬运过程中,较粗的各级粒组已先期分别沉降,主要富含细颗粒,黏粒含量高,分选性较好。对于残积性膨胀土,各颗粒组分含量主要受风化作用的性质和程度决定,物理风化下,母岩产生机械破碎,使大、粗颗粒残存于土体中;化学风化作用下,母岩中粗粒矿物不断向细黏土矿物转化,使土体细颗粒组分含量提高。另外,在风化作用过程中,外界气候、温度环境、风化作用的程度等均影响着膨胀土粒度组分的整体分布状态。

这里分析南水北调中线工程潞王坟试验段的膨胀岩(土)和南水北调中线一期工程总干渠河南安阳段膨胀土的颗粒组成。

潞王坟试验段采用虹吸比重瓶法测定各粒组百分含量,其颗粒级配曲线如图2-1所示,分析结果见表2-1。可以看出,该段膨胀岩(土)粒径小于0.075mm的颗粒占80.63%,其中0.05～0.005mm的粉粒占34.10%,小于0.005mm的黏粒部分占40.74%。由此可知,所选取试验段的膨胀岩(土)以黏性为主,含有黏土矿物成分,这部分黏土矿物有较强的亲水性,可导致吸水膨胀。

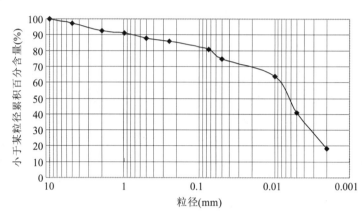

图2-1 试验段膨胀岩(土)颗粒级配曲线

表2-1 试验段膨胀岩(土)颗粒组成分析结果

粒组(mm)	100～10	10～5	5～2	2～1	1～0.5	0.5～0.25
百分含量(%)	0	2.96	4.37	1.77	3.16	1.85
粒组(mm)	0.25～0.075	0.075～0.05	0.05～0.01	0.01～0.005	0.005～0.002	<0.002
百分含量(%)	5.25	5.79	11.02	23.08	22.60	18.14

河南安阳段采取桩号AY27+132～AY35+009段泥灰岩、黏土岩风化表层膨胀土以及垂直向下0.5m深度岩(土)层的4种样品,分别命名为泥-表层、黏-表层、泥-下层、黏-下层,进行颗粒分析试验。4种土样颗粒组分具体结果见表2-2,颗粒分布曲线见图2-2。从试验结果可以看出以下几点规律。

(1)所有膨胀土粒度成分以黏粒组(<0.005mm)含量为主,其中,泥灰岩层膨胀土黏粒含量为43%～47%,黏土岩层为43%～49%,且胶粒(<0.002mm)占较大比例,说明膨胀土中,以细黏土矿物较为富集。

(2)黏土岩与泥灰岩层土样中黏粒组含量非常接近,但胶粒含量明显以黏土岩层为多。由于蒙脱石、伊利石等膨胀性黏土矿物主要分布在胶粒组内,反应黏土岩层膨胀土的水化能力和膨胀分散性更高,这与现场观察的黏土岩层开挖风化速度快,其遇水崩解程度显著高于泥灰岩层现象相符合。

(3)两种膨胀土颗粒组分沿垂直方向,均呈现出由上而下黏粒含量逐渐减小的趋势,胶粒含量沿垂直方向变化虽不明显,但也略有减小。与黏粒组相反,大于2mm的粗颗粒沿深度方向显著增大。颗粒组分随垂直深度的这种变化规律,主要与大气风化作用程度相关,表层土体受风化营力作用大,细粒含量较高;越往下受风化营力小,粗颗粒相对富集。

表 2-2 膨胀土样颗粒组成分析结果

土样	颗粒组成(mm)							
	砾			砂粒		粉粒	黏粒	胶粒
	>5	5~2	2~0.5	0.5~0.25	0.25~0.075	0.075~0.005	<0.005	<0.002
	%	%	%	%	%	%	%	%
泥-表层	2.8	6.6	5.8	0.6	1.8	35.6	46.8	19.3
泥-下层	5.2	18.3	4.7	0.8	2.9	24.6	43.5	18.6
黏-表层	3	1.4	1.2	2.1	0.6	42.4	49.3	33.1
黏-下层	7.5	2.5	2.8	0.9	3.2	39.7	43.4	28.8

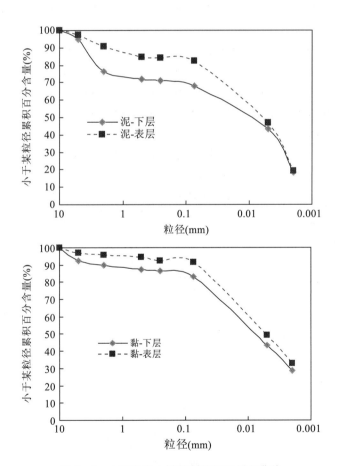

图 2-2 4 种膨胀土样的颗粒级配累积曲线

4 种膨胀土样颗粒组分的差异影响其产生不同的性质表现,如水化膨胀能力。黏、胶粒含量高的土体,遇水分散性大,且由于黏粒比表面积大,其表面结合水化膜较厚,再加上胶粒组分内包含的膨胀晶格黏土矿物,必然导致其膨胀潜势要高得多。基于这一点认识,可初步判定黏土岩层土体膨胀潜势要高于泥灰岩层,且工程性质差。

2.2 膨胀土矿物成分

膨胀土的矿物成分包括黏土矿物和碎屑矿物,碎屑矿物中大部分为石英、斜长石和云母(主要是水云母),其次为方解石和石膏等矿物。碎屑矿物是粗粒部分的主要组成物质,一般来说,粗粒在膨胀土中含量有限,故其对胀缩性质影响不大。而影响膨胀土工程性质的主要是细粒部分的黏土矿物,特别是蒙脱石类矿物。例如,我国红黏土的黏粒含量都很高,但是胀缩性能完全不同。陕西第三系三趾马红土的主要矿物成分为蒙脱石、伊利石,蒙伊混层矿物含量占70%左右,它的自由膨胀率高达160%,膨胀力最高达1.8MPa,具有很强的膨胀性。而江西万安第三系红层残积红土的黏土矿物以高岭石为主,伊利石占25%左右,其自由膨胀率在40%左右,膨胀力一般小于30kPa,胀缩性能很弱。

利用 X′Pert PRO DY2198 型 X 射线衍射仪进行矿物成分定量分析。其样品制作过程如下:①将约 100g 的 3 种膨胀土分别风干,全部碾碎过 0.075mm 筛;②分别称取每种膨胀土 10g,将土样倒入锥形瓶中,并向锥形瓶中注入 200mL 蒸馏水,振荡摇匀后加热 1h 左右,冷却;③将锥形瓶中的样品过 0.075mm 筛,过滤液盛入容积为 1 000mL 的烧杯中,然后向烧杯中加蒸馏水直到溶液体积为 1 000mL;④用搅拌器将溶液上下搅拌 30 次左右,时间约 1min,取出搅拌器,测量室温,并根据室温与不同粒径颗粒静置时间关系表,间隔一定时间用虹吸管提取膨胀土黏粒($<5\mu m$),装入干净的小塑料瓶中。

最后分别对粉晶($<0.075mm$)以及黏粒($<5\mu m$)进行 X 射线衍射试验。粉晶的 X 射线衍射结果见图 2-3 至图 2-5,黏粒的 X 射线衍射结果见图 2-6 至图 2-8。图中 File Name:1 为南阳中膨胀土,File Name:2 为南阳弱膨胀土,File Name:3 为邯郸强膨胀土。对每个图谱进行分析并与标准图谱比对,得到各膨胀土的矿物成分及含量(表 2-3)、各黏粒(粒径$<5\mu m$)组成成分及含量(表 2-4)。

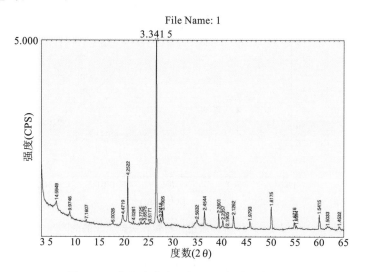

图 2-3 南阳中膨胀土粉晶 X 射线衍射图谱

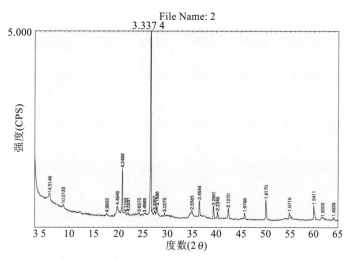

图 2-4　南阳弱膨胀土粉晶 X 射线衍射图谱

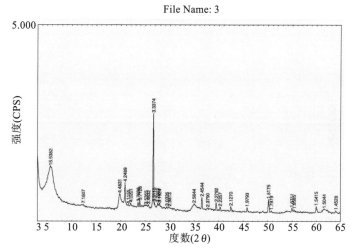

图 2-5　邯郸强膨胀土粉晶 X 射线衍射图谱

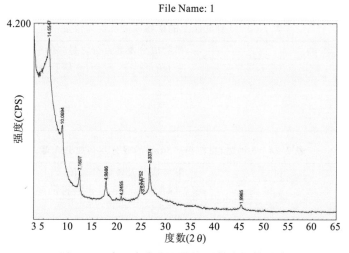

图 2-6　南阳中膨胀土黏粒 X 射线衍射图谱

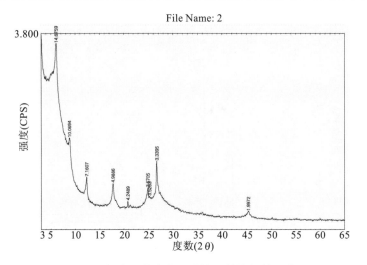

图 2-7 南阳弱膨胀土黏粒 X 射线衍射图谱

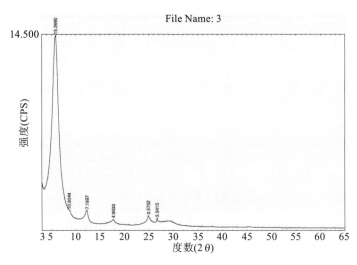

图 2-8 邯郸强膨胀土黏粒 X 射线衍射图谱

表 2-3 3 种膨胀土的矿物成分及百分含量

膨胀土类别	矿物成分及其百分含量(%)			
	石英	长石	方解石	黏土
南阳中膨胀土	35	6	1	58
南阳弱膨胀土	39	5	2	54
邯郸强膨胀土	25	5	2	68

表 2-4 3 种黏粒(粒径<5μm)的成分及各成分含量

黏粒类别	黏粒成分及各成分含量(%)			
	蒙脱石	绿泥石	伊利石	高岭石
南阳中膨胀土	62	7	18	13
南阳弱膨胀土	57	5	23	15
邯郸强膨胀土	80	0	10	10

从表 2-3 可以看出,组成这 3 种膨胀土的矿物成分一样,都是石英、长石、方解石以及黏土矿物,区别在于各矿物成分含量的不同。其中,黏土总量最大的为邯郸强膨胀土,为 68%,其次为南阳中膨胀土,为 58%,最低的为南阳弱膨胀土,为 54%。由此可见,不同的黏土总量对应不同的膨胀等级,黏土总量越大则土样膨胀性越强。

从表 2-4 中可以看出,组成这 3 种膨胀土的黏粒(粒径<5μm)矿物成分相同,都是由蒙脱石、绿泥石、伊利石、高岭石组成,其中,蒙脱石含量在黏粒中比重最大,其次为伊利石、高岭石,绿泥石含量最少。

为获得每种黏土矿物在 3 种膨胀土中的实际含量,需要结合表 2-3 与表 2-4 做简单的计算,将每种膨胀土中黏土矿物的实际含量列于表 2-5 中。

表 2-5 3 种膨胀土黏土矿物百分含量

膨胀土类别	3 种膨胀土中黏土矿物百分含量(%)			
	蒙脱石	绿泥石	伊利石	高岭石
南阳中膨胀土	35.96	4.06	10.44	7.54
南阳弱膨胀土	30.78	2.7	12.42	8.1
邯郸强膨胀土	54.4	0	6.8	6.8

从表 2-5 中可以看出,组成 3 种膨胀土的黏土矿物主要是蒙脱石、伊利石,高岭石和绿泥石含量较少。邯郸强膨胀土中蒙脱石含量最大,为 54.4%;南阳中膨胀土中蒙脱石含量为 35.96%;南阳弱膨胀土中蒙脱石含量最低,为 30.78%。膨胀性越强的膨胀土其蒙脱石含量越大,这里,膨胀土的膨胀性强弱是以自由膨胀率的大小为标准的,因此也可以说,蒙脱石含量越大的膨胀土,其自由膨胀率越大。这是由于蒙脱石矿物晶体是一种二八面体构造,上下分别为硅氧四面体,中间夹一层铝氧八面体,晶胞之间以氧层相连,蒙脱石矿物晶体的这种结构形式使得晶层之间的化学键非常微弱,水分子很容易进入晶层之间使晶格产生膨胀。伊利石晶体构造与蒙脱石晶体构造很相似,不同之处是伊利石矿物晶层之间吸附有 K^+,晶层间化学键强,水分子难以进入层间,膨胀性不及蒙脱石。高岭石矿物晶体是由一层硅氧四面体和一层铝氧八面体构成的,两个晶胞间以很强的氢键连接,水分子不能进入层间,基本上不表现出膨胀性。因此,主要的三种黏土矿物的膨胀性从大到小依次是:蒙脱石>伊利石>高岭石,所以,蒙脱石含量高的膨胀土具有较强的膨胀性。

在膨胀土中,颗粒较大的石英、长石、方解石等矿物是分布在以细颗粒黏粒为基质的物质之中,大颗粒之间很少直接接触,因此,膨胀土的工程性质主要由作为基质的黏土矿物的性质决定。

2.3 膨胀土物化性质

2.3.1 膨胀土化学成分

以南水北调中线工程总干渠安阳段膨胀土为例,不同成因类型膨胀土化学组成的差异性主要由土体形成过程中母岩的各种矿物转化和重新沉积组合所决定。分别对灰白色泥灰岩层膨胀土和棕红色黏土岩层膨胀土进行化学全分析，对于每种土样，选取两种粒组级进行测定：全粒组风干样和粒径小于 $5\mu m$ 的黏粒提纯土。试验结果见表 2-6。

表 2-6 膨胀土化学成分与含量

土样	化学成分及含量(%)								
	SiO_2	Al_2O_3	Fe_2O_3	CaO	MgO	Na_2O	K_2O	H_2O	SiO_2/Al_2O_3
灰白色膨胀土全粒组	48.49	12.13	4.71	12.47	1.89	0.11	2.57	2.76	3.99
灰白色膨胀土黏粒组	44.03	14.04	5.65	3.47	1.96	0.097	1.24	3.12	3.14
棕红色膨胀土全粒组	54.34	13.12	5.6	9.12	1.84	0.069	2.79	4.24	4.14
棕红色膨胀土黏粒组	47.89	14.03	4.36	2.55	1.75	0.1	2.62	5.69	3.41

从表 2-6 中可以看出，试验膨胀土在化学组成上基本上均以 SiO_2、Al_2O_3、Fe_2O_3、CaO 为主，这四种成分占土总含量的 80% 以上。膨胀土中硅酸铝盐黏土矿物含量普遍较高是 SiO_2、Al_2O_3 含量大的主要原因。此外，包含的石英和长石矿物也进一步增大了 SiO_2 含量。

研究区膨胀土与我国其他地区典型膨胀土样在化学成分上的一个显著差异在于其较高含量的 CaO。我国多数膨胀土的 CaO 含量在 1%～8.7% 的范围内，而本次试验全粒组土样的 CaO 均大于 9%，特别是灰白色泥灰岩风化层膨胀土高达 12.5%，高含量的 CaO 主要来自于土体内方解石矿物的大量富集，这一结果也与现场观察的该层膨胀土内大量的钙质结核和钙薄盘分布相符合。

土体内 K_2O、CaO 碱金属含量较高，也说明该膨胀土的化学风化程度并不大。在一定的外界环境作用下，如微酸性水介质、潮湿气候中，土体内方解石矿物将进一步淋滤分解、流失转化，而含 K 元素的伊利石矿物也有脱 K 并转化为蒙脱石矿物的可能。

比较分析全粒组和黏粒组土样的化学成分，可以看出两者主要差别在于 SiO_2、Al_2O_3 以及 CaO 的含量。黏粒内 CaO 含量显著减小，说明大量方解石矿物颗粒在提取中已经被除去；黏粒中 SiO_2 含量有所减小，而 Al_2O_3 含量增大了，表明在全粒组土中，粗颗粒石英矿物较大，而在黏粒组中主要以铝硅酸盐类黏土矿物聚集为主。

膨胀土中的 H_2O 含量主要来自矿物结晶水和土颗粒表明吸附的结合水。从表中可以看出，黏粒样品在提取和风干后，吸附的结合水含量比原样要大。另外，从 H_2O 含量差别可初步判断，棕红色膨胀土黏粒组水合能力要大于灰白色土样。

两种土样全粒组的 SiO_2/Al_2O_3 在 4% 左右，而黏粒组 SiO_2/Al_2O_3 含量范围为 3.14%～3.41%。研究表明，三大黏土矿物的 SiO_2/Al_2O_3 值近似为：蒙脱石类＝4，伊利石＝3，高岭石＝2。若蒙脱石：伊利石：高岭石含量比例为 5∶4∶3 时，黏粒组 SiO_2/Al_2O_3 理论值应接近 3。从两种膨胀土黏粒组 SiO_2/Al_2O_3 结果看，灰白膨胀土中，高岭石含量应高于棕红色膨胀土；而棕红色膨胀土黏土矿物主要以蒙脱石为主，伊利石次之。

2.3.2 膨胀土阳离子交换量及可交换阳离子

膨胀土中的离子交换吸附作用是黏土矿物的一种重要的物理化学性质。测定膨胀土的阳离子交换性能可以定性地判明组成的主要黏土矿物类型。不同类型的黏土矿物，由于晶格边缘的破键产生的电荷将吸附阳离子而取得平衡，以及晶格同晶置换作用和裸露在氢氧基上氢的活性和数量等的不同,使各种黏土矿物的阳离子交换性能有着明显的差别。这种性能在黏土矿物学中通常是在 pH=7 的中性溶液中测定的,以每 100g 土的毫克当量数来度量。

笔者对南阳弱膨胀土、南阳中膨胀土以及邯郸强膨胀土分别进行了阳离子交换量测试,试验在中国地质大学(武汉)土工实验室进行,试验操作依据为水利部土工试验规程(SL237—1999)。试验详细过程介绍如下。

(1)分别取 3 种膨胀土风干样约 20g,全部碾碎过 0.075mm 筛。取 6 个离心管,按照从 1 到 6 依次编号,称量空离心管的质量。称取约 2g 过筛后的土样,每种土样取两份,做对比试验。取 6 支容量为 100mL 的离心管,分别称量它们的质量 m_0,将称取的 2g 土样分别放入离心管中,称量管加土样的质量 m_1。

(2)向步骤(1)装有土样的离心管中加入约 80mL 蒸馏水,用玻璃棒将土溶液充分搅拌,然后放入转速为 3 000r/min 的离心机中离心,半小时后取出测定上层清液电导率,而后倒掉上层清液,重新加入蒸馏水,离心、测定电导率,直到电导率稳定为止。试验过程中各土样溶液电导率的变化情况如图 2-9 所示,电导率的大小直接反映了溶液中盐类物质的多少,当电导率变化稳定后就可以结束洗盐,试验中每份土样溶液的电导率最终都在 20μs 附近平缓变化,证明洗盐可以结束。

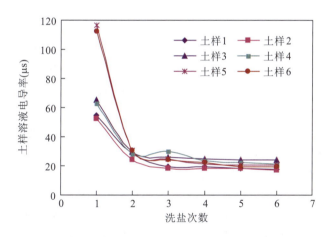

图 2-9 土样溶液洗盐过程中电导率与洗盐次数的关系曲线
注:土样 1、2 为南阳中膨胀土;土样 3、4 为南阳弱膨胀土;土样 5、6 为邯郸强膨胀土。

(3)用 pH 计测量,南阳弱膨胀土、南阳中膨胀土以及邯郸强膨胀土的 pH 值分别为 7.97、7.86、8.12,说明 3 种膨胀土均为石灰性土。洗盐以后,需要向各离心管中加入 40mL $BaCl_2$ 缓冲溶液,间歇性摇晃 1h,然后放入离心机中离心 3~5min,取出后弃去上层清液,再向离心管中加入 80mL $BaCl_2$ 缓冲溶液,振荡、摇晃均匀后静置过夜,第二天离心 30min 后弃去上层清液。

(4)向离心管中加入 80mL 蒸馏水,摇晃离心管直到土块破碎,再离心后弃去上层清液,将离心管与管中土样一起称量 m_2,将离心管放入烘箱中,由于离心管为塑料制品,因此烘箱温度不宜太高。根据经验烘箱温度维持在 55℃左右,烘干足够长时间,取出离心管,称量管与干土质量 m_3,那么干土的质量 $m_d = m_3 - m_0$。

(5)用移液管注入 40mL 浓度为 0.025mol/L 的 $MgSO_4$ 溶液到离心管中,间歇地摇晃 2h,

离心,将离心后的上层清液装入有盖的小塑料瓶中。

(6) 从小塑料瓶中吸取 5mL 溶液,加入 8 滴 pH 值为 10 的缓冲液并加入铬黑 T 指示剂 4 滴,使溶液变为紫色,用标准的 Na_2-EDTA 溶液滴定,当溶液颜色从红色变为蓝色终止滴定,读出滴定液用量 V_1,为使试验结果更精确,每瓶溶液(总体积大约 40mL)进行 3 次滴定,6 瓶溶液共进行 18(3×6)次滴定。

(7) 另外吸取 5mL 浓度为 0.025mol/L 的 $MgSO_4$,用 Na_2-EDTA 溶液进行空白滴定,达到对 Na_2-EDTA 溶液的浓度进行标定的目的,读出这一滴定过程中 Na_2-EDTA 溶液的用量 V_2。

考虑到离心后的土样用蒸馏水洗涤后对指示剂滴定用量的影响,需要对滴定量 V_1 进行修正,修正公式如公式(2-1)所示。

$$V_3 = V_1(40 + m_2 - m_1)/40 \tag{2-1}$$

式中:V_3 为 Na_2-EDTA 滴定液用量修正值(mL);m_1 为离心管与管内风干样质量(g);m_2 为离心后离心管与管内试样质量(g)。

阳离子交换量(CEC)计算公式如公式(2-2)所示。

$$CEC = \frac{(V_2 - V_3) \times 10^{-3} \times \frac{40}{5} \times C \times 100}{m_d \times 10^{-3}} \tag{2-2}$$

式中:CEC 为阳离子交换容量(cmol/kg);V_2 为滴定 $MgSO_4$ 溶液所用的 Na_2-EDTA 体积 (mL);V_3 为滴定 $MgSO_4$ 溶液处理过的膨胀土样溶液所用的 Na_2-EDTA 溶液体积(mL);C 为 Na_2-EDTA 标准液的物质的量浓度(mol/L);m_d 为烘干后的膨胀土质量(g)。

试验中用到的 Na_2-EDTA 标准液浓度为 0.009 7mol/L,试验步骤(7)滴定所消耗的 Na_2-EDTA 标准液体积 V_2 为 12.87mL。根据上述试验操作步骤及数据处理公式,得到 3 种膨胀土的阳离子交换成果表(表 2-7)。

表 2-7 中,土样 1、2 为南阳中膨胀土,其阳离子交换量平均值为 26.04cmol/kg;土样 3、4 为南阳弱膨胀土,其阳离子交换量为 14.6cmol/kg;土样 5、6 为邯郸强膨胀土,其阳离子交换量为 46.02cmol/kg。阳离子交换量从大到小顺序依次为:邯郸强膨胀土＞南阳中膨胀土＞南阳弱膨胀土。结合膨胀土矿物成分结果可知,阳离子交换量的大小同膨胀土中黏土矿物总量特别是膨胀性强的黏土矿物含量具有一致性,也就是说,黏土矿物总量特别是膨胀性强的黏土矿物——蒙脱石、伊利石——含量越高,膨胀土的阳离子交换性越大,自由膨胀率也越高。

对比 Zeta 电位试验结果可以看出,阳离子交换量的大小与 Zeta 电位的高低成正相关。Zeta 电位较高的黏土其表面电荷密度也会较大,表面电荷密度大的黏土颗粒会吸附较多的可交换性阳离子,在相同条件下它的阳离子交换量也更大。因此,阳离子交换量本质上与 Zeta 电位是一致的。

2.3.3 膨胀土中可溶盐及胶结物

膨胀土中胶结物质的分析方法是采用连二亚硫酸钠-重碳酸钠测定游离氧化硅、游离氧化铁和游离氧化锰。而对于无定形氧化铁测定是用草酸铵缓冲液提取。

表 2-7 3 种膨胀土阳离子交换量试验成果表

编号	烘干土样质量 m_d (g)	离心管加土的质量 处理前 m_1 (g)	离心管加土的质量 处理后 m_2 (g)	Na_2-EDTA 实际耗量 V_1 (mL)	校正滴定量 V_3 (mL)	CEC 计算值 (cmol/kg)	CEC 平均值 (cmol/kg)	CEC 最终平均值 (cmol/kg)
1	1.098	15.025	15.995	8.87	9.09	26.04	26.12	26.04
				8.84	9.05	26.26		
				8.87	9.09	26.04		
2	1.139	15.027	15.982	8.72	8.93	26.17	25.96	
				8.82	9.03	25.48		
				8.71	8.92	26.24		
3	1.132	14.746	15.776	8.7	8.92	14.23	15.1	14.6
				8.51	8.73	15.57		
				8.52	8.74	15.5		
4	1.133	15.05	16.038	8.78	9	13.72	14.09	
				8.61	8.82	14.91		
				8.79	9.01	13.65		
5	1.179	15.186	16.79	6.03	6.27	42.87	43.48	46.02
				5.56	5.78	45.99		
				6.19	6.44	41.67		
6	1.193	15.415	16.965	5.13	5.33	48.4	48.56	
				5.25	5.45	47.59		
				4.94	5.13	49.69		

注：土样 1、2 为南阳中膨胀土；土样 3、4 为南阳弱膨胀土；土样 5、6 为邯郸强膨胀土。

对河南安阳灰白色泥灰岩层和棕红色黏土岩层膨胀土进行可溶盐成分及胶结物组分测定，其结果见表 2-8。两种膨胀土易溶盐含量分别为 0.033 6% 和 0.054 2%，均属于易溶盐含量较低的土。可溶盐中阳离子均以 Na^+、Ca^{2+} 含量较高，Mg^{2+} 和 K^+ 含量较低，棕红色膨胀土 Na^+ 含量高于灰白色土，而 Ca^{2+} 在灰白土中含量较高。阴离子中，以 HCO_3^- 为主，SO_4^{2-} 和 Cl^- 含量很低。

表 2-8 膨胀土可溶盐及相关胶结物组分含量

土样	易溶盐成分及含量(%)							
	K^+	Na^+	Ca^{2+}	Mg^{2+}	SO_4^{2-}	Cl^-	HCO_3^-	总含量
灰白土	0.000 588	0.004 73	0.014 4	0.001 19	0.005 67	0.003 54	0.020 4	0.033 6
棕红土	0.000 954	0.009 55	0.006 75	0.000 87	0.008 55	0.004 48	0.009 5	0.054 2

土样	胶结物成分及含量(%)					
	中溶盐 $CaSO_4$	难溶盐 $CaCO_3$	游离 Fe_2O_3	无定形游离 Fe_2O_3	游离 Al_2O_3	总量
灰白土	0.023	6.147	0.857	0.087	0.433	4.547
棕红土	0.015	3.066	1.915	0.267	0.188	3.451

膨胀土中易溶盐的状态随土体水分含量不同而呈结晶固态和半溶或完全溶解状态，天然膨胀土多吸附大气水分而呈较潮湿状态，土体内可溶盐不能成为胶结作用物质，对土体的整体结构和强度贡献不大，但可溶盐成分影响着膨胀土黏土矿物表面吸附阳离子种类。从试验两种土样可溶盐阳离子含量来看，灰白膨胀土黏土矿物吸附可交换阳离子以 Ca^{2+} 量较高，而棕红色膨胀土颗粒表面交换阳离子中 Na^+、Ca^{2+} 均占较大比例。

两种膨胀土包含一定量的中溶盐石膏和难溶盐碳酸钙，灰白土中碳酸钙含量较高，中溶盐和难溶盐在膨胀土中多起胶结作用，可提高土体强度，抑制土颗粒吸水膨胀作用。

膨胀土中游离 Fe_2O_3 呈无定形和结晶两种状态，无定形状态游离 Fe_2O_3 因呈非晶体结构，无法通过 XRD 衍射方法鉴别。两种土样的游离氧化铁含量以棕红膨胀土较高，无定形氧化铁含量均非常低，仅占游离氧化铁总量的 10% 左右，土样中游离 Al_2O_3 含量均不高。

总体来看，两种膨胀土中起胶结作用的成分主要有难溶盐、游离氧化铁和游离氧化铝等。无定形的游离氧化铁虽绝对含量低，但因其高度分散和理化活性，可黏附在黏土矿物表面；而难溶盐 $CaCO_3$ 在黏土颗粒表面形成钙质胶结包裹膜，起胶结作用，增强了土体力学性质，一定程度上降低了水化胀缩潜势。

2.4 膨胀土结构特征

2.4.1 膨胀土宏观结构

膨胀土在成土过程中由于湿度、温度、压密以及不均匀胀缩效应形成了许多网状交错裂隙和软弱结构面，使膨胀土产生了一系列独特的力学性质和各向异性的复杂介质，影响着土体的稳定性。所以，膨胀土的宏观结构主要表现在交错裂隙和软弱结构面上。

膨胀土裂隙的成因、类型和一般土体既有共同之处，亦有其特殊性。和其他土体一样，膨胀土在成土过程之中，由于温湿度、上部固结压实作用以及一系列复杂的物化效应影响，常使土体内产生不均匀体积变化以及内应力效应。这种不均匀的内应力导致其在成土过程中各种原生裂隙普遍存在，且该类裂隙多具潜伏性，一般情况下，肉眼难以进行辨识，裂隙微细，在土体中的分布呈不均匀性和各向异性。

膨胀土裂隙形成的特殊性在于其自身在水分迁移变动下，反复膨胀收缩而产生了体积的不断变化，从而造成本不发育的各原生裂隙进一步扩张，并且形成各种新的次生胀缩裂隙。另外，由于膨胀土黏土矿物含量大，在大气营力作用下，活化变异性强，不断溶蚀，造成各种风化裂隙进一步发展。由于膨胀土干缩湿胀的不稳定性以及物质组成的特殊性，促使其裂隙分布较一般土体更密集，裂隙结构稳定性很差。

膨胀土内裂隙分布多具有不规则性和随机性，膨胀土中裂隙分布的几何形态控制着整体结构的力学性质，其中，各种裂隙的组合方式和定向排列关系的量化研究一直是研究关注的焦点。Tersoanives(1987)将土体内裂隙网络排列方式划分为系统型、多边角型以及混乱型。其中，系统型裂隙网络结构指土体内存在多组互成平行或近平行状态的裂隙面，整体上裂隙组合排列呈一定的系统性；混乱型即裂隙面分布杂乱，无规律可循，无明显定向平行排列的裂隙存在方式；而多边角型是一种介于系统和混乱型的中间过渡状态，裂隙多近垂直向和水平向相交，并组成各种近多边形状的网络。

由于膨胀土裂隙分布的复杂性,上述的类型划分只是近似理论上的,实际上,对膨胀土裂隙分布形态很难准确量化,工程中多以经验分析和统计分析为主,并且由于膨胀土裂隙的不断演化发展,统计分析的结果常有较大的波动。另外,膨胀土裂隙分布多呈各向异性,如膨胀土边坡,坡面水平方向和竖直剖面上,裂隙数量和结构差异显著。

通过对南水北调中线工程总干渠安阳渠段泥灰岩和黏土岩层膨胀土垂直开挖断面进行观察发现,两断面在开挖后初期,土体整体密实,含水量较高,颜色较深,土断面上杂乱分布着微细裂隙,很少见延伸长且裂度深的大裂隙,微细裂隙多呈闭合和半闭合状态。

两断面在开挖暴露3天后,受大气温湿度变化作用以及表面吸湿和干燥收缩的交替演化,各种微裂隙逐渐张开,无论是裂隙的深度和延伸的长度都不断增加,同时,原先肉眼不可见的裂隙在新的位置不断出现。

开挖暴露5天后,可见明显的贯通连接裂隙,且大裂隙和小裂隙间相互交替连接,形成一定的网络结构方式,其中,早期形成的较大裂隙宽度已经扩展到几毫米,并且不断伸长,成为土体中水汽运移的主要通道。

开挖后7天,各类裂隙发展已经较慢,新裂隙的出现和发展不明显,但仍有少量增加,表明裂隙在膨胀土内的发展呈初期明显、速度快,而后逐渐弱化缓慢的趋势,整体上呈长期渐进性特点。图2-10分别为两种膨胀土层断面开挖7天后的裂隙分布状态。

(a)泥灰岩层土断面裂隙　　　　　　(b)黏土岩层土断面裂隙

图2-10　两种膨胀土断面开挖7天后裂隙分布形态

为对比分析两类膨胀土裂隙结构分布特征,在数字图像的基础上,采用素描方法对分布裂隙进行提取并勾出其形态分布,见图2-11。从图中可以看出两种膨胀土在相同外界环境条件下,裂隙演化分布状态呈现明显的差异,主要表现在以下几个方面。

(1)泥灰岩层膨胀土内裂隙无论是数量和开展深度均明显较黏土岩层要小,前者除几条沿垂直方向的主裂隙外,多以细小、杂乱的裂隙分布为主,且裂隙排列整体上无规律可循,属混乱型裂隙组合方式,裂隙整体发育程度较低,土体内完整的区域相对面积较大,裂隙之间搭接性不明显。

(2)黏土岩层膨胀土内,裂隙发育程度较高,较大裂隙普遍以相互接连贯通的方式存在,土剖面被大小裂隙形成的网络分割成面积相对均等的块状和角边状,整体裂隙网络状态介于混

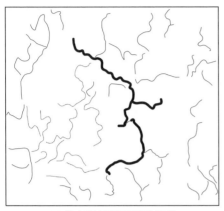 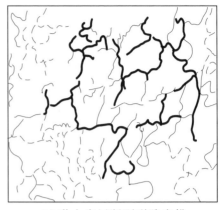

(a) 泥灰岩层断面裂隙素描　　　　　　(b) 黏土岩层断面裂隙素描

图 2-11　两种膨胀土断面开挖 7 天后裂隙素描

乱型和多边角型结构之间。与泥灰岩层面中主要以垂直裂隙分布为主不同，该层面上水平向裂隙亦有比较明显的发育，且有进一步演化发展趋势。

(3) 两种土体裂隙发育随深度向下呈现减小的趋势，这一趋势在黏土岩层面上表现得更明显，其原因主要在于上层土体受大气风化作用和胀缩变形更大。虽然下部土体垂直面与大气外界条件接触亦比较充分，但由于受到上部土层的自重应力抑制以及水分渗径较长等影响，导致其裂隙发育程度较低。

两种膨胀土裂隙发育分布不同还受到物质组成差异的影响。由粒度组成结果可以看到，两种土的胶粒组分含量不同，说明膨胀性黏土矿物富集程度不同，从而影响着胀缩裂隙和风化裂隙的发育程度。

需要指出的是，采用素描方法对膨胀土进行裂隙分析，仅局限于肉眼可见裂隙，且存在一定误差。对膨胀土内微细裂隙进行全面准确分析，需借助显微镜观察，可利用图像分析技术对一定倍数的放大图像进行灰度处理，并根据处理后的裂隙二值化图像计算裂隙所处的灰暗色区域的面积、长度或者图像灰度分布值，从而获得裂隙分布的详细量化参数结果。图 2-12 是黏土岩层剖面经灰度处理的裂隙图像。

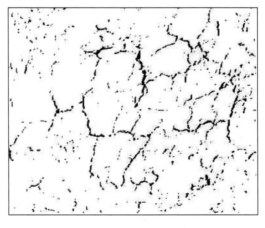

图 2-12　经灰度处理的裂隙图像

比较素描裂隙图,图2-12更真实全面地反映出微裂隙分布状态,且从中可较准确量测较大裂隙的走向和角度,以及细小裂隙间连接的不连续性和渐进发展趋向。

2.4.2 膨胀土微观结构

微观结构是影响膨胀土工程性质的重要因素之一,其研究已经发展到定量阶段,而且正朝着简化测试的方向发展。膨胀土微观结构特征主要包含两方面内容:一是微结构单元划分,一般分为三种类型,即片状颗粒、扁平状颗粒及粒状颗粒单元,膨胀土的微结构主要是以这三种类型的颗粒单元相互搭配组成的各种结构形式;二是微结构特征的划分,一般分为六种类型,即絮凝结构、定向排列结构、紊流结构、粒状堆积结构、胶结式结构、复合式结构。可用各种电子显微镜和X射线衍射仪等现代技术手段揭示膨胀岩(土)的微观结构特征。这是因为,黏土矿物结构单元体小于0.002mm,由单粒、团聚体、叠聚体和孔隙等组成,这些技术能够揭示这些微小单元体的特征、空间的分布状况及它们之间的接触连接特点和微观孔隙特征。

对南水北调中线工程河南境内潞王坟内三种不同的膨胀岩(土)进行电镜扫描并测定其氧化物,结果如下。

2.4.2.1 白色泥灰岩中主要造岩矿物微观结构及其氧化物测定

1) 黏土矿物氧化物成分鉴定及微观结构

(1) 泥灰岩中黏土矿物 YWL-1-1N 能谱分析结果,见图2-13、表2-9。

表2-9 泥灰岩 YWL-1-1N 氧化物含量

化学成分	样品编号 YWL-1-1N	
	$Wt(\%)$	$At(\%)$
CO_2	42.78	51.46
MgO	1.21	1.59
Al_2O_3	7.16	3.72
SiO_2	17.34	15.28
K_2O	0.64	0.36
CaO	28.33	26.75
Fe_2O_3	2.53	0.84

图2-13 泥灰岩 YWL-1-1N 黏土矿物电镜扫描图

(2) 泥灰岩中黏土矿物 SWL-1-1N 能谱分析结果,见图2-14、表2-10。

(3) 泥灰岩中黏土矿物 SWL-1-3N 能谱分析结果,见图2-15、表2-11。

从三个样点的能谱分析中得出,黏土矿物中 CaO 含量较高,主要是以 $CaCO_3$ 形式赋存在岩土中,其他还含有 SiO_2、Al_2O_3、MgO、Fe_2O_3、K_2O;黏土矿物有溶蚀现象,空隙含量高,碳酸盐岩正在被硅酸盐岩和铝酸盐岩所替换,使泥灰岩在岩土工程特性上与灰岩、白云岩有了本质的区别。

2) 泥灰岩中方解石氧化物成分鉴定及微观结构(图2-16、表2-12)

从样点的能谱分析中得出,泥灰岩中有少量方解石晶体存在,晶型较标准,经能谱测试为方解石,晶体边缘溶蚀严重,空洞较多,结构性差。

图 2-14 泥灰岩 SWL-1-1N 电镜扫描图

表 2-10 泥灰岩 SWL-1-1N 氧化物含量

样品编号 SWL-1-1N		
化学成分	$Wt(\%)$	$At(\%)$
CO_2	25.49	31.97
MgO	1.10	1.50
Al_2O_3	6.01	3.26
SiO_2	15.75	14.47
K_2O	0.88	0.52
CaO	48.10	47.36
Fe_2O_3	2.67	0.92

图 2-15 泥灰岩 SWL-1-3N 黏土矿物电镜扫描图

表 2-11 泥灰岩 SWL-1-3N 氧化物含量

样品编号 SWL-1-3N		
化学成分	$Wt(\%)$	$At(\%)$
CO_2	12.89	17.03
MgO	0.83	1.19
Al_2O_3	4.46	2.54
SiO_2	8.01	17.42
K_2O	1.39	0.86
CaO	56.88	58.95
Fe_2O_3	5.54	2.02

图 2-16 泥灰岩 SWL-1-2N 方解石电镜扫描图

表 2-12 泥灰岩 SWL-1-2N 氧化物含量

样品编号 SWL-1-2N		
化学成分	$Wt(\%)$	$At(\%)$
CO_2	29.44	34.71
CaO	70.56	65.29

3) 泥灰岩中长石氧化物成分鉴定及微观结构(图 2-17、表 2-13)

泥灰岩中有少量长石晶体,晶型不规则,具有溶蚀边,经能谱鉴定为长石。长石周围是层面弯曲的层状矿物,经 XRD 试验联合判定为蒙脱石及部分隐晶质方解石矿物。从能谱图上看出,岩石微观裂隙发育,层面弯曲严重,结构性差。

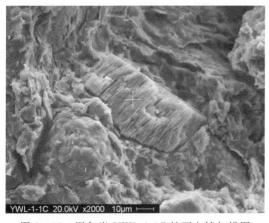

图 2-17 泥灰岩 YWL-1-1C 长石电镜扫描图

表 2-13 泥灰岩 YWL-1-1C 氧化物含量

样品编号 YWL-1-1C		
化学成分	$Wt(\%)$	$At(\%)$
CO_2	16.43	23.46
Na_2O	0.56	0.57
Al_2O_3	15.68	09.67
SiO_2	56.45	59.04
K_2O	10.89	7.27

2.4.2.2 红色黏土岩中主要造岩矿物微观结构及氧化物测定

(1) 黏土岩中黏土矿物 YRC-1-1F 能谱分析结果,见图 2-18、表 2-14。

图 2-18 黏土岩 YRC-1-1F 黏土矿物电镜扫描图

表 2-14 黏土岩 YRC-1-1F 氧化物含量

样品编号 YRC-1-1F		
化学成分	$Wt(\%)$	$At(\%)$
MgO	1.18	2.05
Al_2O_3	19.58	13.45
SiO_2	64.09	74.70
K_2O	10.37	7.71
Fe_2O_3	4.78	2.10

(2) 黏土岩中黏土矿物 YRC-1-1N 能谱分析结果,见图 2-19、表 2-15。

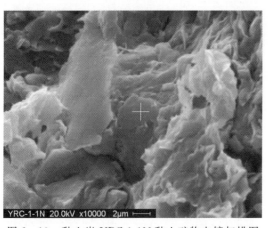

图 2-19 黏土岩 YRC-1-1N 黏土矿物电镜扫描图

表 2-15 黏土岩 YRC-1-1N 氧化物含量

样品编号 YRC-1-1N		
化学成分	$Wt(\%)$	$At(\%)$
CO_2	15.51	22.99
MgO	0.68	1.09
Al_2O_3	23.90	15.28
SiO_2	52.00	56.44
K_2O	1.53	1.06
CaO	0.70	0.81
Fe_2O_3	5.68	2.32

(3)黏土岩中黏土矿物 SRC-1-2N 能谱分析结果,见图 2-20、表 2-16。

表 2-16 黏土岩 SRC-1-2N 氧化物含量

样品编号 SRC-1-2N		
化学成分	$Wt(\%)$	$At(\%)$
CO_2	22.54	31.91
MgO	0.95	1.46
Al_2O_3	18.37	11.22
SiO_2	39.13	40.57
K_2O	2.61	1.73
CaO	9.30	10.33
Cr_2O_3	0.41	0.17
Fe_2O_3	6.70	2.61

图 2-20 黏土岩 SRC-1-2N 黏土矿物电镜扫描图

(4)黏土岩中黏土矿物 SRC-1-3N 能谱分析结果,见图 2-21、表 2-17。

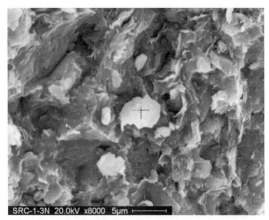

表 2-17 黏土岩 SRC-1-3N 氧化物含量

样品编号 SRC-1-3N		
化学成分	$Wt(\%)$	$At(\%)$
CO_2	22.92	31.77
Na_2O	1.54	1.52
MgO	3.34	5.05
Al_2O_3	17.84	10.68
SiO_2	44.54	45.22
K_2O	2.19	1.42
CaO	2.03	2.21
Fe_2O_3	5.59	2.14

图 2-21 黏土岩 SRC-1-3N 黏土矿物电镜扫描图

(5)黏土岩中黏土矿物 SRC-1-1N 能谱分析结果,见图 2-22、表 2-18。

表 2-18 黏土岩 SRC-1-1N 氧化物含量

样品编号 SRC-1-1N		
化学成分	$Wt(\%)$	$At(\%)$
MgO	0.72	1.12
Al_2O_3	6.02	3.70
SiO_2	88.39	92.15
K_2O	0.89	0.59
CaO	1.20	1.34
Fe_2O_3	2.77	1.09

图 2-22 黏土岩 SRC-1-1N 黏土矿物电镜扫描图

从五个样点的能谱分析中得出,黏土矿物中 SiO_2 含量较高,主要是以硅酸盐形式赋存在岩土中,其他还含有 Al_2O_3、Fe_2O_3、MgO、K_2O 及少量 CaO,CaO 以碳酸钙形式赋存;含少量的隐晶质石英;黏土矿物有溶蚀现象,空隙含量高,部分黏土矿物层面平直光滑,少量有弯曲。

2.4.2.3　黄色黏土岩中主要造岩矿物微观结构及氧化物测定

黏土矿物氧化物成分鉴定及微观结构,见图 2-23、表 2-19。

图 2-23　黏土岩 SYC-1-1N 黏土矿物电镜扫描图

表 2-19　黏土岩 SYC-1-1N 氧化物含量

样品编号 SYC-1-1N		
化学成分	$Wt(\%)$	$At(\%)$
MgO	1.10	2.03
Al_2O_3	22.26	16.17
SiO_2	48.59	59.87
K_2O	8.44	6.63
CaO	7.25	9.57
Fe_2O_3	12.36	5.73

从样点的能谱分析中得出,黏土矿物中 SiO_2 含量较高,主要是以硅酸盐形式赋存在岩土中,其他还含有 Al_2O_3、Fe_2O_3 及少量 K_2O、CaO、MgO;CaO 的存在形式不是碳酸钙,较红色黏土岩有所区别;黏土矿物有溶蚀现象,空隙含量高,部分黏土矿物层面平直光滑,少量有弯曲。

3 膨胀土判别分类及膨胀机理

3.1 概　述

判别膨胀土的目的,是为了正确区分膨胀土与非膨胀土的界限,以便将膨胀土与其他土类区别开来。对膨胀土的分类,则是在已经判别为膨胀土的基础上,对膨胀土进行的再判别,从而将工程性质基本相近的膨胀土进一步划分为同一类型,工程性质相差较大的划分为不同类别,为工程建筑提供合理的科学依据。

工程实践表明,在工程地质勘查中遇到的一个首要问题就是查明地基土石类别及性质。因此,在膨胀土地区进行工程建设,首先必须要区分膨胀土与非膨胀土,划分膨胀土的类别和等级,然后再确定建筑物的设计原则及其相应的工程措施,这是一个很重要的问题。由于膨胀土属于黏性土的特殊土类,它首先具有黏性土的许多共性,如可塑性、孔隙性、胀缩性等。这些性质都是由于黏性土较之砂类土含有更多细小的颗粒,从而有更大的比表面积,致使黏土矿物颗粒与水发生复杂的物理化学作用的结果。这无疑使准确区分膨胀土与非膨胀土增加了很大的困难,同时也充分表明了膨胀土判别的复杂性。

然而,国内外已有研究表明,由于膨胀土的黏土矿物成分主要是由强亲水矿物组成,具有特殊的结构和构造,因而它同时又具有区别于普通黏性土的若干显著特性,如强亲水性、多裂隙性、强胀缩性、强度衰减性,等等。显然,这不仅使正确区分膨胀土与非膨胀土在理论上成为可能,而且已有大量实践证明是能够实现的。

实验室在对膨胀土样品进行判别分类时,主要是依据膨胀土的胀缩性指标或表明其胀缩性的间接性指标,所以,研究膨胀土的胀缩机理也是一个极其重要而又十分复杂的理论课题。

已有研究表明,不仅是膨胀土,而且是所有的黏性土,只要与水相互作用,都表现有一定的胀缩性,不过膨胀土-水体系作用产生的胀缩变形更为强烈。目前有关解释膨胀土胀缩原因的理论有很多,较早的理论是从矿物晶格构造提出的晶格扩张理论,以及以毛细管现象为依据的弹性理论。一般应用较普遍的有渗透理论、双电层理论和吸力势理论,其次还有热渗理论、表面张力与弹性弯曲理论等。

3.2　判别分类原则及关键性指标选择

理论和实践都表明,膨胀土工程灾害性主要来自其强烈的膨胀性带来的各种破坏作用,对膨胀土与一般黏性土的划分界定,应始终把握"膨胀能力"这一基本原则。正确区分膨胀土与非膨胀土,对不同膨胀能力、胀缩性表现相近的膨胀性黏土进行合理归类,对于预测可能出现的膨胀危害问题,提出科学的设计方案,确定有效的处理措施,有着重要的意义。为了选择合理的判别指标,首先必须研究反映膨胀土基本性质的各指标间的相关关系,以及这些指标的组合规律,若能着重考虑胀缩机理,选择表征膨胀土特性的独立指标,这样就能比较理想地实现膨胀土的判别目的。常见的分类指标有如下几点。

(1)界限含水量。土的界限含水量指黏性土由一种稠度状态转到另一种状态时的分界含水量,是反映土粒与水相互作用的灵敏指标之一,在一定程度上反映了土的亲水性能。它与土的颗粒组成、黏土矿物成分、阳离子交换性能、土的分散度和比表面积,以及水溶液的性质等有着十分密切的关系,对于工程具有较大的实际意义。通常有液限、塑限、缩限三种定量指标。一般说来,膨胀土是具有高塑性与高收缩性的黏土,液限越高、缩限越低,则土的膨胀潜势就越大。因此,采用界限含水量特征值作为膨胀土的判别指标是可行的。

(2)粒度组成。土的粒度成分(颗粒级配)是指土中各粒组的相对含量,通常用各粒组占土粒总质量(干土质量)的百分数表示。粒度成分是反映膨胀土物质组成的基本特性指标,土中小于0.005mm的黏粒与小于0.002mm胶粒成分的含量愈高,一般表明蒙脱石成分越多,分散性越好,比表面积越大,亲水性越强,膨胀性越大。所以,采用土中黏粒含量指标也同样可以区分膨胀土与非膨胀土。

(3)自由膨胀率。自由膨胀率指一定质量的烘干、过筛土颗粒在无结构约束状态下自由吸水的体积膨胀量与原始体积之比,以百分率表示,是反映土的膨胀特性的最直接度量指标之一。研究表明,当膨胀土的结构相似时,土中黏土矿物成分蒙脱石含量愈多,自由膨胀率愈大;若高岭石含量愈多,自由膨胀率愈小。采用自由膨胀率作为膨胀土的判别指标,一般能获得比较好的结果。

(4)风干含水量。风干含水量是在室内自然条件下土风干后所具有的含水量。该指标不仅依赖于土样中细粒(特别是小于$1\mu m$粒径的胶粒)含量,更依赖于土中黏土矿物种类。

(5)比表面积和阳离子交换量。土的比表面积是单位体积(cm^3)或单位质量(g)的固体颗粒具有的表面积总和。土壤阳离子交换量指在一定pH值(=7)时,每千克土壤中所含有的全部交换性阳离子(K^+、Na^+、Ca^{2+}、Mg^{2+}、NH_4^+、H^+、Al^{3+}等)的总摩尔数。

比表面积和阳离子交换量与膨胀土中蒙脱石黏土矿物成分的含量有密切关系,从某种意义上来讲,通过对土中黏土颗粒的比表面积和阳离子交换量的测定,可以大致了解膨胀土中蒙脱石黏土矿物成分的近似含量。

(6)矿物成分。不同类型、不同含量及其组合而成的膨胀土,也必然在物理化学、物理力学和物化-力学性质方面反映出明显的差异。蒙脱石是由二层硅氧四面体中间夹着一层氧八面体组成的二八面体构造,晶格之间的氧层相连接,具有极弱的键和良好的解理,使极性水分子容易进入单位晶层之间形成水膜,产生晶格扩张膨胀。当膨胀土蒙脱石含量达到5%时,即可对土的胀缩性和抗剪强度产生明显的影响;若膨胀土蒙脱石含量超过20%时,则土的胀缩性和抗剪强度基本上全由蒙脱石控制。

(7)标准吸湿含水量。标准吸湿含水量是在标准温度(通常为25℃)和标准相对湿度下(通常为60%),膨胀土试样恒重后的含水量。标准吸湿含水量与比表面积、阳离子交换量、蒙脱石含量之间存在线性相关的关系。

关于膨胀土分类方法已有较多研究报道,并提出了多种分类评价标准,其中,代表性方法有美国农垦法、南非威廉姆斯分类、杨世基法、柯尊敬最大胀缩性指标分类、李生林塑性图判别法等。另外,我国《膨胀土地区建筑技术规范》及《公路路基设计规范》均制定了相关分类细则,成为我国膨胀土分类判别的主要参考标准。由于膨胀土成因、地域以及膨胀土地区外在气候条件因素等各方面差异的多样性,针对某一地区膨胀土行之有效的判别方法在对另一类膨胀土进行分级时,往往存在着一定的偏差。

上述分类方法中,有采用单一指标判别,也有采用多项指标联合分类的。总体来说,按照所采用的分类指标属性,各分类方式基本上可归为两大类:①以原状土样各种胀缩特性指标或膨胀性黏土矿物含量作为分类依据,如采用膨胀体变率、胀缩总率、线缩率、有荷膨胀率以及蒙脱石含量、理化性质指标等,这类分类标准直接从膨胀土胀缩变形量以及影响膨胀性的主要黏土矿物性质出发,对土体的膨胀潜能进行定级;②以土颗粒组分及其与水相互作用的水理化性质指标为分类依据,如胶粒含量、液限、塑限、塑性指数、自由膨胀率等,该类分类标准通过采用与膨胀土水活性能力密切相关的指标量来间接反映土体在水介质中的膨胀潜力。

第①类分类方法虽可对土体膨胀能力进行直观的认识,但各膨胀特性指标试验过程相对繁琐,特别是蒙脱石表面理化性质指标测定较难掌握。此外,同一种膨胀土,其不同时期的膨胀变形测定存在较大的差异,如干燥季节膨胀土原状样裂隙结构丰富,而经历了几次湿胀干缩循环后,含水状态和结构性都是不断变化的,不同时间采样的试验结果差别极大,对于分类判定产生了很大的困难。

第②类分类方法采用的各种分类指标均为土力学基本指标,试验过程简单易行,且具有良好的区分灵敏度,因此在各种分级方法中被广泛选用。需要注意的是,若只采用其中任何单一的指标进行分类将具有很大局限,如只采用液塑限指标,则一般黏性土同样能达到膨胀土的液塑限量值,因此,通常需要采用多项指标进行联合分析判定。

对膨胀土分类应抓住决定其胀缩潜能的固有属性特征,其中,黏土矿物成分及含量、矿物水化活性能力无疑是决定性因素。基于这一原则,并遵循简单易行的分类要求,以下三项指标可作为膨胀土分类的关键性指标:①粒径小于0.002mm的胶粒含量。由于膨胀性黏土矿物,如蒙脱石、伊利石及各种混层膨胀性矿物均富集在该粒组内,而蒙脱石矿物的水化膨胀极大程度上控制着土体膨胀能力,因此,胶粒含量越高的土样,亲水性膨胀性矿物潜在含量越高,其膨胀性一般约大,可作为判别膨胀土等级的一项重要指标。②塑性指数。可塑性是黏性土的一个共性指标,对于膨胀土来说,液塑限含水量与其矿物成分含量,矿物表面阳离子种类、数量、水合能力,矿物颗粒表面活性等密切相关,因此,不同水化膨胀能力的矿物其液塑性界限含水量存在很大差别。塑性指数作为液限与塑限含水量的差值,反应了土体可塑能力的含水量变化范围,同样受控于土体矿物组分和活性,对于表征黏土的膨胀性能有很好的判别区分度。③自由膨胀率。该指标是表征土颗粒在水溶液中的自由体积膨胀能力。由于自由膨胀率指标排除了土体结构性因素外,反映了土颗粒自身自由水化膨胀能力,因此其值大小主要由黏土矿物组分含量及其水化能力所决定,对于区分膨胀土等级效果良好。自由膨胀率也是目前我国规范推荐采用的判别指标。

3.3 水汽吸附指标判别分类方法

研究表明,在相对湿度低于90%~95%的环境下,黏土矿物与气态水分子的相互作用主要由发生在矿物与水介质界面上的小范围微观理化机制控制,主要作用形式包括氢键链接、水分子偶极子电场极化效应、范德华力、可交换阳离子水合效应等。黏土矿物与水分子在低湿度下的这些物理化学作用机制均体现在其吸附水汽总量的直观表现上,并深刻反应出黏土矿物表面和层间水化活性特征,从而能较好地反应出其亲水性、持水性和分散膨胀性能。

膨胀土在中等相对湿度条件下,吸附的水分主要以薄膜形式存在于黏土颗粒表面或者以一层或几层水分子吸附于黏土矿物层间。而随着相对湿度超过表面水合界限时,小范围(短程)矿物表面理化机制作用结束,且随着含水量增大,土持水能力特性受土体结构性因素影响较大,如颗粒表面粗糙度、微孔隙尺寸、形态及分布等,即毛细吸水作用和渗透水合机制将占主导,越来越多的水分子进入到矿物层间,且矿物颗粒或颗粒团粒表面吸附水膜不断加大,土体进入到双电层控制的大范围(长程)膨胀机制阶段。

鉴于上述黏土矿物水化特性,可以看到膨胀土内富含的黏土矿物种类、相对含量及水合活度均可通过其在一定的中等相对湿度环境下的水汽吸附性能表现出来。从这一角度出发,通过膨胀土在一定湿度条件下的水汽吸附数量来分类判定其膨胀等级,即对抓住控制土体膨胀性能的决定因素——黏土矿物亲水活性具有理论依据和实际意义。

3.3.1 试验土样和方法

分别对南水北调中线工程安阳干渠沿线不同区段采集的膨胀土样及宁明膨胀土进行水汽吸附试验,测试的安阳膨胀土样共八组,宁明膨胀土两组。安阳膨胀土样分别取自于泥灰岩及黏土岩风化层,土样呈灰白、棕红色;宁明膨胀土为灰黄色高塑性黏土。

土样水汽吸附试验的相对湿度控制为85%,选择该相对湿度值的依据在于:①相对湿度过低(<80%),黏土颗粒表面吸附作用不够充分,不能充分体现出土颗粒持水能力及矿物水化活性,另外相对湿度过低,土体吸附水汽量低,不易准确量测,即吸附含水量值存在区间范围小、分级区分度差,且水汽吸附平衡时间很长、试验过程耗时长。②相对湿度过大(>95%)时,土颗粒结合水机制已经很大程度地摆脱了矿物活性吸水阶段,而进入表面水分子之间偶极体连接的多层吸附,则受土颗粒微结构形态影响较大。

通过25℃饱和KCl盐溶液来控制要求的85%水汽相对湿度环境,具体试验过程如下。

(1)准备大容量保湿缸,确保其缸口的密封性。在保湿缸底部注入饱和KCl盐溶液,KCl饱和溶液按34g KCl在25℃溶解于100g蒸馏水来配置,KCl饱和溶液体积量要求盖住保湿缸底部4~6cm深度。

(2)分别将土样风干,研碎,过0.5mm筛,取筛下土50g于105℃烘箱中烘干,之后准确称量10g烘干土装入预先已称重铝盒盖内。

(3)为确定土样吸湿平衡时间及分析试验湿度控制的精度,首先单独准备一套吸湿装置,并在保湿缸上部安放温湿度计来观察保湿缸内湿度的变化。结果表明,保湿缸内上部相对湿度在4天后,其平均值在83.5%左右,湿度波动相对误差值在1.5%~2.5%,满足精度要求。每隔一天打开保湿缸,并称重吸湿土样,结果表明,安阳灰白土重量在吸湿一周左右基本达到稳定状态,达到水汽吸附平衡;棕红土及宁明膨胀土平衡时间较长,7~10天。为减小平衡时间误差,统一选定吸附时间10天进行各土样的W_{85}含水率测定。

(4)在确定了吸湿平衡时间后,将各膨胀土试样装入同一个保湿缸内密封吸湿,并放置于恒温箱中,设定恒温箱温度在25℃,静置10天,将铝盒样品取出称重,之后再置于烘箱内进行105℃烘干,计算相对湿度85%下每种土样的水汽吸附含水率W_{85}。

根据上一节确定的膨胀土分类的关键性指标,分别对每种膨胀土样进行胶粒含量、液塑限、自由膨胀率试验,试验按照水利规范 SL237—1999 进行,分析比较各土样吸湿含水率 W_{85} 与三项关键性分级指标的相关性规律,并为水汽吸附指标分类膨胀土的界限划分提供一定的参照标准。

3.3.2 试验结果与分析

W_{85} 吸附含水量及相关膨胀分级指标结果见表 3-1。从表中可以看出,灰白土四组样品 W_{85} 值范围在 2.5%~5.5% 之间;宁明膨胀土 W_{85} 值最大,大于 8%;棕红土样吸湿含水率介于灰白土与宁明土之间,即三种类型土样水汽吸附指标呈现出明显的分界范围。

表 3-1 膨胀土水汽吸附含水率及关键性分级指标值

土样	胶粒含量(%)	塑性指数	自由膨胀率(%)	国标规范分类	W_{85}含水率(%)	水汽吸附法分类
灰-1	14.9	13.6	47	弱	2.48	无
灰-2	18.5	15.7	49	弱	2.55	无
灰-3	25.2	27.6	69	中	5.29	弱
灰-4	28.9	23	61	弱	4.33	弱
棕-1	32.1	17.4	43	弱	3.79	弱
棕-2	36	29.3	66	中	5.65	弱
棕-3	47.4	38.6	65	弱	7.22	中
棕-4	40	29	74	中	6.78	中
宁-1	46	41.9	86	中	8.27	强
宁-2	53	44	92	强	8.63	强

比较土样的 W_{85} 与关键分级性指标的关系,可以看出,W_{85} 随着土胶粒含量、塑性指数和自由膨胀率值的增大而增大,表明采用 W_{85} 对膨胀土进行分级时,与其他三项指标的分级整体趋势是相吻合的(图 3-1)。土样吸附水汽指标 W_{85} 与其他三项分级指标间呈现良好的线性关系,其中,自由膨胀率值与 W_{85} 线性变化波动性稍大,塑性指数与 W_{85} 线性相关最佳,拟合系数 $R^2=0.96$。这充分反映了 W_{85} 值能反映膨胀土膨胀分级的本质要素,具有很好的分级可信度。

自由膨胀率作为国家标准的分级指标,在膨胀土分类应用中被广泛采用,《膨胀土地区建筑技术规范》按自由膨胀率(δ_{ef})划分膨胀土等级为:$\delta_{ef}<40\%$,非膨胀土;$40\%<\delta_{ef}<65\%$,弱膨胀土;$65\%<\delta_{ef}<90\%$,中膨胀土;$\delta_{ef}>90\%$,强膨胀土。

鉴于此,为初步确定水汽吸附指标 W_{85} 分级的界限值,以 10 组土样的自由膨胀率值为区分标准,将所有土样的 W_{85} 值进行初步分区,即在 δ_{ef}-W_{85} 图上,按照 δ_{ef} 分类标准将所有数据点划分在不同的膨胀区间内,取每一区间数据点对应的最大和最小的 W_{85} 值作为分级界限值,如图 3-1 所示。

试验中各土样的自由膨胀率值均大于 40%,按照自由膨胀率分类标准,则均属于膨胀土范围,其中,弱膨胀土五组,安阳灰白土三组,棕红土二组;中等膨胀土四组,灰白土一组,棕红

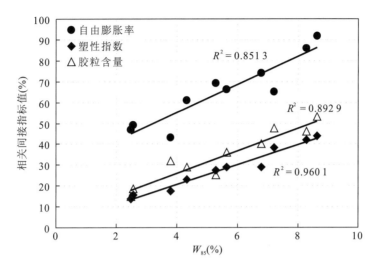

图 3-1 W_{85}-自由膨胀率-塑性指数-胶粒含量关系图

土样三组；一组宁明强膨胀土样。根据自由膨胀率，W_{85} 的分类膨胀土界限值初步划定为：W_{85}<2.5%，非膨胀土；2.5%<W_{85}<5%，弱膨胀；5%<W_{85}<8.5%；中膨胀，W_{85}>8.5%，强膨胀土。

参照自由膨胀率标准，对土样的水汽吸附指标进行分级划分，一定程度上已反应出土样的分级趋势，但考虑到采用单一的自由膨胀率指标分类的不足，特别是该指标测定的人为误差因素较大，并鉴于试验土样的实际情况，有必要参考其他两项分级指标对 W_{85} 的分级界限进行进一步细化区分。

由表 3-1 可以看出，宁明两组样品的 δ_{ef} 均在强膨胀土分界值（90%）左右，"宁-1"样品 δ_{ef} 虽略低于 90%，但其胶粒含量值大，且塑性指数值与"宁-2"样非常接近，呈现出很大的可塑性和水理活性，尤其是其水汽吸附值 W_{85} 很高，较安阳棕红色土样整体 W_{85} 值范围呈明显的梯度式增加。因此，该土样已经达到强膨胀土范围，由 W_{85} 值的整体变化趋势看，应将 8% 含水量作为中-强膨胀土的分级界限。

"灰-3"和"棕-2"两种土样的自由膨胀率值均略高于弱-中膨胀土界限值 65%，但其塑性指数值均低于 30，"棕-2"土样胶粒含量较高，但其自由膨胀率和塑性指数较小，表明其黏土矿物水化膨胀活性不大。从图 3-2 中可以看出，两种土样的 W_{85} 值与"棕-3"和"棕-4"相比，存在明显的分界差异，因此应划为弱膨胀土，且弱-中膨胀土界限 W_{85} 值取 6% 为宜。

"灰-1"和"灰-2"土样自由膨胀率均很小，两者胶粒含量和塑性指数很低，已可列入非膨胀土的范围，从表 3-1 及图 3-2 可看到，其吸附水汽值很小，且与其他膨胀土 W_{85} 值分界差异明显。此外，这两种土样吸湿平衡时间短，并且观察这两种土样，可发现其土块中多包含明显的粒块状结构物。因此，将这两种土样划为非膨胀土是符合实际的，根据其吸湿含水量的分布状态，取 W_{85}=3% 作为膨胀土与非膨胀土的区分界限是适宜的。

综上，根据所有土样的各项指标与 W_{85} 数据的分布状态，特别是塑限指数与 W_{85} 之间极其吻合的分级吻合度，并基于土样的实际情况，我们提出采用土样的水汽吸附指标 W_{85} 值联合塑性指数对膨胀土样进行分级判定，具体方法见表 3-2。该分级方法既继承了自由膨胀率、塑

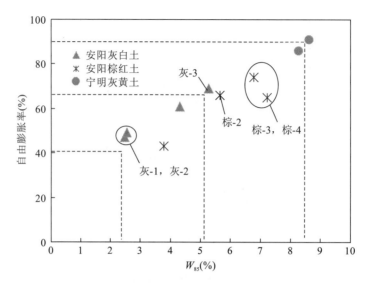

图 3-2 自由膨胀率-W_{85}指标膨胀土分级图

表 3-2 膨胀土水汽吸附 W_{85} 指标分类方法

膨胀潜势等级	分类指标	
	W_{85} 含水率(%)	塑性指数
非膨胀土	<3	<20
弱膨胀土	3~6	15~30
中膨胀土	6~8	25~40
强膨胀土	>8	40

性指数等指标分类方法的优点，又充分反映了土体矿物吸湿膨胀的本质。

表 3-2 的分类方法以 W_{85} 值作为判别分类主要指标，并辅以塑性指数值进行综合分析。根据这一分类原则，将本次试验选取的 10 组土样的膨胀潜势进行分类，结果见表 3-1 和图 3-3。

按照 W_{85} 值与塑性指数分类方法对土样膨胀分级结果与规范推荐的自由膨胀率分类有一定的出入，见表 3-1，将两种灰白色土从弱膨胀性降至非膨胀土，两种中膨胀土降至弱膨胀性，并将一组棕红色土和灰黄色土分别由弱、中膨胀性调整为中、强膨胀性。这种新的分类调整客观反映了土内黏土矿物组成及水理化活性，又综合反映了塑性指数和胶粒含量值分级变化规律，是符合土体实际膨胀潜势状态的。

研究区安阳段沿线土体中泥灰岩风化层土样整体呈弱膨胀性，部分为非膨胀土，黏土岩风化土层呈弱-中等膨胀性，选取的宁明膨胀土呈强膨胀潜势。

膨胀土分类判别是一项较复杂的系统工作，涉及到多方面因素的综合作用。膨胀土分级研究的主要原则是：重点从土胀缩机理的本质因素考虑，对主要分级指标和其他基本性质参数作相关性量化分析，合理选用能够表征膨胀土分级本质的判别指标，且选用的分级指标数据再现性强，测定过程简单易行。

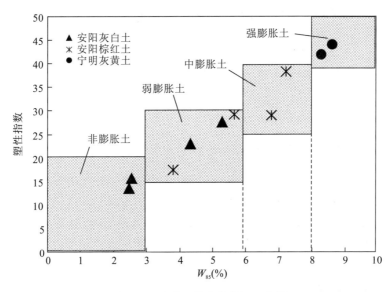

图 3-3　试验土样膨胀等级区分图

土样水汽吸附 W_{85} 值指标判别分类方法，较好地体现了土水化膨胀的本质，且与其他各项分级指标有良好的相关性，样品处理和操作步骤近似于测定土样含水量试验，操作方法简单。但该分类方法尚存在以下几个关键问题：①土样水汽吸附平衡时间一般较长，试验比较耗时；②本次试验选取的土样数量有限，一种分类方法的有效性需要大量不同膨胀特性的土样测试结果的统计分析和反复验证；③水汽吸附 W_{85} 值与黏土矿物表面理化性质指标，如阳离子交换量、比表面积的相关性规律有待进一步分析。

需要指出的是，水汽吸附 W_{85} 值指标分类与《公路路基设计规范》推荐的标准吸湿含水率方法的主要不同在于土样的相对湿度环境及试验样品的状态：前者为 10g 烘干土于 85% 相对湿度吸湿，后者为 4~5g 天然含水率土样于 60% 相对湿度吸（脱）湿。因此，两种方法在以下方面还有值得进一步深入比较研究的地方：①不同相对湿度环境对于水汽吸附指标分类膨胀土的灵敏度、区分度的影响；②烘干样品和含水量较高的天然土样水汽平衡含水量对于揭示黏土矿物物理化学活性和土膨胀本质的差异；③两种分级指标的内在联系规律等。

3.4　膨胀土胀缩机理

3.4.1　影响膨胀土胀缩的因素

膨胀土产生膨胀与收缩的原因是很复杂的，它是在膨胀土与水介质两相体中发生的一种物理化学-力学作用的过程。膨胀土的胀缩特性首先是由土的内部固有因素决定的，同时受到外部条件的控制，即胀缩现象的发生是膨胀土的特殊内因在外部适当的环境条件下共同作用的结果。

（1）内在因素。影响膨胀土胀缩性的内在机制主要是黏土矿物成分。膨胀土的黏土矿物主要为蒙脱石、伊利石等亲水性黏土矿物，它们的比表面积大，既易吸水又易失水，活动性强烈,因此胀缩变形大。此外,黏土矿物成分的微观结构及其空间联结状态也会对膨胀土的胀缩变形产生影响。

(2)外部条件。影响膨胀土胀缩性的外部因素是水的作用。土中原有含水量与土体膨胀时所需含水量相差越大,则遇水后土的膨胀越大,失水后的收缩越小。土中水分的变化与各种环境因素有关,如气候条件、地形地貌、地面覆盖以及地下水位等。例如土中水分随季节的变化增加与减少,土体相应地产生膨胀与收缩。

3.4.2 膨胀土胀缩机理理论

研究膨胀岩土的变形问题,首先应该弄清楚膨胀岩土产生胀缩变形的机理,这是一项极为复杂的研究工作。尤其是对水分转移的机理,目前还没有很清楚的理论解释。多年来,为了研究清楚水分在膨胀岩土中的运移机制,许多学者提出了多种假说,但是都不能全面、清楚地解释水分运移这一现象,因此理论还不成熟。膨胀土的膨胀机理比较复杂,下面是几种关于膨胀机理的主要理论。

1)黏土矿物晶格扩张理论

黏土矿物可根据内部结晶质的排列不同分为三大类:蒙脱石类、伊利石类和高岭石类。尽管它们都是由两种基本单位 Si-O 四面体和 OH-Al-O 八面体所构成,但由于两种基本单位间连接的不同,造成了它们与水结合时体积变化的差异。蒙脱石类矿物体积变化最大,在水化吸附过程中晶格层间阳离子间距增大,产生膨胀并形成微细颗粒,同时引起体系结构的调整,使其体积增大可达 20 倍,而高岭石的体积变化很小,伊利石居中。

对于膨胀土的胀缩反应来说,具有膨胀晶格的亲水矿物特别是蒙脱石的存在是内因,膨胀土的膨胀性取决于黏土颗粒的粒间或晶间膨胀,亲水矿物的含量越高,膨胀率就越高。但膨胀土发生膨胀一般都有外因的诱发,有一个活化过程,这些外因就是水在膨胀土体中的吸入和迁移、周围环境的变化(空气的干湿交替作用、伴随卸荷作用的岩土体暴露、地下水的压力松弛及移动等)以及机械扰动等。

2)黏土矿物叠片体作用理论

这是黏土微观试验研究成果引用于膨胀土的一种新的见解。它从微观结构的角度出发来分析膨胀土的矿物组成、结构特征和工程性质三者间的复杂关系,认为黏土矿物对膨胀土工程性质的影响是通过叠片体来实现的。叠片体是黏土矿物在土中存在的基本形式,也是黏土结构的基本形式。黏土矿物对土的工程性质的影响程度随叠片体的本性能否发挥作用而异,而叠片体的作用在不同的黏土结构体系中是不一样的,所以在评价黏土矿物对膨胀土工程性质的影响时,不能仅从矿物学角度着眼,必须结合土的结构特征统一考虑。在不同的化学类型渗水作用下,膨胀土的结构和性质的变化趋势也不同。

黏土矿物叠片体对膨胀土的胀缩效应的作用可以简述如下。

(1)膨胀土吸水后与地下水产生积极的相互作用,形成较厚的水化膜或表面溶剂化层,土颗粒叠片体之间主要通过厚的表面溶剂化层而间接接触,相互斥力比较大;而吸引力主要是键能较低的如毛细吸力和水分子-阳离子-水分子作用力。因此,叠片体之间的联系比较弱,在外力(例如渗透压力)作用下易于屈服而产生膨胀。

(2)表面溶剂化层或水化膜越厚,粒间吸引力越小,而表面溶剂化层的发育程度主要受土粒(黏土矿物)的亲水性和分散度制约。反映土粒团亲水性和分散度的常见指标除前述的液限、塑性指数和黏粒含量外,还有一个很重要的指标——比表面积,它是单位质量土的总表面积。一般来说,比表面积越大,亲水性也越强,同时,比表面积的大小又与矿物组成和分散度密切相关。试验表明,比表面积越大,液限、塑性指数、黏粒含量和阳离子交换量也越大。所以比表面积这一指标既可反映土粒表面的物理化学活性和结构连接的特征,又可反映矿物组成和分散度的特点,而这些都是密切关系到膨胀特性的本质因素。

(3) 由于叠片体的结构特征及叠片面上的连接较弱,因而垂直于叠片体扁平面方向的膨胀量将比其他方向要大,这种膨胀各向异性具有特殊的工程意义。

3) 双电层理论

黏土微粒对极性水分子和水化阳离子有吸附作用,围绕土粒形成了由强结合水和弱结合水组成的水化膜(双电层),黏性土中的黏土颗粒不是直接接触的,而是通过各自的水化膜彼此连接起来。由于黏土含有大量的黏土颗粒,含水量的增减将引起水化膜扩散层厚度的增大或减小,这种水化膜厚度的变化其必然结果是膨胀土体积的胀缩。按照扩散双电层原理,在双电层系统中存在吸力和斥力,极性分子和阳离子愈靠近扁平的颗粒表面,它们被吸引得就愈强烈。靠近黏土颗粒表面的高浓度阳离子可产生斥力,从而使颗粒分散。由于层间溶液比外力渗压溶液具有较高的已溶解的电解质浓度,结果水借渗透作用而渗入土体中。有人认为此时产生的渗透压力就是斥力,它使黏土颗粒的接触由于水化膜扩散厚度的增大而减弱,土体趋向膨胀。

4) 吸力势理论

该理论与前述的双电层理论可以结合成为一个体系,互补互成。双电层理论认为膨胀起因于颗粒表面阳离子的斥力,而吸力势理论则认为水分的渗入和移动使土粒间吸力急剧下降,从而有利于斥力的作用,膨胀土的吸水膨胀主要是由于水分渗入使土粒间的毛细吸力下降从而使双电层斥力增大的结果。具体地说就是:膨胀土胶粒中的水和离子形成扩散双电层,为了抵消负电荷的排斥力,黏土内必然存在一种吸力,土体积的变化-胀缩主要是由于水分迁移改变了溶液浓度使得吸力发生变化的结果。毛细张力是由于不同形态的物质相接触时所产生的土粒与水的表面张力所引起的,它是使土粒相互吸引的力,并随含水量的增加而急剧下降。土中的渗透压力则是一种斥力,被认为对黏土的膨胀起主要作用。

5) 自由能变化理论

该理论认为,膨胀土吸水后,水分子的吸附主要是由于渗透力的作用,土颗粒在外来的低含盐量水中由于颗粒表面的电化学性质而发生相互排斥,这种吸附水分的化学势为与大气中水蒸气保持热力学平衡而产生变化,这是土体因吸水而产生的一种自由能变化。试验表明,土体因吸水膨胀而引起的强度衰减与这种自由能的改变有密切关系。曾有人通过一系列的试验得出泥岩试样因吸水而产生的自由能改变 G 与强度衰减 A 的关系为 $A=0.705G$。不过迄今为止,自由能理论还仅仅只有一个模糊的轮廓。

6) 湿度应力场理论

在一定的水源作用下,膨胀土体中各点的含水量将随时间和其位置的改变而发生变化,称之为湿度场变化,由于这种湿度场变化而引起的引力场变化,称之为"湿度应力场"。

还应指出,湿度场的变化中很重要的因素是受土中温度梯度变化影响的水分迁移,水分总是由温度高处往温度低处迁移。我国南方地区,地基土胀缩变形的循环周期与降雨量的分布状况相吻合,这是由于我国的低温梯度由南向北逐渐增大,北方冬季地面温度低,地下温度高,水分从地下向地面迁移,而夏季则相反。

湿度应力场理论的主要论点有以下几点。

(1)膨胀土(岩)体遇水作用,产生湿度场变化,并引起土(岩)体体积膨胀和物性软化,从而导致应力场和位移场的变化,这三个变化之间是相互耦合的。

(2)土中湿度增加使粒间的水化膜增厚和分子之间的结合力降低,从而引起体积和物性变化。这种变化机制十分复杂,有的膨胀土在吸水膨胀后会进一步发生崩解和泥化现象,而有的膨胀土则随湿度的循环变化,其物理特性也会有所改变。

(3)将湿度应力应变关系近似看成线性弹性关系是湿度应力场得以简单表达的前提。

除上述各理论外还有诸如膨胀潜势理论、胀缩路径与胀缩状态理论、膨胀土胀缩时间效应理论、结构连接与楔入作用理论等。

4 膨胀土胀缩变形特征

4.1 概 述

膨胀土与水的相互作用中,引起土体积膨胀与收缩是其最重要工程特性之一,也是研究和治理膨胀土的一个核心问题。

膨胀土胀缩变形现象是一个"物理-化学-力学-结构"耦合作用的综合宏观表现,所以,解释膨胀土的胀缩变形特征就需要从不同角度分析多种因素。总体来说,需立足于产生膨胀性的物质基础即"黏土矿物"的研究,把握土体内部水分迁移变化规律,并充分考虑土自身状态和外界条件因素的影响作用。

从产生膨胀的物质基础来看,由于膨胀土内富集的具有膨胀晶格结构的蒙脱石、伊利石和其他混层矿物的存在,当极性水分子与上述矿物颗粒接触时受到极大的表面水化吸附活性作用,从而进入到晶层之间,引起层间距增加。在进一步的渗透水化压力作用下,水分子不断在黏土矿物层间和外表面吸附排列,且在双电层斥力作用下,使以片叠聚体形式存在的黏土矿物不断分散成微小叠聚体或单片形式,在宏观上即表现为土体积不断膨胀扩张,其膨胀变形简化过程见图 4-1。

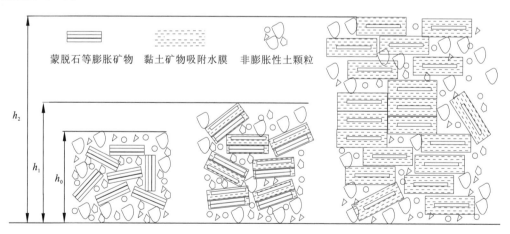

图 4-1 膨胀性黏土矿物吸水膨胀过程

由于黏土矿物种类、含量以及矿物表面理化性质的差异,不同膨胀土吸水膨胀变形呈不同变化特征。研究表明,将 Na^+、Ca^{2+}、Mg^{2+} 基蒙脱石相混合,膨胀过程中,混合矿物的平均晶层间距主要随着 Na^+ 蒙脱石含量的变化而发生变化,即蒙脱石吸附一价交换性阳离子的膨胀变形量比高价阳离子要相对大得多。包含不同性状和种类含量黏土矿物的膨胀土在浸水膨胀速率、膨胀变形各阶段变化规律,以及膨胀过程中吸入的水分量对于最终膨胀量的影响均呈不同的规律现象。因此,在分析土体膨胀变形特征时,首先应区分土体内黏土矿物的水化膨胀性质,在此基础上,再进一步考虑其他因素的作用。

由于膨胀变形是土颗粒与水分介质相互作用的变化过程,因此,研究膨胀土的胀缩特征除了要了解膨胀性黏土矿物的水化膨胀机制外,还要把握吸水膨胀过程中水分在土孔隙内的动态存在形式、土体孔隙水分与气体的相互作用过程,以及膨胀变形的初始和最终阶段土体内孔隙体积及饱和度的变化过程。假定在土体膨胀变形过程中,土固相颗粒(非膨胀性及膨胀性颗粒)始终保持不变,那么膨胀变形量只取决于土内部孔隙体积的变化以及孔隙内水-气介质的相对分布形态。这里的孔隙为广义概念,包括颗粒之间的孔隙以及黏土矿物晶层间吸水扩张后的间隙。图4-2为吸水膨胀变形过程中土体内各相体积分布变化。

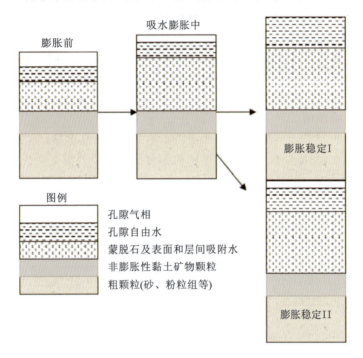

图4-2 膨胀变形过程中土内各物相体积变化

一般来说,膨胀过程中,吸入的总水量决定着最终膨胀稳定变形量,由图4-2可看出,实际上是土体内部孔隙体积的变化状态控制着膨胀变形的程度。孔隙总体积等于孔隙气体积和孔隙水体积之和,而膨胀稳定后,土体内可以是处于完全饱和的(图中Ⅰ状态),也可以是孔隙中仍残留少量气体的非饱和状态(图中Ⅱ状态),处于何种稳定膨胀状态受土矿物组分、颗粒结构连接形式影响,并直接由吸力值变化所决定。

当处于完全饱和的膨胀稳定时,膨胀变形体积量等于孔隙的总变化体积,即完全等于吸水的水分体积量。实际上,由于内部结构和水渗入路径的限制,大多数土吸水膨胀稳定后,多处于非饱和状态,此时,膨胀变形量由两部分决定,即总吸入的水分体积以及孔隙中气相体积被吸入水分填充的程度。因此,土体最终膨胀变形量是土体内部孔隙水-气相对分布形态变化综合作用的结果,分析土体的胀缩变形特征规律就需要理解土体内"含水量-孔隙比-饱和度"的动态变化路径。目前关于此方向的相关研究尚显不足,需深入开展。

此外,膨胀土所处的自身状态和外部条件因素均很大程度上影响其胀缩变形特性。如天然结构状态原状样的胀缩势一般较重塑土样小,而重塑土样的初始密实程度、含水量状态均决定其最终胀缩变形程度。土体膨胀过程中受到的外界压力对膨胀变形的抑制程度同样不可忽视。

很多学者通过室内试验结果,提出了重塑土膨胀量关于起始干密度-含水量以及上覆压力的诸多经验关系公式,得到膨胀变形的一般趋势,如起始含水量越小,干密度越大,上覆压力越小,膨胀变形程度越大。但由于不同成因条件和区域差别造成的膨胀土多样性,某一特定膨胀土的胀缩变形往往又呈现出特异性,因此就需要开展一系列相应的室内试验,建立其特有的膨胀变形关系公式,以准确分析预测不同起始条件下最终膨胀变形量,以此为指导,合理设计膨胀土料填筑工程中的击实参数以控制膨胀变形的发展。

在上述理论分析的基础上,本章通过对南水北调中线安阳工程段膨胀土开展一系列室内胀缩特性试验,探讨其浸水膨胀变形时程规律,初始状态参量对于膨胀变形量的耦合影响作用,通过分析反复膨胀-收缩变化过程中土体孔隙体积、含水量的循环变化路径,深入理解该区膨胀土的膨胀变形规律和胀缩特征机制。

4.2 膨胀土浸水膨胀时程特征和膨胀速率

膨胀土浸水膨胀过程中,膨胀变形随时间呈现出不同的阶段特性,即具有膨胀时程特征。膨胀土吸水膨胀变形时程特征的一个明显表现为膨胀速率或膨胀变形的快慢往往在膨胀初始、中间阶段以及近膨胀稳定阶段均不相同。已有研究表明,膨胀速度的快慢主要受土胶粒含量、矿物成分以及土结构特征的影响,对于特定的某种膨胀土,其胶粒含量以及矿物组分在膨胀变形的整个时程中是不变的,因此,影响其膨胀速率在不同时段的变化主要是整个膨胀过程中土内部结构不断变化的结果。

对于膨胀变形随时间变化的特征描述,目前定性化分析较多,定量化分析较少,特别是膨胀速率量化表述的参数选择和定义尚不明确。研究土样膨胀变形的时程特征和膨胀速率变化,可以预测判断吸水过程中某任一时刻的膨胀量,并可进一步分析膨胀土整体强度随吸水膨胀软化的时间阶段性变化规律。

针对安阳工程段弱膨胀土和中膨胀土,分别对两种膨胀土的天然原状样和不同初始状态下的重塑样进行浸水膨胀全过程测试记录,观察不同土样浸水膨胀变形的时程变化特性,对膨胀速率进行参数定义,并分析膨胀速率随试样初始状态变化的规律。

4.2.1 原状样和重塑样膨胀时程曲线

计算膨胀过程中不同时刻的无荷膨胀率,并与浸水时间(min)的变化关系表示为膨胀时程曲线。图4-3为两种膨胀土原样的膨胀时程曲线,图4-4和图4-5为不同初始状态(ρ:干密度、ω:含水率)下重塑样无荷膨胀率随时间的变化。

由图4-3可看出,两种膨胀土原状样吸水膨胀时程规律呈不同特征,中膨胀土的膨胀速度和最终稳定膨胀变形量均高于弱膨胀土。弱膨胀土吸水初始阶段(5min内),膨胀变形未明显表现出来,之后出现迅速的膨胀,呈近似直线变化,在100min后,膨胀速率显著变缓,最后

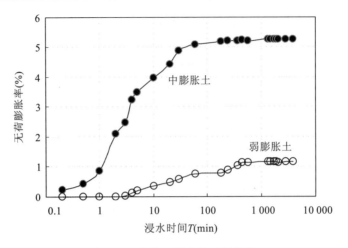

图 4-3 膨胀土原状样时程曲线

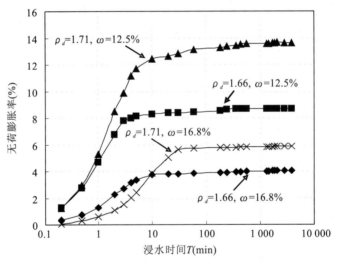

图 4-4 弱膨胀土重塑样膨胀时程曲线

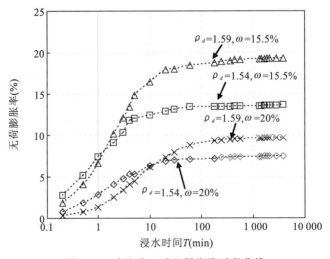

图 4-5 中膨胀土重塑样膨胀时程曲线

膨胀变形量随时间变化保持恒定,呈水平线变化;中膨胀土在吸水的初始阶段即表现出一定的膨胀变形量,1min 后,膨胀变形速度显著提高,10min 后,变形速率减缓,100min 后,基本上主要膨胀变形量已经完成,之后膨胀率随时间变化保持在稳定状态。中膨胀土在 2h 内几乎已经完成了 97% 的膨胀变形,而弱膨胀土在 9h 后,膨胀变形仍然在缓慢地进行。

与原状样相比,重塑试样的膨胀变形能力要大得多,重塑土样膨胀时程阶段特征较原状样更加明显,数据变化的整体稳定性和趋势性较原状样好。这主要是由于土样重塑作用破坏了原有的胶结连接性和原始裂隙性,试样整体结构更加均一,从而表现为吸水膨胀潜势更大,随浸水时间变形阶段规律性更稳定。

弱膨胀土重塑样膨胀变形完成的时间较原状样要快得多,10min 后,主要的膨胀变形便已经完成,原状样在 10min 时膨胀变形能力才开始表现出来,而中膨胀土的重塑样和原状样膨胀变形的整体时段性较相似,说明了重塑作用对膨胀变形时程的影响程度在不同矿物组分和膨胀等级的土样间是不同的。

两种膨胀土原状样虽然膨胀变形时程特征存在差异,但完成最终膨胀变形或达到最大膨胀量的时间几乎相同,均发生在 40h 左右。而重塑试样膨胀完成的时间有着显著的差异,弱膨胀土在 4h 左右基本上已经达到膨胀稳定,而中膨胀土在 40h 仍然发生很缓慢的膨胀变形。表明在土样重塑后,发生稳定膨胀所需时间主要受土物质成分的影响,表现为塑性越大、膨胀性越强的土样,膨胀随时间延伸的过程越长。

4.2.2 膨胀变形时程阶段特征

从膨胀时程曲线可以看出,膨胀变形随浸水时间变化特征可划分为三个阶段(图 4-6)。

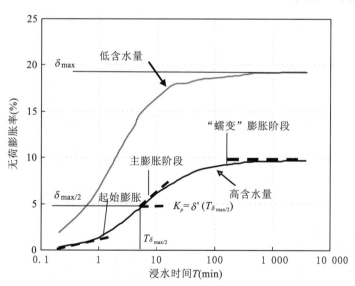

图 4-6 膨胀变形时程的不同阶段(图中字母含义参见 4.2.3)

(1)起始膨胀。在该阶段内,土体内吸附水量较小,膨胀变形缓慢发生,土体内部结构在膨胀变形和水分逐步摄入中经历了初步的调整,为下阶段膨胀变形的快速发生做准备。该阶段总体变形量较小,历时长短主要受土样初始密实状态和含水量影响,并受土内初始吸力值的大小控制。

（2）主膨胀阶段。该阶段内，土吸力充分发挥，水分被吸入土内，膨胀速度快，土-水交界面不断扩张，并呈加速膨胀表现，膨胀历时较长，主要膨胀变形在该阶段内完成。

（3）"蠕变"膨胀阶段。随着土内水分逐步增加，土吸力不断减小，主要膨胀性矿物的水化膨胀能力基本在第二阶段已发挥，进一步吸水能力变小，随时间延伸，膨胀速率呈极缓慢或"蠕变"趋势，土体在该阶段的膨胀变形量占总膨胀率的比例很小，基本已经达到平衡稳定状态。

受土样初始状态的影响，上述不同的膨胀阶段在土浸水变形过程中往往并不能同时表现出来。从两种膨胀土的重塑样膨胀时程曲线可以看到，对于干密度大、初始含水量较高的试样，膨胀变形的三个阶段较为明显；而干密度较小、含水量低的试样并未表现出起始膨胀，吸水后迅速进入主膨胀阶段，之后膨胀速率逐步降低进入近稳定的"蠕变"膨胀。

试样干密度及含水率对膨胀变形阶段特征的影响机制，可以通过图4-7示意解释：初始干密度大、含水量高的试样，其内部空隙比较小，且由于含水量较大，一方面黏土矿物的水化膨胀能力已经在一定程度上发挥出来，并且因初始饱和度较高，起始吸力较低，吸水能力受到限制；另一方面，由于黏土矿物已经发生部分水化，黏土软化变形较明显，黏土起始阶段吸收的水分极易迁移填充在黏粒以及黏-砂颗粒的孔隙之间，即吸入的水分赶走了部分孔隙气占据的体积，但并未产生新的孔隙体积量，从而外在表现为膨胀变形量变化缓慢增加，膨胀速率较小，即

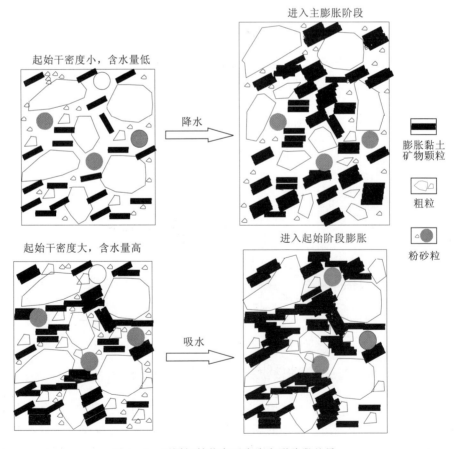

图4-7 不同初始状态下膨胀变形阶段差异

出现膨胀起始阶段。之后,随着土内饱和度的进一步增加,黏土矿物进一步水化膨胀已不能向孔隙发展,吸收的水分迅速占据新的体积,土总孔隙体积迅速增加,表现为轴向膨胀变形快速发展,进入主膨胀阶段。

反之,对于干密度和含水量低的试样,由于土内部饱和度较低,起始吸力很大,在浸水伊始便快速吸收水分,黏土矿物的水分膨胀能力迅速发挥出来,黏土吸水后表现为快速体积增大。虽然土样起始孔隙比较大,但土样较干,试样在压制过程中,黏土颗粒不易破碎,且孔隙内气相呈连续-半连续的分布,黏土矿物水化时,向黏粒孔隙间膨胀和扩张的阻力较之往轴向膨胀的阻力要大,因此,表现为吸水初始阶段,即呈现出明显的轴向膨胀变形,并迅速进入主膨胀阶段,而不发生所谓的"起始膨胀"。

4.2.3 膨胀速率参数定义及应用

土膨胀变形的快慢,可以近似采用完成总膨胀变形的时间来表征,即膨胀历时越长,膨胀变形越慢,反之则膨胀速度越快。

从图 4-3 至图 4-5 可以看出,在膨胀变形的整个过程中,蠕变膨胀阶段较长,特别是对于弱膨胀土重塑样,但由于该阶段膨胀变形量占总量的比例很小,主要的膨胀变形都在主膨胀阶段完成,因此,用蠕变膨胀阶段的稳定膨胀量 δ_{max} 完成的时间 $T_{\delta_{max}}$ 来表征膨胀速率的快慢是不准确的。能够反映膨胀速率的实质阶段是主膨胀阶段,因此采用该时段内达到稳定膨胀量 δ_{max} 一半的时间 $T_{\delta_{max/2}}$ 来表征膨胀速率的快慢是恰当的。

当土样进入主膨胀阶段,膨胀速率越大,达到 $\delta_{max/2}$ 时间则越短。进一步分析发现,虽然 $T_{\delta_{max/2}}$ 可在一定程度上反应出主膨胀变形发展的快慢,但由于土样在该时段内的膨胀速率实质上是一个不断变化的动态过程,该值并不能体现出在完成一半膨胀量的时刻土进一步膨胀发展的潜力,即本质上并不能反映出该时刻膨胀的快慢。由图 4-4、图 4-5 可以看出,ρ_d=1.66、ω=12.5% 的弱膨胀土样与 ρ_d=1.54、ω=15.5% 的中膨胀土的 $T_{\delta_{max/2}}$ 几乎相同,但显然,两种土样在该时刻阶段的潜在膨胀能力和快慢是不一样的,该阶段后续的膨胀变形量的发展快慢明显呈不同状态。

因此,从数学角度来看,能真正表示主膨胀阶段某一时刻 T_1 膨胀快慢的参数应该是 $\delta(T)$ 在该时刻的一阶导数,即 $\delta'(T_1)$。考虑到 $T_{\delta_{max/2}}$ 往往是膨胀发展最充分的时刻,且该时刻膨胀速率的快慢对于膨胀整个过程的历时长短起到决定性作用,因此采用 $K_{\delta_{max/2}}=\delta'(T_{\delta_{max/2}})$ 参数来定义土样的膨胀时程速率能真正体现膨胀进程快慢的本质。相关参数在时程曲线上的含义见图 4-6。

分别对两种土样的膨胀时程曲线进行非线性拟合分析,结果表明,对于弱膨胀土,其无荷膨胀率 δ(单位为%)与时间 T 呈如下变化关系:

$$\delta = \alpha_1(1-e^{-\alpha_2 T}) \tag{4-1}$$

中膨胀土无荷膨胀率 δ 与时间 T 的回归关系与弱膨胀土不同,采用以下公式进行拟合更符合其数据变化规律:

$$\delta = 1/(\beta_1 T^{-1}+\beta_2) \tag{4-2}$$

对于各重塑试样,拟合相关系数 R^2 均较高(大于 0.96),而对原状样,两式的拟合相关性均不理想,数据离散较大。式中的 α_1、α_2、β_1、β_2 均为常数,数值大小随试样初始状态不同而变化,不同初始状态试样的具体拟合值及膨胀速率相关参数计算结果见表 4-1。由式(4-

1)、式(4-2)可以看到，α_1、α_2、β_1、β_2 参数的物理意义是很明确的，当取时间 T 趋于 ∞ 时，膨胀率 δ 最终量将分别等于 α_1 和 $1/\beta_2$，即该两常数量与膨胀变形的最终量相关联。而 α_2 与 β_1 则与膨胀速度密切相关，α_2 越大，β_1 越小，产生相同膨胀变形量需要的时间则越短，膨胀速度整体上越快。

表 4-1 膨胀时程回归分析参数值

重塑土样	ρ_d(g/cm³)	ω(%)	$K_{\delta_{max/2}}$	$T_{\delta_{max/2}}$(min)	α_1	α_2
弱膨胀土	1.66	12.5	3.248 687	0.922 058	8.588 77	0.768
弱膨胀土	1.66	16.8	0.766 521	1.805 236	3.954 998	0.396
弱膨胀土	1.71	12.5	3.069 765	1.520 64	13.337 02	0.471
弱膨胀土	1.71	16.8	0.306 124	6.607 475	5.818 528	0.106
重塑土样	ρ_d(g/cm³)	ω(%)	$K_{\delta_{max/2}}$	$T_{\delta_{max/2}}$(min)	β_1	β_2
中膨胀土	1.54	15.5	4.015 589	0.843 584	0.061 8	0.073 8
中膨胀土	1.54	20	1.104 159	1.677	0.222	0.135
中膨胀土	1.59	15.5	2.229 434	2.073	0.103	0.054
中膨胀土	1.59	20	0.415 568	5.818	0.597 9	0.103 4

通过进一步分析得出，$K_{\delta_{max/2}}$ 及 $T_{\delta_{max/2}}$ 与 α_2，β_1 均呈现良好的相关性，结果见图 4-8。表现为 α_2 越大，β_1 越小，$K_{\delta_{max/2}}$ 越大，$T_{\delta_{max/2}}$ 则越小，这与 α_2、β_1 对于膨胀速度的表征意义是相符合的。

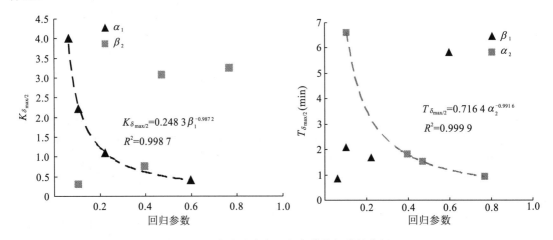

图 4-8 膨胀速率与回归参数的相关性分析

中膨胀土整体膨胀速度较弱膨胀土快，$K_{\delta_{max/2}}$ 值大，$T_{\delta_{max/2}}$ 值相对较小。此外，重塑土样的初始状态对膨胀速度的影响可通过 $K_{\delta_{max/2}}$ 数值大小直观、量化地表现出来。以弱膨胀土为例，如图 4-9 所示，相同干密度下，当土样初始含水量增大时，$K_{\delta_{max/2}}$ 减小；而当含水量一定时，干密度增大，$K_{\delta_{max/2}}$ 减小。这表明重塑土初始压实度越大，含水量越高，其膨胀变形速度则越小。

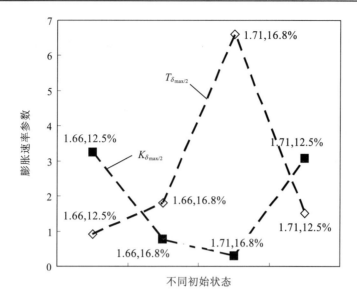

图 4-9 不同起始状态下弱膨胀土膨胀速度变化
注：■和□代表不同样品的初始状态。

4.3 土样初始状态对膨胀变形特征的影响

研究表明，土样初始状态如干密度、含水量等，对于其最终变形量影响特别明显。因此，对膨胀土变形特征进行分析，土中初始水分分布含量、结构特性是不可忽视的重要因素。膨胀土实际膨胀变形过程，均存在于一定的上覆荷载压力下，无荷膨胀变形表现虽然一定程度上反映出其胀缩潜质，但却不能客观反映实际外力抑制下膨胀变形的特殊表现。因此，只有通过试验全面了解不同初始密实度、含水状态、外在压力荷载作用下特定膨胀土的膨胀变形特征，才能准确预测工程中（如渠道坡顶填土）任一深度下土体在任一压实密状态和含水量下可能产生的最大膨胀量。

实际上，干密度参数体现的是土中孔隙分布状态，即干密度不同的土样，土颗粒骨架构建的初始孔隙结构形态和孔隙体积存在显著差异，这种差异导致膨胀初始和过程中吸水能力及吸水量的不同，并最终影响膨胀稳定状态下孔隙体积的变化，即影响到最终膨胀变形程度量。

对于特定物质成分，初始干密度相同而含水量不同的土样，初始土样状态对于膨胀变形的影响，其体现的实质是：在初始总孔隙体积一定的条件下，"水-气"占据的相对孔隙体积的差异对于吸水膨胀的作用。土样初始孔隙体积和含水量变化的综合结果可体现在饱和度参数值的大小上，因此，分析膨胀量随土样初始饱和度的变化可反映出初始干密度和含水量对于膨胀量的耦合影响作用。

由于膨胀过程中，土固相颗粒体积是不变的，因此其体积膨胀过程实质是其内部孔隙体积和饱和度的动态变化过程。因此，分析膨胀量随初始孔隙比和饱和度的变化规律，可以反映出土样初始状态因素对于膨胀变形影响机制的本质。

4.3.1 膨胀率随土样初始孔隙比的变化

取安阳段弱膨胀性散土，选择其击实曲线最优含水率左侧、右侧各两种含水量，压制成三种不同干密度条件下的多组重塑环刀样试样(表4-2)。采用土壤固结仪进行不同荷载下的有侧限膨胀率试验,每组试验施加五级上覆荷载,分别为0kPa、12.5kPa、25kPa、50kPa、100kPa,待各级应力下固结稳定后,加水并测量记录膨胀变形量。试验完成后,在105℃烘干测定其胀限含水量。

根据试样初始干密度和含水率可以通过以下关系式计算其初始孔隙比 e_0 和饱和度 S_{ri}:

$$e_0 = G_s/\rho_{d0} - 1; \quad S_{ri} = \omega_0 G_s/e \tag{4-3}$$

式中:G_s 为土粒比重;ρ_{d0}、ω_0 分别为初始干密度和含水率。

本次试验土样初始饱和度范围在37%~90%之间,初始孔隙比值分别为0.60、0.65、0.916三组。试样初始参数值见表4-2。

表4-2 试验土样初始状态值

试样	G_s	ρ_d(g/cm³)	ω(%)	e_0	S_{ri}(%)
Ⅰ-1	2.74	1.43	12.5	0.916	37.387
Ⅰ-2	2.74	1.43	16.8	0.916	50.249
Ⅰ-3	2.74	1.43	18.5	0.916	55.333
Ⅰ-4	2.74	1.43	20	0.916	59.820
Ⅱ-1	2.74	1.66	12.5	0.651	52.644
Ⅱ-2	2.74	1.66	16.8	0.651	70.753
Ⅱ-3	2.74	1.66	18.5	0.651	77.912
Ⅱ-4	2.74	1.66	20	0.651	84.230
Ⅲ-1	2.74	1.71	12.5	0.602	56.862
Ⅲ-2	2.74	1.71	16.8	0.602	76.422
Ⅲ-3	2.74	1.71	18.5	0.602	84.155
Ⅲ-4	2.74	1.71	20	0.602	90.979

图4-10和图4-11分别为含水率 $\omega=12.5\%$ 和 $\omega=20\%$ 时,不同压力条件下膨胀率 δ 随初始孔隙比的变化关系。总体看来,在压力一定的情况下,膨胀率随初始孔隙比的增大而减小,即试样初始孔隙体积越大,其最终膨胀变形量越小。这一趋势是不难理解的,对于一定体积的土样,初始孔隙比越小,其土颗粒骨架所占的体积量相对越大,即包含的膨胀性物质基础量越高,其单位体积内吸水膨胀能力越强,从而表现出更大的膨胀变形。这一结论与膨胀量随初始密实度的增大而增大的关系是相一致的。

从图中可以看出,δ 随 e_0 的增大而递减的趋势是呈近线性的,特别是在较高含水量和较大的上覆压力情况下,线性变化关系尤为明显,在低含水量上覆压力下,线性关系相对较差,这种差异性反应了土样内各点孔隙分布的不均匀性。当含水量较大时,水分占据了内部较大的孔隙体积量,在较大上覆压力的固结过程中,试样内水分在孔隙内部细微流动、转移或少量排除,不同空隙比下的土孔隙结构随着固结过程都趋于较均匀、稳定的状态,在吸水膨胀过程中表现出稳定的线性变化趋势。而当含水量较低时,压实成样过程中,土体内分布大量的孔隙气体,水分布不连续,压实程度均一性较难控制,且膨胀前未经受一定上覆压力的压缩固结过程,不同初始孔隙比试样内各点孔隙分布形态存在较大差异,导致膨胀率随 e_0 变化的趋势存在一定的分散性。

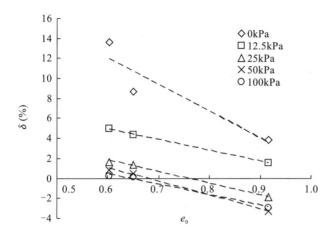

图 4-10　$\omega=12.5\%$ 时不同压力条件膨胀率随初始孔隙比变化

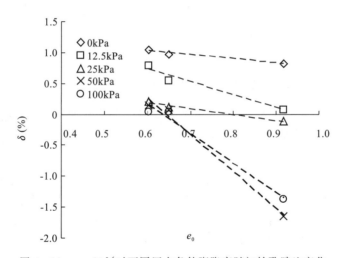

图 4-11　$\omega=20\%$ 时不同压力条件膨胀率随初始孔隙比变化

膨胀率随初始孔隙比的变化关系还受到其含水状态和压力条件的影响,同样初始孔隙比值下,压力和含水量不一样,膨胀率随孔隙比的变化速率和最终数值均明显不同。为清晰地表示这一耦合影响关系,分别将 0kPa 和 100kPa 不同含水率条件下膨胀率随初始孔隙比的变化关系表示于图 4-12 中。

可以看出,在无上覆压力情况下,膨胀率随孔隙比增大的变化快慢受到初始含水率的制约,表现为初始孔隙比发生较小的变化时,即能引起膨胀率发生较大程度的变化,如 e_0 从 0.60 增大到 0.65 时,δ 均发生了 30%～55% 的相对降低幅度。随着孔隙比的进一步增大,δ 降低的速度有所减缓。观察图 4-12(a)折线的前半段,初始含水量越低,δ 随 e_0 降低变化得越快;含水量逐渐增大后,两端的折现变化斜率逐渐趋于相近。

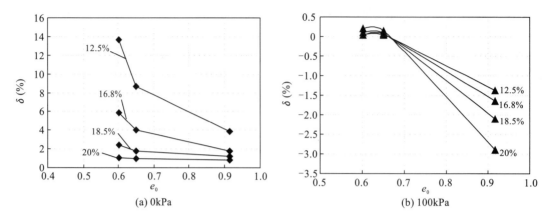

图 4-12　0kPa 和 100kPa 时不同含水率试样膨胀率随初始孔隙比变化

反观图 4-12(b)，100kPa 下膨胀率随孔隙比的变化规律与无荷条件下呈现出相反的态势。在较大的上覆压力限制下，膨胀率对于初始孔隙比的小幅度增大并不敏感，在不同初始含水量条件下膨胀量均表现得很小。而随着孔隙比大幅增加，土样湿陷变形量急剧加大，且湿陷变化速率随着初始含水率的增大而增大。

上述变化趋势表明，对于膨胀土路基填土的浅层带，在一定的工程压实密度要求范围内，适当控制其初始含水率略高于其最优含水条件，可显著降低其膨胀速率和变形量；而对于深层土体，应特别注意由于压实程度的差异而造成的显著湿陷变形。

4.3.2　初始饱和度对于膨胀率的影响

图 4-13 为不同上覆压力下三组初始孔隙比试样膨胀率随饱和度的变化关系。一个总的趋势是初始饱和度越高，其膨胀率越小。而对于同一饱和度的试样，初始孔隙比越小，膨胀率则越大。

从土非饱和力学性质来看，当土体非饱和程度越高，其相应的基质吸力则越小，吸水能力相对较弱，导致其膨胀能力衰减。饱和度与吸力的变化关系又受到土样孔隙体积及分布形态的影响，初始孔隙比较小的试样，因密实度大，其内部大直径孔隙体积相对较小，多富集着团聚集体内部小孔隙，同样的饱和度下，水分多填充于聚集体内部小空间，其吸力势较大；而对于大孔隙比试样，水分分布于粒间大孔隙内，土水交界面面积大，其吸水潜势降低，从而使膨胀变形量小。另外，对于有一定孔隙比的试样，其膨胀性黏土矿物成分在初始较大饱和度状态下，部分膨胀势已经得到发挥，继续吸水的残余膨胀潜能有限，导致其最终膨胀变形量相对较小。

从图 4-13 可以看出，膨胀过程中上覆压力越大，膨胀率随试样饱和度的降低速率则越小。这一现象可以解释为：土体吸水膨胀变形首先要克服上覆荷载做功，当土样因饱和度减小而增加的吸力膨胀势不足以弥补因上覆荷载增大而需要的更大能量时，则表现为"膨胀率-饱和度"的变化速率随压力增大而降低。

同样，土样初始孔隙比(e_0)也影响着"膨胀率(δ)-饱和度(S_n)"的变化速率，如图 4-14 和图 4-15 所示。e_0 值越小，"δ-S_n"变化速率则越快，表明在低孔隙比下，土膨胀变形量随含水量的变化敏感性更高。但随着上覆压力值的增大，e_0 对"δ-S_n"的影响逐渐减小，100kPa 下，e_0 值的小幅变化并未引起"δ-S_n"关系的明显改变。

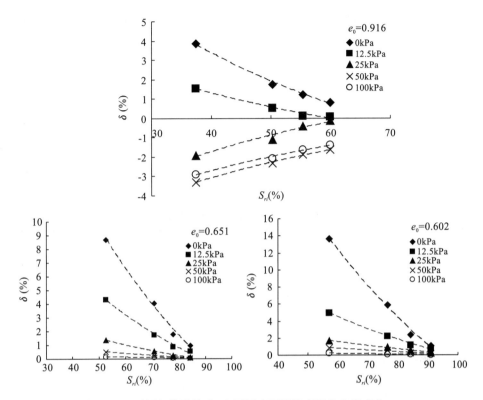

图 4-13 不同初始孔隙比、上覆压力下膨胀率随饱和度变化

此外,从图 4-15 可以看到,在高压力、高孔隙比下,土湿陷变形量随着初始饱和度的减小而增大,这是因为,当土吸水膨胀内应力不足以克服外界压力抑制时,土体即发生湿陷沉降。初始饱和度越低,试样内水分体积量越小,颗粒周围的结合水膜较薄,粒间阻力相对较大,在吸水膨胀前上覆压力作用下,压缩稳定变形量小;而饱和度较高的试样,粒间结合水膜较厚,颗粒易于移动致使试样中孔隙结构重新调整,从而导致初始饱和度比较大的试样在压缩稳定时其实际孔隙比要小于初始饱和度比较小的试样,因此,当上覆压力过大产生湿陷时,产生的湿陷变形量也比较大。

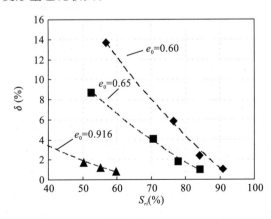

图 4-14 无荷条件下 e_0 对"δ-S_{ri}"的影响

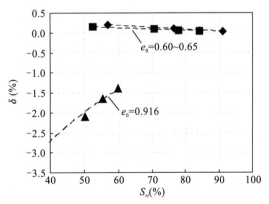

图 4-15 100kPa 下 e_0 对"δ-S_{ri}"的影响

通过对图4-13中数据进行非线性回归分析,发现膨胀率与饱和度的对数值呈线性变化关系,建立的"δ-S_n"拟合关系式为:

$$\delta = -a \times \ln(S_{ri}) + b \qquad (4-4)$$

式中:a、b为常数;δ、S_{ri}单位均为%。

本次试验中不同初始孔隙比、相同压力条件下"δ-S_{ri}"的拟合结果如表4-3所示,各级压力条件下,拟合相关系数 R^2 均大于0.98。

表4-3中参数a反映了膨胀率随初始饱和度的变化速率,b为100%饱和度时试样膨胀率值相关的参数。基本上a、b值都随上覆压力P_0增大而减小,表明P_0越大,膨胀率随初始饱和度变化速率越小,饱和膨胀量越低。

表4-3 "δ-S_{ri}"回归分析常数值

$\delta = -a \times \ln(S_{ri}) + b$								
$e_0=0.916$			$e_0=0.6506$			$e_0=0.60$		
P_0(kPa)	a	b	P_0(kPa)	a	b	P_0(kPa)	a	b
0	6.55	27.54	0	16.81	75.37	0	27.43	124.506
12.5	3.28	13.4	12.5	8.32	37.26	12.5	9.177	42.017
25	−3.8	−15.77	25	2.69	12.03	25	3.009	13.868
50	−3.525	−16.08	50	0.97	4.366	50	1.4817	6.846
100	−3.21	−14.56	100	0.22	1.0368	100	0.3639	1.672

4.3.3 膨胀率随上覆压力的变化关系

膨胀率随上覆压力的变化趋势见图4-16。很显然,随上覆压力的增大,膨胀率逐渐变小。另外,"δ-P_0"关系还存在以下特征。

(1)δ随P_0增大而减小的速度受到土样初始饱和度的影响,初始饱和度越大的试样,δ随P_0变化率则越小。

(2)P_0从零增加的初始阶段,δ减小幅度最大;当P_0值到达一定范围后,继续增加P_0,δ减小的速率和数量均显著减小,说明了"δ-P_0"关系随P_0值范围呈现阶段变化性。

(3)初始孔隙比小的土样,100kPa内土样均不发生湿陷现象,一旦初始孔隙比增大到一定程度值,即使在较低压力条件下也会出现明显的湿陷变形,说明了试验弱膨胀土随上覆压力变化而发生的湿陷现象在很大程度上受其初始孔隙密实程度的影响。

(4)对于本次试验的弱膨胀土,$e_0=0.916$时,不同初始饱和度的试样发生湿陷的临界上覆压力均在20kPa左右,当超过该临界压力后,湿陷率随压力增大而增大,但压力增加到一定值后,湿陷率随压力增加反而略有减小,表明该膨胀土存在着峰值湿陷变形压力,约为50kPa。

图4-17为不同初始含水率情况下,"δ-P_0"关系受初始孔隙比的影响趋势。可以看出,在低含水率状态下,e_0值初始的小幅增大即会降低"δ-P_0"的变化速度,随着e_0继续增大到较大值后,"δ-P_0"基本保持稳定。而在较高的含水率状态下,e_0值初始的小幅增大并不影响"δ-P_0"的变化趋势,但当e_0值继续增大到较大范围后,"δ-P_0"变化趋势显著加快,δ值急剧

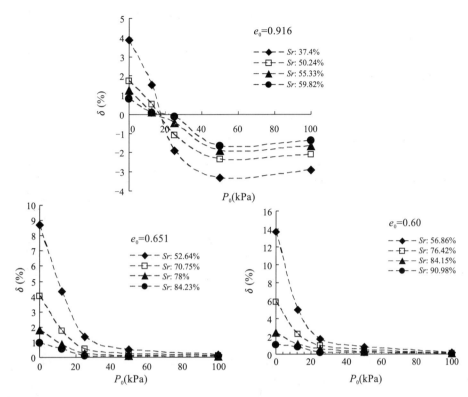

图 4-16 不同饱和度下膨胀率随上覆压力变化关系

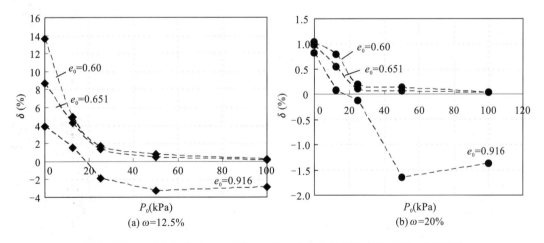

图 4-17 $\omega=12.5\%$ 和 $\omega=20\%$ 下不同孔隙比土样膨胀率随上覆压力的变化

减小。

综上所述,当土初始孔隙比较大时,试样中土颗粒排列不紧密,浸水时有荷膨胀变形小,而当上覆荷载超过其潜在最大膨胀应力时,试样会产生湿陷性。在上覆荷载作用下产生湿陷性是安阳弱膨胀土的一个特殊表现,这种湿陷特性带来的工程危害有时比膨胀性还大。因此,在工程实践中,上覆附加荷载比较大时,要特别注意弱膨胀土的湿陷特性。相反,初始孔隙比较小时,试样中土颗粒紧密排列,内部膨胀空间小,遇水产生膨胀时大部分表现为外在体积的膨胀,膨胀变形比较大,膨胀变形规律较明显,随着上覆荷载的增加逐渐减小,最终趋于一个稳定值,而不产生湿陷变形。

通过非线性回归分析图 4-16 中的数据,发现低孔隙比下,"$\delta\text{-}P_0$"符合近指数变化关系,相关系数 R^2 高于 0.985,其关系式为:

$$\delta = c \times \mathrm{Exp}(-d \times P_0) \tag{4-5}$$

式中:c、d 为常数。

试验土样在不同孔隙比和饱和度条件下的具体拟合值见表 4-4。

表 4-4 "$\delta\text{-}P_0$"回归分析常数值

$\delta = c \times \mathrm{Exp}(-d \times P_0)$					
$e_0 = 0.651$			$e_0 = 0.60$		
$S_{ri}(\%)$	c	d	$S_{ri}(\%)$	c	d
52.644	8.77	0.063	56.862	13.638	0.080 7
70.753	4.06	0.071 5	76.422	5.829	0.073 5
77.912	1.803	0.066	84.155	2.368	0.056 8
84.230	0.988	0.061 9	90.979	1.084 5	0.044

从表 4-4 可以看出,参数 c、d 值均随着初始饱和度的增大而减小,表明初始饱和度越大,试样膨胀变形随压力变化幅度和敏感度均越小。

综合分析表 4-3 和表 4-4 的回归关系式可得出,在 $e_0 = 0.651 \sim 0.60$ 范围内,"$\delta\text{-}S_{ri}$"回归系数 a、b 与 P_0 呈指数变化,即 $a(b) = A \times \mathrm{Exp}(-B \times P_0)$;而"$\delta\text{-}P_0$"回归系数 c、d 则与 S_{ri} 呈对数变化,即 $c(d) = C \times \ln(S_{ri}) + D$,如图 4-18 所示。

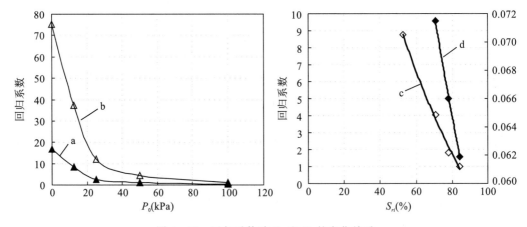

图 4-18 回归系数随 P_0 和 S_{ri} 的变化关系

这样,对于特定的初始孔隙比土样,在任一初始饱和度和上覆压力下,可通过一个共同的公式来表达其膨胀变形量,即:

$$\delta = e \times \mathrm{Exp}(-f \times P_0) \times \ln(S_{ri}) + g \times \mathrm{Exp}(-h \times P_0) \tag{4-6}$$

式中:e、f、g、h 均为常数,随着初始饱和度和上覆压力值的变化而变化。

通过上述分析,土体初始饱和度、孔隙比以及上覆荷载等因素对于膨胀率的影响是相互耦合的,且作用关系比较复杂,仅仅考虑一个因素是不能全面描述膨胀变形特征的。但当已知某一初始状态量,可以通过试验数据分析得出膨胀变形随其他几个因素参量的综合变化关系,如公式(4-6),从而推算其膨胀变形趋势。

4.3.4 膨胀体积中"孔隙水-气"分量变化规律

根据无上覆荷载下膨胀稳定后土样胀限含水量 ω_f,通过以下两关系式计算膨胀稳定后的试样空隙比 e_f 与饱和度 S_{rf}:

$$e_f = (1+\delta_0/100) \times G_s/\rho_{d0} - 1 \tag{4-7}$$

$$S_{rf} = G_s \times w_f/e_f \tag{4-8}$$

式中:δ_0 为无荷膨胀率(%);G_s 为土粒比重;ρ_{d0} 为试样初始干密度。

各组不同初始孔隙比下土样膨胀前后的饱和度变化关系如图4-19所示。

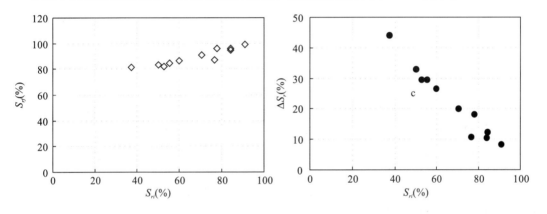

图 4-19 膨胀稳定饱和度及饱和度增量随初始饱和度的变化

图4-19中 $\Delta S_r = S_{rf} - S_{ri}$ 为膨胀前后饱和度增量。可以看出,当试样初始饱和度越大时,其吸水膨胀稳定后的最终饱和程度越高。整体上,所有试样的最终饱和度值均超过80%,部分试样膨胀稳定后处于近饱和状态,表明了在无上覆压力情况下重塑土样吸水饱和程度高,从而表现出相对较大的膨胀量。此外,从图中还可以看出,随着初始饱和度的增高,试样饱和度增加量反而降低,从而证明了初始饱和度高的土样其膨胀过程中吸收的水分含量相对较低。

实际上,土样膨胀稳定最终饱和程度除了受吸收的水分量影响外,还受到土样膨胀稳定过程中内部孔隙体积变化的影响。从图4-20中可以看出,初始孔隙比 e_0 越大的试样其膨胀后孔隙比 e_f 越大;同一 e_0 时,初始饱和度大,则胀后孔隙体积相对越小,即膨胀体积变化量相对小。"$S_{ri}-e_f$"变化近似呈线性关系,见图4-20(b),在高、低初始孔隙比值下,呈现出明显不同的线性变化速率,e_0 越大,e_f 随 S_{ri} 减小得越慢。

在本节概述中曾提到土体在膨胀稳定状态时绝大多数仍处于非饱和状态,这在图4-19中已得到验证,因此,土样最终膨胀变形量实际上也是由两部分决定,即膨胀过程中总吸入的水分体积以及孔隙气体积被吸入水分置换填充的程度。为了反应这一动态过程,这里将膨胀变形体积量,即土样膨胀前后总孔隙体积变化量 ΔV_v 分为两个部分:孔隙气体积 ΔV_a 和孔隙水体积 ΔV_w,土样膨胀前后,上述三种孔隙体积变化与土样初始体积 V_0 的比值可通过以下关系式计算得到:

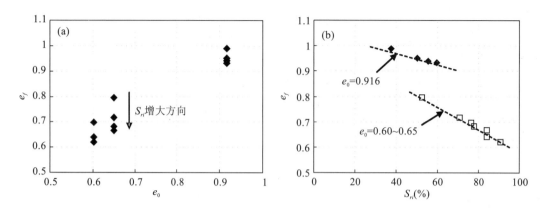

图 4-20 初始孔隙比-饱和度-最终孔隙比变化关系

$$\Delta V_v / V_0 = \Delta H / H_0 = \delta_0 \quad (4-9)$$

$$\Delta V_w / V_0 = (\Delta m_w / \gamma_w) / V_0 = (\Delta \omega \times m_s) / \gamma_w V_0$$
$$= (\omega_f - \omega_0) \times m_s / \gamma_w V_0 = (\omega_f - \omega_0) \times \rho_{d0} / \gamma_w \quad (4-10)$$

$$\Delta V_a / V_0 = (\Delta V_v / V_0) - (\Delta V_w / V_0) \quad (4-11)$$

式中：ΔH 为土样膨胀过程中的高度变化；H_0 为试样初始高度；Δm_w 为吸水的水分质量；γ_w 为水密度值；$\Delta \omega$ 为膨胀前后试样含水率变化量；m_s 为干土质量，其余符号意义同前所述。

需要注意的是，式(4-9)只适用于膨胀过程中试样横截面积保持不变的情况，即适用于本次有侧限膨胀变形试验结果。

根据式(4-9)至式(4-11)分别计算本次试验土样无荷膨胀前后内部各相孔隙体积变化值，结果如图 4-21 所示。

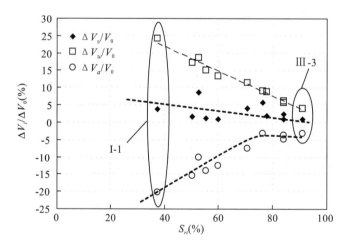

图 4-21 各相孔隙体积变化量随初始饱和度的变化关系

从图 4-21 可以看到，对于初始压实密度最低、含水率最小的 I-1 试样（见表 4-2，对应图中 S_{ri} 最低点值），其膨胀过程中，吸附的水分体积量 ΔV_w 约为土样初始体积 V_0 的 25% 左右，但吸入水体积增加量并未完全贡献于土体积膨胀上。实际上，从图中可以看到，将近有 80% 的吸附水体积只是填充置换掉了土样中的孔隙气体积，从而引起了土样孔隙气体积相对初始土样体积发生约20%的减小（=25%×80%），而吸收的水分体积中真正对体积膨胀产生贡献的只有剩余的5%左右。

对于初始压实密度最大、含水量最高的Ⅲ-3试样（对应图中S_{ri}最高点值），其膨胀过程中，吸附的水体积最小，只有4%V_0，其中用于置换孔隙气部分的水体积为2.5%V_0，占总吸入水体积量的62.5%，剩余约1.5%V_0吸入水占据新的孔隙体积，引起了膨胀体积增加。

同样可以看到，试样初始饱和度越低（初始密实度越低，含水量越小），其膨胀过程中吸收的水分体积则越大，但同时孔隙内"水-气"两相的体积置换程度也越大。随着试样初始饱和程度增加（密实度增加，含水量增大），膨胀吸水能力减弱，孔隙水体积改变量变小，且孔隙内"水-气"两相的体积置换程度显著减小。当饱和度增大到一定临界值时，图中S_{ri}=80%左右，孔隙气体积改变量基本保持恒定，此时"水-气"两相的体积置换程度取决于该初始饱和状态下，其吸收的总水分体积量。

当试样初始饱和度较低时，孔隙内气体是相互贯通连续的，土吸力较大，且吸收的水分很容易赶走孔隙内的气体而占据被赶走的孔隙气体积。随着初始饱和程度的增大，气体孔隙内多呈较封闭的"气泡"或"气带"等不连续分布，吸收的水分较难置换掉这部分孔隙气体，从而使得土吸入水体积占据了新的空间，并贡献于土样体积膨胀中。

总体来说，在吸水膨胀过程中，土中孔隙水体积增大，孔隙气被不断驱赶而体积减小，但两者增加和减小的程度又受到试样初始饱和状态的影响。因此，土样初始状态影响着整个膨胀过程中吸收的水分体积，影响到土内部"水-气"两相的动态作用过程，从而最终影响其膨胀变形总量。

4.4 膨胀土循环胀缩变形特征规律

"湿胀-干缩"是膨胀土的典型特征，膨胀土在气候条件和水分迁移变动条件下，常历经反复的循环胀缩变形，而循环胀缩变形的表现通常与"一次吸水膨胀"或"一次干燥收缩"的规律是不同的。因此，全面分析膨胀土的胀缩变形规律时，不能忽视对反复胀缩循环过程中膨胀和收缩变化特征的研究。

选取安阳弱膨胀土和中膨胀土，分别击实制成最大干密度和最优含水量状态的重塑环刀样。为使试样胀缩变形均有足够的空间，控制土样高度约为环刀高度的一半（10mm）。将试样安放在无荷膨胀仪上，开始第一次吸水膨胀，待膨胀稳定后，吸取容器内多余水分，并将无荷膨胀仪放置于烘箱内，控制烘箱稳定恒定在45℃，进行第一次收缩变形，待收缩变形稳定后，取出仪器，继续加水使土样经历第二次膨胀，之后重复之前的操作步骤，使试样经历反复胀缩循环四次后，停止试验。

在整个胀缩循环过程中，分别测记每一级膨胀、收缩稳定时，试样的变形高度。为分析胀缩变形全过程中土样含水状态孔隙体积的动态变化，将两种膨胀土在最优含水量条件下重复进行一组四级胀缩变形试验，在每一级胀缩过程中，不定时多次将环刀土样从膨胀仪中小心取出，并称重记录其质量，直至胀缩循环结束将土样烘干，测定其干土质量，并计算整个胀缩过程中各称重时刻土含水率值。由于土样的收缩变形，除第一次膨胀是在有侧限条件下进行外，其余的胀缩阶段均因侧向已脱离环刀，而处于无侧限的变形状态。因此，为准确获得胀缩循环过程中土样的实际体积，每次给环刀称重时，需测量土样与环刀之间的侧向距离，并结合竖向胀缩率计算土样体积。通过观测整个胀缩过程的土样,发现侧向变形量均非常小。

此外,为比较分析土样初始状态和压力对于胀缩循环变形特征的影响,补充进行两组弱膨胀土重塑样试验,其中两组土样分别在 $\rho_d = 1.5\text{g/cm}^3$、$\omega_{0p}$ 和 $\rho_d = 1.5\text{g/cm}^3$、$\omega_0 = 12.4\%$ 条件下进行无荷胀缩循环试验。

4.4.1 胀缩变形量随循环级数、初始状态的变化规律

根据相关文献定义,将胀缩循环中的膨胀与收缩变形采用绝对与相对胀缩率来表示。所谓相对胀缩率是以上一级膨胀或收缩稳定后的高度为标准的,用如下公式表示:

$$\delta_r = \frac{h_t - h_i}{h_i} \times 100 \tag{4-12}$$

式中:δ_r 为相对胀缩率(%);h_t 为 t 时刻的试样高度(mm);h_i 为上一级膨胀或收缩稳定后的高度(mm)。

所谓绝对胀缩率则始终以试样的初始高度为标准,某时刻的试样高度增加量与试样初始高度之比记为 δ_a,用如下公式表示:

$$\delta_a = \frac{h_t - h_0}{h_0} \times 100 \tag{4-13}$$

式中:δ_a 为绝对膨胀量(%);h_t 为 t 时刻的试样高度(mm);h_0 为试样初始高度(mm)。

图 4-22 为两种膨胀土绝对胀缩率随循环级数的变化路径,从中可以看出以下几点。

(1)最大绝对膨胀率都发生在第二级膨胀阶段,且第一次收缩变形程度最小,此后,绝对膨胀率随循环级数减小,而绝对收缩率则相对增大。每一级胀缩变形完成后的试样高度,随循环次数的增加而增加,并趋于稳定状态。

(2)初始循环阶段,膨胀和收缩变形量是不可逆的,三次循环以后,膨胀和收缩已基本达到平衡稳定状态。即图中 $H(H')$ 点与 $I(I')$ 点的变形量差值已经达到稳定状态,且平衡状态时的绝对胀缩变形量均大于第一级循环。

(3)弱膨胀土在各级循环过程中的胀缩变形量均较中膨胀土小,初始循环阶段,胀缩变形量差值较大,随着循环级数的增加,变形差异同样趋于稳定的状态。

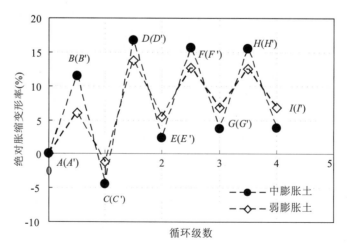

图 4-22 膨胀土绝对胀缩变形量变化路径

图 4-23 为弱膨胀土绝对和相对胀缩率随循环级数的变化趋势,土样绝对膨胀率在第二次膨胀后达到最大,之后减小趋于稳定;而相对膨胀率在第二次膨胀时也达到最大,但随着循环次数的增加,其减小的幅度显著大于绝对膨胀率。表明了试样在经历了初期的两次循环后,再度吸水膨胀能力急剧衰减,之后逐渐趋于稳定。

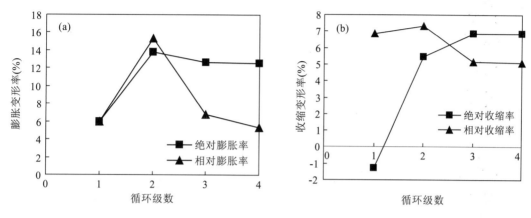

图 4-23 弱膨胀土绝对和相对胀缩变形率随循环级数的变化

土样绝对和相对收缩率呈现不同的趋势,绝对收缩率随初始循环级数的增加先急剧增大,之后随循环次数的增加,收缩率小幅增加后趋于恒定;相对收缩率在初始循环级数的增加时变化不明显,之后随次数增加,收缩率迅速较小,四次循环后达到恒定。

中膨胀土的上述变化趋势与弱膨胀土基本一致,土样在第二级循环内膨胀达到最大值,可以解释为:在完成了第一次胀缩以后,土体内阻碍膨胀变形的结构因素得到充分释放,且第一次较大的干燥收缩为再一次吸水膨胀积蓄了很大潜力,而两次循环之后,土颗粒结构和孔隙分布已处于相对较均匀状态,且每级膨胀前土样经历的收缩程度均相对较低,土内饱和度较高,吸水膨胀能力逐渐衰退。

不同初始干密度和含水率下弱膨胀土样胀缩变形量在循环过程中的变化见图 4-24。初始密度越大,含水量越小,其循环过程中各级膨胀和收缩变形量均越大,同样,三次循环后,各土样的胀缩变形均达到了稳定状态。膨胀土在第四次循环后处于平衡状态时的绝对膨胀率与绝对收缩率的差值,随着初始干密度的减小而减小,表明初始土样密实程度对于反复循环后的最终稳定状态的相对胀缩变形能力影响较大。

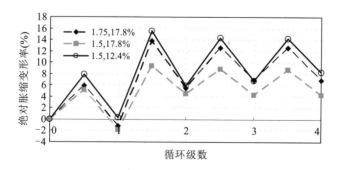

图 4-24 不同初始状态下循环胀缩变形率的变化

4.4.2 胀缩循环中"含水量-孔隙体积"的变化路径

由于土样固体颗粒体积不变,因此其胀缩体积随干湿过程的含水量变化,可反应在孔隙比随含水率的变化路径上。根据测定的土样烘干质量,循环试验中各时刻称重的体积,计算胀缩全程各阶段孔隙比 e 和含水率值 ω,得到每级胀缩变形过程中的"$e-\omega$"变化路径。结果见图 4-25 和图 4-26。

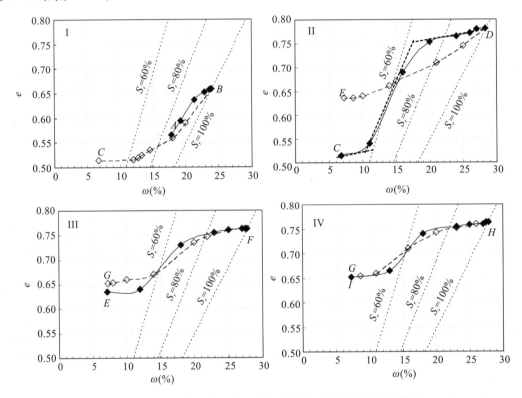

图 4-25 弱膨胀土各级胀缩过程中"含水量-孔隙比"变化关系

根据"$e-\omega-S_r$"之间满足式(4-14)的关系,分别将对应于 $S_r=100\%$、80%、60% 和 40% 的"$e-\omega$"关系以虚线表示于图 4-26 和图 4-27 中,以便参考分析。

$$S_r = G_s \times \omega / e \quad (G_s \text{ 为土颗粒比重}) \tag{4-14}$$

图中各级胀缩变形的起点(终点)的字母代号分别对应于图 4-22 中相应代号。分析图中弱、中膨胀土在循环胀缩变形过程中"孔隙比-含水率"的变化路径关系,可大体得出以下几点。

(1) 两种土体的"$e-\omega$"曲线在各级膨胀稳定状态时,均接近或相交于 100% 饱和度线,说明在每级循环过程的膨胀稳定阶段,土样基本上已达到完全饱和状态。这与图 4-19 的趋势是一致的,胀缩循环土样初始条件为最大干密度和最优含水率状态,其初始饱和度值大,$S_r=86\%$,故膨胀稳定后接近完全饱和状态。

(2) 两种土样在第Ⅰ级膨胀稳定时刻(对应 B,B' 点)孔隙比和含水率值均小于其他各级膨胀变形稳定时刻。而第Ⅰ级收缩稳定时刻(对应 C,C' 点)孔隙比和含水率值同样低于其他各级收缩稳定时刻。

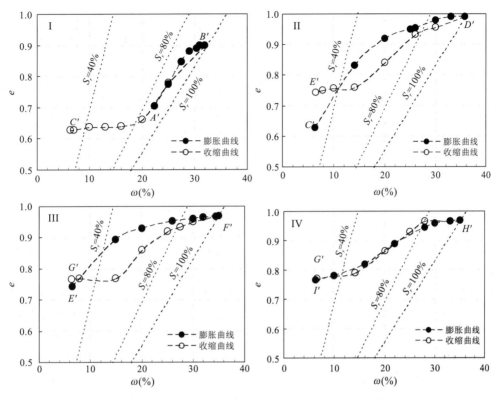

图 4-26 中膨胀土胀缩循环过程中"含水量-孔隙比"变化关系

(3) 观察弱膨胀土在各级胀缩变形中的"$e-\omega$"曲线的形状,除第Ⅰ级外,其余各级膨胀过程中的"$e-\omega$"曲线均呈近"S"形分布,这一特征与相关文献结果相一致,收缩过程中"$e-\omega$"曲线同样表示出相似的特征。与弱膨胀土不同,中膨胀土除第Ⅳ级膨胀外,其余各级膨胀过程的"$e-\omega$"曲线均未见"S"形的第一个曲线变化段。说明弱膨胀土膨胀起始阶段体积变化随吸水量改变较小,而中膨胀土很快便进入吸水膨胀主阶段。

(4) 两种土体的膨胀"$e-\omega$"曲线中间均有一段近似于直线的变化,如图 4-25 中的第Ⅱ级循环阶段中所示。两种土体的膨胀曲线的直线段变化斜率在第Ⅱ级循环中均近似平行于 100% 饱和度线,说明了土内孔隙体积增加量完全来自于吸收的水分量;而在其余各循环阶段,直线斜率均小于 100% 饱和线,表明吸收的水分中的一部分填充和占据了原来土体中孔隙气分布的空间,而另一部分吸入水分形成了新的孔隙体积增加。这种变化,很好地验证了图 4-23 所示的循环第二阶段绝对膨胀量最大的原因。此外,对于弱膨胀土,"$e-\omega$"直线段土样处于较高的饱和度状态,S_{ri} 在 60%~80% 之间;而对于中膨胀土,饱和度范围相对较低,为 40%~80%,部分阶段更低。

(5) 两种土收缩"$e-\omega$"曲线中间直线段斜率偏离 100% 饱和线较大,表明了收缩干燥过程中孔隙体积的减小与含水量的降低并不是同步变化的,即收缩过程中,较小的孔隙体积改变可引起土样非饱和度发生较大的增加,有较多的空气重新进入到土孔隙内部,外在表现为收缩变形量随水量降低变化程度较缓慢。

(6) 胀缩循环的初始阶段,膨胀和收缩的"$e-\omega$"路径是不重合的,存在着明显的干湿滞后

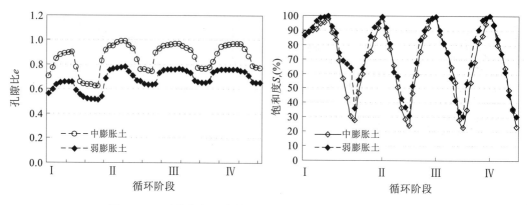

图 4-27 两种膨胀土孔隙比和饱和度胀缩循环全程变化关系

效应。随着循环次数的增加,胀缩"e-ω"曲线逐渐趋于一致,滞后效应消失,其外在表现为土样在经历了多次干湿循环后,绝对膨胀和收缩率达到恒定状态。

将胀缩变形全过程中两种膨胀土样孔隙比和饱和度的变化趋势进行对比分析(图 4-27),可以看出,弱膨胀土在各级循环过程中的孔隙比变化幅度以及值显著低于中膨胀土,但两种土样饱和度的全程变化幅度以及值,除了在第 I 阶段有所差别外,其余均非常接近。

总体来说,两种土样循环胀缩变形总体趋势相近,但具体过程不同。土体"干湿循环"过程中的各级膨胀表现与"一次吸水"膨胀明显不同,特别是土样在干湿循环阶段"二次吸水"中表现出较"一次吸水"更大的膨胀变形量,在工程实践中应尤其给予重视。

5 膨胀土膨胀本构模型

5.1 K_0膨胀本构模型建立

5.1.1 膨胀土有荷膨胀本构关系及验证

5.1.1.1 膨胀土的有荷膨胀率试验

有荷膨胀率是指在侧限条件下膨胀土浸水发生的膨胀变形量与其原始高度的比值。有荷膨胀率是在一定上覆荷载下的膨胀应变,利用固结仪可以测得其具体数值。无荷膨胀率是膨胀土不存在上覆荷载时的膨胀应变,可看作是上覆荷载为零的有荷膨胀率。考虑到用同一种仪器做试验可以减小仪器不同造成的系统误差,便于试验规律的总结,无荷膨胀率试验不采用无荷膨胀仪,试验均在固结仪上进行。

1) 土样状态的选择

这里土样状态的选择指的是在试验中选用重塑样还是原状样。试验样品状态的选择对于试验结果的准确性及结果的实际应用有很大影响,一般认为选择原状样进行试验更能体现土样原位条件,结果更准确,但本次试验中选用重塑样,这样做主要基于以下两点考虑。

(1) 膨胀土是一种结构性土,具有较大的结构强度,但由于地质历史时期形成膨胀土时内外部条件的复杂性和多变性,即使是初始条件(起始含水率、干密度)和应力环境完全相同的两个原状样,通过有荷膨胀率试验得到的膨胀应变也会有较大的差别,这对我们总结试验规律造成了极大的困难。如果采用重塑样,就可以消除膨胀土原状样的结构联结,人为使试样变得更加均一,趋于各向同性的均一体。当初始条件和外部应力环境一样时,通过有荷膨胀率试验得到的结果也相差无几,这就便于对试验数据进行分析总结、统计规律。

(2) 在相同的起始含水率和干密度条件下,膨胀土的重塑样具有更大的膨胀应变,这是因为经过重塑的膨胀土打破了土颗粒之间的胶结等结构联结,同时,根据廖世文(1984)的研究,重塑后膨胀土中扁平状的颗粒呈高度定向状态。这样一来,与原状样相比,重塑土在吸水膨胀过程中受到的结构约束力将大大减小,同时又由于高度定向的扁平状黏土颗粒的存在,造成了膨胀土重塑样膨胀性的提升。李献民等(2003)、廖世文(1984)在理论上和具体的数据上也给出了相同的观点。所以,用重塑膨胀土样将使结果变得保守,偏于安全。

考虑到以上两点原因,本研究在做膨胀土有荷膨胀率以及后面的膨胀土三轴膨胀试验中,均采用重塑样。

2) 土样初始条件与上覆荷载的选择

这里的土样初始条件指的是重塑膨胀土样的起始含水率,以及按照轻型击实试验标准确定的压实度。自然界中的膨胀土,其含水率大部分在天然含水率与最优含水率的范围做波动,工程上对压实度一般是要求在90%以上。基于上述两点认识,结合南阳中膨胀土的具体特点,将本次试验初始条件的具体值确定为起始含水率:22.4%、24.4%、26.4%,压实度:90%、93%、96%。

关于上覆荷载的选择,其下限为0kPa,上限不能太大,太大会使膨胀土表现不出膨胀变形,只产生压缩,对本次研究没有太大的意义。通过前期试探性试验,确定出了南阳中膨胀土在上述初始条件下,能够承受不发生较大压缩变形的最大上覆压力为125kPa。

本次试验中加荷方式为一次性加载到目标荷载,不存在逐级加荷或者卸荷的情况。之所以选择一次加载到目标荷载,是因为本次试验的目的是为了解膨胀土地区构筑物在运营期间浸水膨胀变形的规律,构筑物在运营期间荷载不会增大也不会减小,基本上保持不变,因此,加荷、卸荷就没有什么工程意义。

要得到膨胀应变与不同上覆荷载之间的相关规律,还要确定出0kPa到最大荷载之间的其他荷载等级,大致按照逐级递增两倍的规律确定出中间荷载值,这样,南阳中膨胀土的试验过程中所有荷载情况为0kPa、6.25kPa、12.5kPa、25kPa、37.5kPa、50kPa、75kPa、100kPa、125kPa。

5.1.1.2 南阳中膨胀土有荷膨胀本构模型研究

在南阳弱膨胀土膨胀本构模型研究的基础上,按照研究南阳弱膨胀土的方法,展开了对南阳中膨胀土的膨胀本构模型研究。探究南阳中膨胀土在 K_0 状态下,膨胀应变 δ_{ep} 与上覆荷载 σ、起始含水率 ω_0 以及压实度 P 是否也存在与南阳弱膨胀土相同的规律。

1)试验结果与分析

按照试验规定,利用固结仪对南阳中膨胀土在不同上覆荷载 σ、不同起始含水率 ω_0 以及不同压实度 P 条件下的土样进行了有荷膨胀率试验,试验结果见表5-1。根据表5-1中的数据,将同一压实度、不同起始含水率的膨胀土的膨胀应变随上覆荷载的变化关系曲线画在同一坐标系下,分别如图5-1、图5-2、图5-3所示。

从表5-1中可以看出,南阳中膨胀土有荷膨胀率与其初始条件、上覆荷载的关系与南阳弱膨胀土的变化规律一样,主要表现在以下几点:①在相同的压实度条件下,随着含水率的增大,有荷膨胀率逐渐减小;②在相同起始含水率条件下,随着压实度的增大,有荷膨胀率逐渐增大;③从图5-1、图5-2、图5-3可以发现,在相同压实度和起始含水率条件下,随着荷载的增大,膨胀率逐渐减小,在荷载从0~6.25kPa过程中,膨胀土的膨胀应变迅速减小,而后随着荷载的增大,膨胀应变减小速率变缓;④从图5-1、图5-2、图5-3可以发现,在相同压实度条件下,起始含水率小的膨胀土曲线与横坐标轴交点的数值反而大,这一交点横坐标就是通过加荷膨胀法求得的膨胀土的膨胀力。可见,在相同压实度条件下,起始含水率越小的膨胀土样的膨胀力越大。

表 5-1　南阳中膨胀土不同初始条件和上覆荷载条件下的有荷膨胀率

压实度 $P(\%)$	含水率 $\omega_0(\%)$	不同上覆荷载下的有荷膨胀率 $\delta_{ep}(\%)$								
		0kPa	6.25kPa	12.5kPa	25kPa	37.5kPa	50kPa	75kPa	100kPa	125kPa
90	22.4	13.25	5.19	3.51	1.35	0.01	−1.21	−2.63	−3.85	−4.92
	24.4	11.25	3.56	2.43	1.00	−0.33	−1.08	−1.90	−3.12	−3.87
	26.4	5.19	2.47	1.66	0.41	−0.19	−0.72	−1.55	−2.20	−2.69
93	22.4	13.56	6.00	4.25	3.12	2.01	0.97	−1.60	−2.15	−3.88
	24.4	11.90	3.92	2.62	1.43	0.55	0.08	−1.23	−1.93	−2.43
	26.4	6.48	3.02	2.02	0.86	0.05	−0.34	−1.09	−1.64	−2.07
96	22.4	14.26	7.02	5.12	3.80	2.98	1.87	−0.79	−0.90	−2.80
	24.4	12.95	4.20	2.83	1.75	1.19	0.76	−0.39	−1.01	−1.70
	26.4	8.43	3.77	2.43	1.26	0.58	0.13	−0.60	−1.10	−1.45

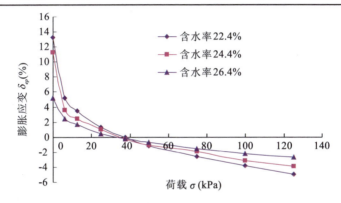

图 5-1　南阳中膨胀土不同起始含水率的膨胀应变随荷载变化关系曲线（压实度90%）

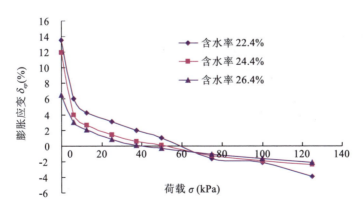

图 5-2　南阳中膨胀土不同起始含水率的膨胀应变随荷载变化关系曲线（压实度93%）

2) 膨胀本构模型公式的建立

按照分析南阳弱膨胀土膨胀本构模型的方法，对南阳中膨胀土膨胀率数据进行统计分析。将在相同压实度下，不同起始含水率的南阳中膨胀土膨胀应变 δ_{ep} 与上覆荷载 σ/P_0+1（$P_0=$

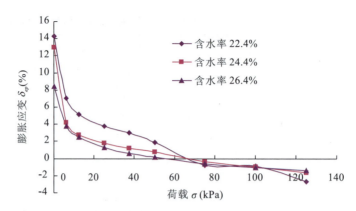

图 5-3 南阳中膨胀土不同起始含水率的膨胀应变随荷载变化关系曲线（压实度 96%）

1kPa)进行自然对数拟合,分别绘制在直角坐标系与半对数坐标系中,如图 5-4 至图 5-9 所示。

观察图 5-4、图 5-6、图 5-8 容易发现,与南阳弱膨胀土一样,在相同压实度下,南阳中膨胀土的有荷膨胀应变 δ_{ep} 同上覆荷载 σ 存在以下关系：

$$\delta_{ep} = k\ln(\sigma/P_0 + 1) + l \tag{5-1}$$

式中：δ_{ep} 为膨胀应变(%)；σ 为膨胀土上覆荷载；$P_0=1\text{kPa}$,将 σ 无量纲化；k、l 为试验参数,与膨胀土的压实度、含水率有关。

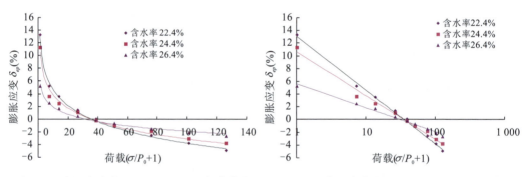

图 5-4 南阳中膨胀土 δ_{ep}-(σ/P_0+1) 拟合曲线
（$P_0=1\text{kPa}$,压实度为 90%,直角坐标系）

图 5-5 南阳中膨胀土 δ_{ep}-(σ/P_0+1) 拟合曲线
（$P_0=1\text{kPa}$,压实度为 90%,半对数坐标系）

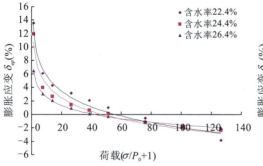

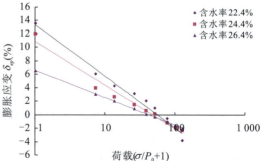

图 5-6 南阳中膨胀土 δ_{ep}-(σ/P_0+1) 拟合曲线
（$P_0=1\text{kPa}$,压实度为 93%,直角坐标系）

图 5-7 南阳中膨胀土 δ_{ep}-(σ/P_0+1) 拟合曲线
（$P_0=1\text{kPa}$,压实度为 93%,半对数坐标系）

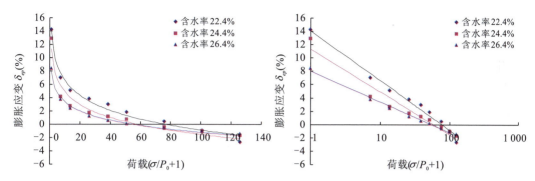

图 5-8 南阳中膨胀土 δ_{ep}-(σ/P_0+1) 拟合曲线　　图 5-9 南阳中膨胀土 δ_{ep}-(σ/P_0+1) 拟合曲线
　　（$P_0=1$kPa，压实度为 96%，直角坐标系）　　　　　（$P_0=1$kPa，压实度为 96%，半对数坐标系）

在 Excel 中通过曲线拟合，分别得到在某一固定压实度下，不同起始含水率的南阳中膨胀土 δ_{ep} 与荷载 (σ/P_0+1) 之间的关系式，分别介绍如下。

(1) 压实度为 90% 的膨胀土膨胀本构模型经验关系式的推导。当压实度 $P=90\%$ 时，三种起始含水率的膨胀土膨胀应变同荷载之间的拟合公式如下。

起始含水率为 22.4% 时，得到的拟合公式为：
$$\delta_{ep}=-3.6546\ln(\sigma/P_0+1)+13.048, \quad R^2=0.9973 \tag{5-2}$$

起始含水率为 24.4% 时，得到的拟合公式为：
$$\delta_{ep}=-2.9798\ln(\sigma/P_0+1)+10.553, \quad R^2=0.9878 \tag{5-3}$$

起始含水率为 26.4% 时，得到的拟合公式为：
$$\delta_{ep}=-1.629\ln(\sigma/P_0+1)+5.5522, \quad R^2=0.989 \tag{5-4}$$

公式 (5-2)、公式 (5-3)、公式 (5-4) 具有相同的表达形式，都可以用公式 (5-1) 统一表示，这三个经验公式是在相同压实度下推导得到的，它们系数的差异是由起始含水率不同造成的，起始含水率与各方程的系数如表 5-2 所示。

表 5-2　起始含水率与系数 k、l（压实度 90%）

起始含水率 ω_0（%）	k	l
22.4	−3.6546	13.048
24.4	−2.9798	10.553
26.4	−1.6290	5.552

根据表 5-2 中的数据，将系数 k、l 分别与起始含水率 ω_0 在 Excel 中进行线性拟合，得到如图 5-10、图 5-11 所示的曲线。系数 k、l 与起始含水率 ω_0 的拟合关系式分别为：

$$k=50.64\omega_0-15.111, \quad R^2=0.9642 \tag{5-5}$$
$$l=-187.39\omega_0+55.442, \quad R^2=0.9641 \tag{5-6}$$

公式 (5-5)、公式 (5-6) 是在压实度为 90% 时，试验参数 k、l 与起始含水率的关系。将公式 (5-5)、公式 (5-6) 代入公式 (5-1) 中，便可以得到在压实度为 90% 时，南阳中膨胀土有荷膨胀应变 δ_{ep} 与荷载 σ 和起始含水率 ω_0 的经验关系式：

$$\delta_{ep,90\%}=(50.64\omega_0-15.111)\times\ln(\sigma/P_0+1)+(-187.39\omega_0+55.442) \tag{5-7}$$

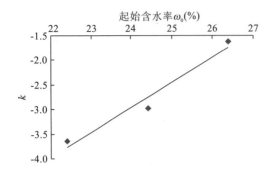 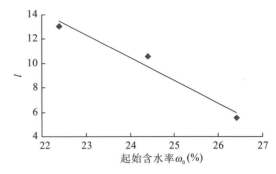

图 5-10　系数 k 与起始含水率关系曲线　　　图 5-11　系数 l 与起始含水率关系曲线

式中：$\delta_{ep,90\%}$ 为压实度为 90% 的南阳中膨胀土有荷膨胀率(%)；其他符号意义同前。

（2）压实度为 93% 的膨胀土膨胀本构模型经验关系式的推导。当压实度 $P=93\%$ 时，三种起始含水率的膨胀土膨胀应变同荷载之间的拟合公式如下。

起始含水率为 22.4% 时，得到的拟合公式为：

$$\delta_{ep} = -3.337\,6\ln(\sigma/P_0+1) + 13.423, \quad R^2 = 0.982\,3 \tag{5-8}$$

起始含水率为 24.4% 时，得到的拟合公式为：

$$\delta_{ep} = -2.813\,7\ln(\sigma/P_0+1) + 10.787, \quad R^2 = 0.973\,5 \tag{5-9}$$

起始含水率为 26.4% 时，得到的拟合公式为：

$$\delta_{ep} = -1.760\,5\ln(\sigma/P_0+1) + 6.52, \quad R^2 = 0.999\,5 \tag{5-10}$$

公式(5-8)、公式(5-9)、公式(5-10)具有相同的表达形式，都可以用公式(5-1)统一表示，这三个经验公式是在相同压实度下推导得到的，它们系数的差异是由起始含水率不同造成的，起始含水率与各方程的系数如表 5-3 所示。

表 5-3　起始含水率与系数 k、l（压实度 93%）

起始含水率 ω_0(%)	k	l
22.4	−3.337 6	13.423
24.4	−2.813 7	10.787
26.4	−1.760 5	6.520

根据表 5-3 中的数据，将系数 k、l 分别与起始含水率 ω_0 在 Excel 中进行线性拟合，得到如图 5-12、图 5-13 所示的曲线。系数 k、l 与起始含水率 ω_0 的拟合关系式分别为：

$$k = 39.427\omega_0 - 12.258, \quad R^2 = 0.963\,8 \tag{5-11}$$

$$l = -172.57\omega_0 + 52.352, \quad R^2 = 0.981\,7 \tag{5-12}$$

公式(5-11)、公式(5-12)是在压实度为 93% 时，试验参数 k、l 与起始含水率之间的关系。将公式(5-11)、公式(5-12)代入公式(5-1)中，便可以得到在压实度为 93% 时，南阳中膨胀土有荷膨胀应变 δ_{ep} 与荷载 σ 和起始含水率 ω_0 的经验关系式：

$$\delta_{ep,93\%} = (39.427\omega_0 - 12.258) \times \ln(\sigma/P_0+1) + (-172.57\omega_0 + 52.352) \tag{5-13}$$

式中：$\delta_{ep,93\%}$ 为压实度为 93% 的南阳中膨胀土有荷膨胀率(%)；其他符号意义同前。

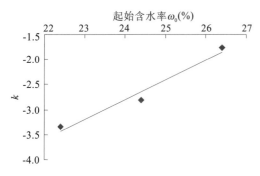
图 5-12 系数 k 与起始含水率关系曲线

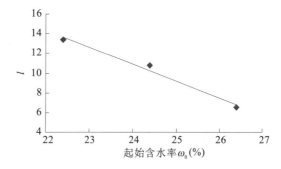
图 5-13 系数 l 与起始含水率关系曲线

(3)压实度为 96% 的膨胀土膨胀本构模型经验关系式的推导。当压实度 $P=96\%$ 时,三种起始含水率的膨胀土膨胀应变同荷载之间的拟合公式如下。

起始含水率为 22.4% 时,得到的拟合公式为:
$$\delta_{ep}=-3.246\ 6\ln(\sigma/P_0+1)+14.08, \quad R^2=0.958\ 1 \tag{5-14}$$

起始含水率为 24.4% 时,得到的拟合公式为:
$$\delta_{ep}=-2.801\ 6\ln(\sigma/P_0+1)+11.366, \quad R^2=0.948\ 3 \tag{5-15}$$

起始含水率为 26.4% 时,得到的拟合公式为:
$$\delta_{ep}=-2.013\ 9\ln(\sigma/P_0+1)+8.029\ 4, \quad R^2=0.993\ 3 \tag{5-16}$$

公式(5-14)、公式(5-15)、公式(5-16)具有相同的表达形式,都可以用公式(5-1)统一表示,这三个经验公式是在相同压实度下推导得到的,它们系数的差异是由起始含水率不同造成的,起始含水率与各方程的系数如表 5-4 所示。

表 5-4 起始含水率与系数 k、l(压实度 96%)

起始含水率 ω_0(%)	k	l
22.4	−3.246 6	14.08
24.4	−2.801 6	11.366
26.4	−2.013 9	8.029 4

根据表 5-4 中的数据,将系数 k、l 分别与起始含水率 ω_0 在 Excel 中进行线性拟合,得到如图 5-14、图 5-15 所示的曲线。系数 k、l 与起始含水率 ω_0 的拟合关系式分别为:

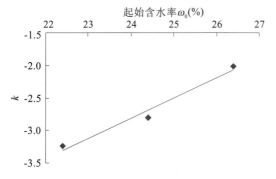
图 5-14 系数 k 与起始含水率关系曲线

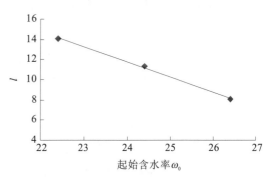
图 5-15 系数 l 与起始含水率关系曲线

$$k = 30.817\omega_0 - 10.207, \quad R^2 = 0.974\,9 \quad (5-17)$$

$$l = -151.26\omega_0 + 48.067, \quad R^2 = 0.996\,5 \quad (5-18)$$

公式(5-17)、公式(5-18)是在压实度为96%时,试验参数k、l与起始含水率的关系。将公式(5-17)、公式(5-18)代入公式(5-1)中,便可以得到在压实度为96%时,南阳中膨胀土有荷膨胀应变δ_{ep}与荷载σ和起始含水率ω_0的经验关系式:

$$\delta_{ep,96\%} = (30.817\omega_0 - 10.207) \times \ln(\sigma/P_0 + 1) + (-151.26\omega_0 + 48.067) \quad (5-19)$$

式中:$\delta_{ep,96\%}$为压实度为96%的南阳中膨胀土有荷膨胀率(%);其他符号意义同前。

(4)不同压实度下膨胀土膨胀本构模型经验公式推导。综合本节(1)、(2)、(3)推导的公式(5-7)、公式(5-13)、公式(5-19)可以发现,某一压实度下的南阳中膨胀土有荷膨胀率δ_{ep}与上覆荷载σ和起始含水率ω_0可以用一个统一的公式来表示:

$$\delta_{ep,P} = (g\omega_0 + h) \times \ln(\sigma/P_0 + 1) + (p\omega_0 + q) \quad (5-20)$$

式中:$\delta_{ep,P}$为压实度为P的南阳中膨胀土有荷膨胀率(%);g、h、p、q为试验参数;其他符号意义同前。

不同压实度下的南阳中膨胀土的有荷膨胀应变δ_{ep}与上覆荷载σ、起始含水率ω_0的表达式的形式完全相同,仅仅是试验参数g、h、p、q有所差别。再对比三组不同压实度条件下的膨胀土样,它们除了压实度不一样外,其他条件均相同,因此,可以考虑试验参数的不同是由于压实度的不同造成的。将公式(5-7)、公式(5-13)、公式(5-19)中的系数与对应压实度放在一起,列入表5-5。

表5-5 压实度P与试验参数g、h、p、q对应数据表

压实度P(%)	g	h	p	q
90	50.64	-15.111	-187.39	55.442
93	39.427	-12.258	-172.57	52.353
96	30.817	-10.207	-155.26	48.067

为探究试验参数g、h、p、q与压实度P之间的关系,根据表5-5中的数据,将压实度P与各参数数据绘制在直角坐标系中,如图5-16所示。对数据进行拟合分析,得到各试验参数与压实度P的拟合公式与相关性系数,如表5-6所示。

将表5-6中的试验参数g、h、p、q关于压实度P的拟合关系式代入公式(5-20),便可得到南阳中膨胀土有荷膨胀应变δ_{ep}关于上覆荷载σ、起始含水率ω_0以及压实度P的经验关系式$\delta_{ep} = \delta_{ep}(\sigma, \omega_0, P)$,见公式(5-21)。

表5-6 试验参数g、h、p、q与压实度P拟合公式

试验参数g、h、p、q拟合公式	相关系数R^2
$g = -330.38P + 347.55$	0.994 3
$h = 81.733P - 88.537$	0.991 2
$p = 535.5P - 669.76$	0.998 0
$q = -122.92P + 166.27$	0.991 3

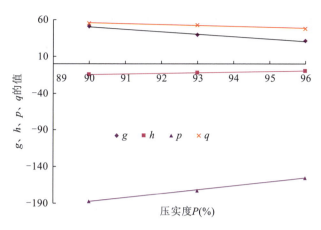

图 5-16 试验参数 g、h、p、q 与压实度 P 之间的拟合曲线

$$\delta_{ep} = [(-330.38P + 347.55)\omega_0 + 81.733P - 88.537] \times \ln(\sigma/P_0 + 1)$$
$$+ [(535.5P - 669.76)\omega_0 - 122.92P + 166.27] \quad (5-21)$$

式中：δ_{ep} 为南阳中膨胀土有荷膨胀率(%)；σ 为上覆荷载；ω_0 为起始含水率；P 为压实度；$P_0 =$ 1kPa，将荷载无量纲化。

3) 经验公式的验证

至此，南阳中膨胀土的膨胀应变关于其初始状态及上覆荷载之间的本构模型经验关系式已经建立起来，所建立的模型准确性到底有多大，这就需要有个验证环节。本试验的验证方法是：将膨胀土的压实度、起始含水率以及上覆荷载值代入公式(5-21)，得到一个由公式确定的膨胀应变，再将该膨胀应变与试验中得到的膨胀应变作对比，看两者是否一致。对比结果如表 5-7 所示。

为更直观观察，方便对比结果，绘制了公式计算的有荷膨胀率与试验实测的有荷膨胀率的散点图(图 5-17)、簇形柱状图(图 5-18)。从两图中可以看出，大部分计算值与实测值吻合，所以用公式(5-21)来预测南阳中膨胀土的膨胀应变是合理的。

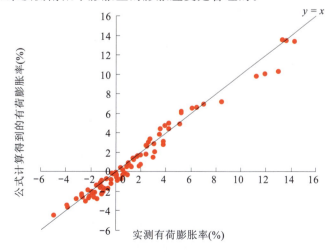

图 5-17 南阳中膨胀土膨胀率实测值与公式计算值散点图

表 5-7 南阳中膨胀土有荷膨胀率试验值与公式计算值对比

$P(\%)$	$\omega_0(\%)$	$\sigma(kPa)$	$\delta_{ep}(\%)$ 实测值	$\delta_{ep}(\%)$ 计算值	$P(\%)$	$\omega_0(\%)$	$\sigma(kPa)$	$\delta_{ep}(\%)$ 实测值	$\delta_{ep}(\%)$ 计算值
90	22.4	0	13.25	13.586	93	24.4	50	0.08	−0.525
90	22.4	6.25	5.19	6.195	93	24.4	75	−1.23	−1.599
90	22.4	12.5	3.51	3.876	93	24.4	100	−1.93	−2.365
90	22.4	25	1.35	1.431	93	24.4	125	−2.43	−2.961
90	22.4	37.5	0.01	−0.034	93	26.4	0	6.48	6.630
90	22.4	50	−1.21	−1.082	93	26.4	6.25	3.02	2.891
90	22.4	75	−2.63	−2.571	93	26.4	12.5	2.02	1.718
90	22.4	100	−3.85	−3.632	93	26.4	25	0.86	0.482
90	24.4	0	11.25	9.831	93	26.4	50	−0.34	−0.79
90	24.4	6.25	3.56	4.43	93	26.4	75	−1.09	−1.543
90	24.4	12.5	2.43	2.835	93	26.4	100	−1.64	−2.079
90	24.4	25	1	0.948	93	26.4	125	−2.07	−2.497
90	24.4	37.5	−0.33	−0.123	96	22.4	0	14.26	13.408
90	24.4	50	−1.08	−0.889	96	22.4	6.25	7.02	6.936
90	24.4	75	−1.9	−1.977	96	22.4	12.5	5.12	4.905
90	24.4	100	−3.12	−2.852	96	22.4	25	3.8	2.864
90	24.4	125	−3.87	−3.355	96	22.4	37.5	2.98	1.481
90	26.4	0	5.19	6.076	96	22.4	50	1.87	0.563
90	26.4	6.25	2.47	2.664	96	22.4	75	0.45	−0.741
90	26.4	12.5	1.66	1.593	96	22.4	100	−0.9	−1.67
90	26.4	25	0.41	0.464	96	22.4	125	−2.8	−2.392
90	26.4	37.5	−0.19	−0.212	96	24.4	0	12.95	10.296
90	26.4	50	−0.72	−0.696	96	24.4	6.25	4.2	5.027
90	26.4	75	−1.55	−1.383	96	24.4	12.5	2.83	3.374
90	26.4	100	−2.2	−1.873	96	24.4	25	1.75	1.631
90	26.4	125	−2.69	−2.254	96	24.4	37.5	1.19	0.587
93	22.4	0	13.56	13.497	96	24.4	50	0.76	−0.161
93	22.4	6.25	6.05	6.566	96	24.4	75	−0.39	−1.221
93	22.4	12.5	4.25	4.39	96	24.4	100	−1.01	−1.978
93	22.4	25	3.12	2.097	96	24.4	125	−1.7	−2.566
93	22.4	37.5	2.01	0.724	96	26.4	0	8.43	7.183
93	22.4	50	0.97	−0.26	96	26.4	6.25	3.77	3.119
93	22.4	75	−0.6	−1.656	96	26.4	12.5	2.43	1.843
93	22.4	100	−2.15	−2.651	96	26.4	25	1.26	0.499
93	22.4	125	−3.88	−3.425	96	26.4	37.5	0.58	−0.307
93	24.4	0	11.9	10.063	96	26.4	50	0.13	−0.884
93	24.4	6.25	3.92	4.729	96	26.4	75	−0.6	−1.702
93	24.4	12.5	2.62	3.054	96	26.4	100	−1.1	−2.285
93	24.4	25	1.43	1.289	96	26.4	125	−1.45	−2.839
93	24.4	37.5	0.55	0.232					

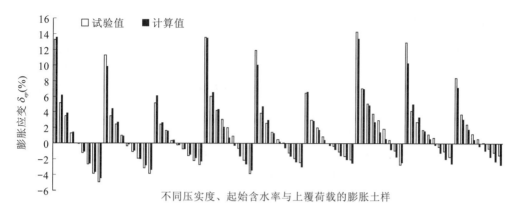

图 5-18 南阳中膨胀土膨胀率实测值与公式计算值簇形柱状图

将公式(5-21)用公式(5-22)来统一表达：
$$\delta_{ep} = [(AP+B)\omega_0 + CP + D] \times \ln(\sigma/P_0 + 1) + [(EP+F)\omega_0 + GP + H] \quad (5-22)$$
式中：A、B、C、D、E、F、G、H 为试验参数，与膨胀土的种类有关；其他符号意义同前。

5.1.2 K_0 膨胀本构模型一般表达式及参数取值探讨

5.1.2.1 膨胀本构模型的一般表达式

对于南阳中膨胀土来说，各系数分别为：
$$A = -330.38, B = 347.55, C = 81.733, D = -88.537$$
$$E = 535.5, F = -669.76, G = -122.92, H = 166.27$$

三种本构模型公式中的系数 A、B、C、D、E、F、G、H 对应值各不相同，系数的差异是由土样初始条件以及土样本身特性的差异造成的。初始条件的差异主要是土样的起始含水率、压实度以及上覆荷载的不同，土样本身特性的差异主要是黏土矿物种类及其含量、粒度成分、界限含水率、自由膨胀率、微结构特征、比表面积、阳离子交换量、Zeta 电位等指标的不同。总之，三种本构模型经验公式中对应系数的不同是由它们宏观特性与微观指标差异造成的。

对比以 Huder-Amberg 为代表的膨胀经验公式：
$$\delta = -a\ln p + b \quad (5-23)$$
式中：δ 为膨胀土的膨胀应变；p 为上覆荷载；a、b 为试验常数，由膨胀岩本身的物理化学性质决定。

在公式(5-23)中，荷载 p 不能为 0，否则 $\ln p$ 在数学上没有意义。当荷载 $p \to 0$ 时，$\ln p \to \infty$，从而膨胀率 $\delta \to \infty$，这种情况显然是不可能的，也就是说公式(5-23)在荷载趋近于 0 时是没有意义的。对于本书推导的公式(5-23)，当荷载 $\sigma = 0$ 时，$\ln(\sigma/P_0 + 1) = 0$，膨胀率的表达式就变为：
$$\delta_{ep} = (EP+F)\omega_0 + GP + H \quad (5-24)$$

此时，膨胀率只与起始含水率和压实度有关，这也符合膨胀土的无荷膨胀率只与起始含水率和压实度有关的事实。

5.1.2.2 参数的取值范围探讨

通过南阳中膨胀土有荷膨胀率试验结果的分析,得到以下三条特征:①相同压实度和起始含水率条件下,随着荷载的增大,有荷膨胀率呈单调递减趋势;②相同压实和荷载条件下,随着起始水率的增大,有荷膨胀率呈单调减小趋势;③相同荷载和起始含水率条件下,随着压实度的增大,有荷膨胀率呈单调增大趋势。

有荷膨胀率可以看作是关于压实度 P、起始含水率 ω_0 以及荷载 σ 的三元函数,即

$$\delta_{ep}=\delta_{ep}(P,\omega_0,\sigma)=[(AP+B)\omega_0+CP+D]\times\ln(\sigma/P_0+1)+[(EP+F)\omega_0+GP+H]$$

根据以上三条结论并结合导数的有关理论,恒有下式成立:

$$\begin{cases} \dfrac{\partial \delta_{ep}}{\partial \sigma}=\dfrac{(AP+B)\omega_0+CP+D}{\sigma/P_0+1}\leqslant 0\cdots\cdots(1) \\ \dfrac{\partial \delta_{ep}}{\partial \omega_0}=[A\ln(\sigma/P_0+1)+E]P+B\ln(\sigma/P_0+1)+F\leqslant 0\cdots(2) \\ \dfrac{\partial \delta_{ep}}{\partial P}=[A\ln(\sigma/P_0+1)+E]\omega_0+C\ln(\sigma/P_0+1)+G\geqslant 0\cdots(3) \end{cases} \quad (5-25)$$

根据常识容易知道,三个参数的取值范围应至少满足以下条件:
$\sigma\geqslant 0\text{kPa}; 0<\omega_0\leqslant \omega_{sat}, \omega_{sat}$ 为膨胀土的饱和含水率;$0<P\leqslant 100\%$。

由于 $(\sigma/P_0+1)>0$,由公式(5-25)中(1)式可得:

$$(AP+B)\omega_0+CP+D\leqslant 0 \quad (5-26)$$

1) 压实度、起始含水率取值范围

对于南阳中膨胀土来说,$(AP+B)>0$ 恒成立,即 $P<-\dfrac{B}{A}$,压实度 P 的取值范围为:

$$0<P\leqslant \min\{100\%,-\dfrac{B}{A}\}$$

由公式(5-26)可得 $\omega_0\leqslant -\dfrac{CP+D}{AP+B}$,令 $f(P)=-\dfrac{CP+D}{AP+B}$,$f(P)$ 是关于压实度 P 的函数,对 $f(P)$ 求关于 P 的一阶偏导,得到:

$$f'(P)=\dfrac{\mathrm{d}f(P)}{\mathrm{d}P}=\dfrac{AD-BC}{(AP+B)^2} \quad (5-27)$$

对于南阳中膨胀土来说,$f'(P)$ 恒大于 0,$f(P)$ 是关于压实度 P 的单调递增函数,$f(P)$ 的最小值为:

$$f(P)_{\min}=f(0)=-\dfrac{D}{B}$$

而由于 $\omega_0\leqslant -\dfrac{CP+D}{AP+B}=f(P)$,也就说 $\omega_0\leqslant f(P)_{\min}$,则起始含水率 ω_0 应满足:

$$\omega_0\leqslant f(P)_{\min}=-\dfrac{D}{B}$$

结合起始含水率 $0<\omega_0\leqslant \omega_{sat}$ 的条件,最终可得起始含水率的取值范围:

$$0<\omega_0\leqslant \min\{-\dfrac{D}{B},\omega_{sat}\}$$

2) 荷载取值范围

以上得到了南阳中膨胀土膨胀本构经验公式压实度和起始含水率的取值范围,下面探讨

荷载的取值范围。

由公式(5-25)中(2)、(3)式可得：
$$(CP - B\omega_0)\ln(\sigma/P_0 + 1) + GP - F\omega_0 \geq 0 \quad (5-28)$$

对于公式(5-28)，要以$(CP-B\omega_0)$与0的三种关系来分别求解上覆荷载σ的取值范围。荷载的取值范围受制于压实度与起始含水率的大小。

(1) 当 $CP-B\omega_0 > 0$ 时，有：
$$\ln(\sigma/P_0 + 1) \geq \frac{F\omega_0 - GP}{CP - B\omega_0}$$

即 $\sigma \geq (e^{\frac{F\omega_0 - GP}{CP - B\omega_0}} - 1)P_0$，同时还应满足 $\sigma \geq 0$，因此，在这种条件下，上覆荷载σ的取值范围为：
$$\sigma \geq \max\{(e^{\frac{F\omega_0 - GP}{CP - B\omega_0}} - 1)P_0, 0\}$$

(2) 当 $CP-B\omega_0 = 0$ 时，有：
$$0 \times \ln(\sigma/P_0 + 1) + GP - F\omega_0 \geq 0 \quad (5-29)$$

对本书的三种膨胀土来说，σ取任何不小于0的值，式(5-29)恒成立。因此，在这种情况下，上覆荷载σ的取值范围为：
$$\sigma \geq 0$$

(3) 当 $CP-B\omega_0 < 0$ 时，有：
$$\ln(\sigma/P_0 + 1) \leq \frac{F\omega_0 - GP}{CP - B\omega_0}$$

即 $\sigma \leq (e^{\frac{F\omega_0 - GP}{CP - B\omega_0}} - 1)P_0$，同时还应满足 $\sigma \geq 0$，因此，在这种条件下，上覆荷载σ的取值范围为：
$$0 \leq \sigma \leq (e^{\frac{F\omega_0 - GP}{CP - B\omega_0}} - 1)P_0$$

通过探讨，得到了南阳中膨胀土膨胀本构经验模型的三个参数取值范围，当给出一组参数$(P_i, \omega_{0i}, \sigma_i)$时，如何判断能否用公式(5-22)来预测膨胀率呢？当给定参数满足图5-19中规定的要求时，就可以用公式(5-22)来预测其有荷膨胀率。

5.1.3 K_0 膨胀本构模型的应用探讨

在上述试验与理论推导的基础上，本节展开了对膨胀本构模型应用的研究，主要探讨了膨胀土地区处理层厚度及渠坡衬砌厚度的确定、膨胀潜势能的定量计算以及膨胀土地基隆起量的估算。本书研究属于南水北调中线工程膨胀土处理技术前瞻性研究工作的一部分，目前还没有具体的工程实例加以验证，得到的一些结论需要在今后的工程实践中去检验并不断修正、不断完善。

5.1.3.1 膨胀土处理层厚及渠坡衬砌厚度确定

在膨胀土地区，膨胀变形往往发生于浅层土中，随着埋深的增加，膨胀土受到的自重应力也逐渐增大，继续膨胀已很困难，因此，发生膨胀的土层厚度存在一个最大值，这一最大厚度范围内的膨胀土是需要人工处理的，被称为膨胀土处理层厚度。在膨胀土渠坡工程中，常常要设置衬砌以阻抗膨胀土的膨胀变形，衬砌厚度设置过薄达不到抑制膨胀的目的，设置过厚经济上又不可行，衬砌厚度要给出一个合理值。所以，在实践中，工程技术人员常常要面临以下两个主要问题：①要对多深范围内的膨胀土进行处理；②需要设置多厚的衬砌。运用本书推求的膨

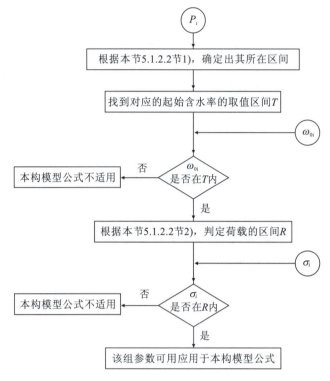

图 5-19　给定参数的适用性判定流程

胀土 K_0 膨胀本构经验公式,就可为初步解决这两个问题提供借鉴。

1)处理层厚度估算

设有一坡角为 α 的膨胀土边坡,其坡顶经压重处理,不发生垂直膨胀变形,只发生沿坡面的膨胀变形,即边坡土体处于 K_0 受力状态,如图 5-20 所示。为简化起见,假定该膨胀土边坡由均一土体构成,膨胀土的起始含水率为 ω_{0i}、容重为 γ_i。可根据该膨胀土最大干密度求出其压实度为 P_i,设边坡面膨胀土处理层厚度为 d,由于 d 是发生膨胀变形的最大深度,因此,在距坡面垂直距离为 d 处的膨胀应变为 0,该深度处的膨胀土受到的上覆荷载为 $\gamma_i d \cdot \cos\alpha$。

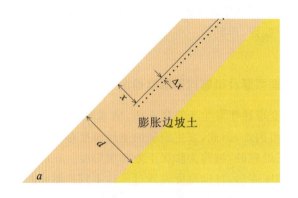

图 5-20　处理层厚度及其膨胀应变计算示意图

对公式(5-22)稍作变换,并将上覆荷载 σ 看作是关于压实度 P、起始含水率 ω_0 以及膨胀应变 δ_{ep} 的三元函数,可得:

$$\sigma = \sigma(P, \omega_0, \delta_{ep}) = (\mathrm{e}^{\frac{\delta_{ep} - (EP+F)\omega_0 - GP - H}{(AP+B)\omega_0 + CP + D}} - 1) P_0 \tag{5-30}$$

将 $\sigma = \gamma_i d \cdot \cos\alpha$、$P = P_i$、$\omega_0 = \omega_{0i}$、$\delta_{ep} = 0$ 代入公式(5-30),可得到处理层厚度 d 为:

$$d = \frac{(\mathrm{e}^{\frac{-(EP_i+F)\omega_{0i} - GP_i - H}{(AP_i+B)\omega_{0i} + CP_i + D}} - 1) P_0}{\gamma_i \cos\alpha} \tag{5-31}$$

设在垂直边坡表面 x 深度处取一微小厚度 Δx,如图 5-20 所示。该微厚度土体受到的上覆荷载为 $\gamma_i x \cdot \cos\alpha$,根据推导的 K_0 膨胀本构模型公式(5-22),该厚度土体产生的最大膨胀量 $S_{\Delta x}$ 为:

$$S_{\Delta x} = \delta_{ep}(P_i, \omega_{0i}, \gamma_i x \cdot \cos\alpha) \Delta x \tag{5-32}$$

在整个处理层深度范围内,厚度为 d 的膨胀土产生的总膨胀量 S 为:

$$S = \int_0^d S_{\Delta x} = \int_0^d \delta_{ep}(P_i, \omega_{0i}, \gamma_i x \cdot \cos\alpha) \mathrm{d}x \tag{5-33}$$

处理层深度内平均膨胀应变 ε 为:$\varepsilon = S/d$。

以上给出了膨胀土边坡处理层厚度的理论计算公式,在实际工程中,还要考虑当地膨胀土的大气风化影响深度、施工可行性等因素,综合分析后确定一个合理值,之后就可有针对性地对这一深度内的膨胀土采取诸如换填、改性、压重、防渗、加筋、预湿等措施来限制其膨胀变形。

2) 渠坡衬砌厚度估算

仍以图 5-20 中的膨胀土边坡为例,当采用压重处理时,就要给出衬砌厚度的合理值。设衬砌容重为 $\gamma_{衬砌}$,水的密度为 ρ_w,在距水面 h_x 的处理层中取一单元体,如图 5-21 所示。由本节 1)的计算可知,该单元体在垂直坡面向上产生的膨胀应变为 ε。根据公式(5-30)可知,要抑制厚度为 d 的处理层产生的大小为 ε 的膨胀应变,需要提供的上覆荷载 $\sigma_{总}$ 为:

$$\sigma_{总} = (\mathrm{e}^{\frac{\varepsilon - (EP_i+F)\omega_{0i} - GP_i - H}{(AP_i+B)\omega_{0i} + CP_i + D}} - 1) P_0 \tag{5-34}$$

$\sigma_{总}$ 由两部分——衬砌和水在垂直坡面方向上的分量组成,其中,水产生的应力分量为 $\sigma_w = \rho_w g h_x$,因此,衬砌在垂直坡面方向上需要提供的荷载分量为 $(\sigma_{总} - \rho_w g h_x)$。设在距水面 h_x 处的渠坡衬砌的厚度为 l_x,则有下式成立:

$$l_x \gamma_{衬砌} \cos\alpha = \sigma_{总} - \rho_w g h_x \tag{5-35}$$

由公式(5-35)可得在距水面 h_x 处的渠坡衬砌厚度为:

$$l_x = \frac{\sigma_{总} - \rho_w g h_x}{\gamma_{衬砌} \cos\alpha} \tag{5-36}$$

从公式(5-36)可以知道,在水面以下,随着深度的增加,渠坡衬砌的厚度越来越薄,是一种变厚度的衬砌。水面以上衬砌厚度计算时不考虑水压力,其厚度计算公式为:

$$l = \frac{\sigma_{总}}{\gamma_{衬砌} \cos\alpha} \tag{5-37}$$

公式(5-36)、公式(5-37)给出了膨胀土渠坡衬砌厚度的理论计算公式,实际情况远比这要复杂得多。渠坡的衬砌一般由混凝土面板、柔性垫层、隔水防渗材料等组成,公式中的 $\gamma_{衬砌}$ 是综合考虑了各构成要素后的平均值,要得到每种材料的精确厚度,就要通过内部调整来解决,同时还要考虑渠道中水位波动对计算结果的影响,为保守起见,以年最低水位线作为设计工况来计算衬砌厚度。

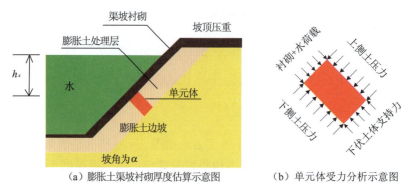

图 5-21 膨胀土渠坡混凝土衬砌厚度计算示意图

5.1.3.2 重塑样膨胀潜势能定量计算探讨

对于某一种膨胀土而言,其潜在的膨胀能力大小往往是通过含水率、压实度、干密度等指标来定性判断的,很少有给出膨胀能量的定量化研究结论。笔者认为,通过定量化的研究,能更清晰地揭示膨胀能力与其初始状态之间的关系。

膨胀土膨胀的过程就是将蕴藏在自身中的能量向外释放的过程。如果将膨胀土的上覆荷载看成重物的话,那么在浸水膨胀过程中,重物将被逐渐抬升。由于试验采用的是重塑样,土体结构胶结被打破,膨胀过程中克服土体之间联结做功很小,内耗可以忽略,同时也不考虑热量与侧壁摩擦损失,那么此时膨胀土减少的能量就等于重物重力势能的增加量。在这一假设的前提下,就可以用本书推导的 K_0 膨胀本构模型公式来定量计算蕴藏在膨胀土重塑样中的潜势能。

对于给定初始条件的膨胀土样,压实度为 P、起始含水率为 ω_0 的膨胀土样产生 δ_{ep} 的应变需要的上覆荷载 $\sigma(P,\omega_0,\delta_{ep})$ 可由公式(5-30)计算得到。设在侧限条件下有一圆柱形膨胀土,初始高度为 h_0,底面积为 S_0,并假设膨胀土体上覆荷载是可以连续变化的,当荷载 $\sigma(P,\omega_0,\delta_{ep})$ 产生很微小的变化 $\Delta\sigma(\Delta\sigma<0)$ 时,可看作膨胀土的上覆"重物"重量变化到 $[\sigma(P,\omega_0,\delta_{ep})+\Delta\sigma]S_0$,土样始终浸没在水中,随着上覆荷载的减小,膨胀土膨胀时受到的阻抗变小,膨胀应变将随之增大。设此时膨胀土体在 δ_{ep} 的基础上又产生一个微小的膨胀应变 $\Delta\delta_{ep}$,那么,在这一过程中,上覆"重物"重力势能的增量 ΔE_p 为:

$$\Delta E_p = [\sigma(P,\omega_0,\delta_{ep})+\Delta\sigma]S_0 h_0 \Delta\delta_{ep}$$
$$= \sigma(P,\omega_0,\delta_{ep})S_0 h_0 \Delta\delta_{ep} + \Delta\sigma S_0 h_0 \Delta\delta_{ep} \tag{5-38}$$

公式(5-38)中 $\Delta\sigma S_0 h_0 \Delta\delta_{ep}$ 是 $\sigma(P,\omega_0,\delta_{ep})S_0 h_0 \Delta\delta_{ep}$ 的高阶无穷小,可以忽略,因此,膨胀土上覆"重物"重力势能的增量又可以记作:

$$\Delta E_p = \sigma(P,\omega_0,\delta_{ep})S_0 h_0 \Delta\delta_{ep} \tag{5-39}$$

这样,膨胀土在由上覆荷载从 $\sigma(P,\omega_0,\delta_{ep})$ 变化到 $\sigma(P,\omega_0,\delta_{ep})+\Delta\sigma$ 的过程中,对外界做的功 $\Delta W = \Delta E_p = \sigma(P,\omega_0,\delta_{ep})S_0 h_0 \Delta\delta_{ep}$。那么,上覆荷载 σ 在由等于膨胀力变化到最小值 0 的过程中,膨胀应变将从 0 变化到 δ,可以认为膨胀土的膨胀能量已经释放完全,整个变化过程如图 5-22 所示。不考虑内耗、热量和侧壁摩擦等能量损耗,这一过程中,膨胀土对外界做的功 W 为:

$$W = \int_0^\delta dW = \int_0^\delta \sigma(P, \omega_0, \delta_{ep}) S_0 h_0 d\delta_{ep}$$
$$= \int_0^\delta (e^{\frac{\delta_{ep} - (EP+F)\omega_0 - GP - H}{(AP+B)\omega_0 + CP + D}} - 1) P_0 S_0 h_0 d\delta_{ep} \tag{5-40}$$

由公式(5-40)求出的膨胀土对外做的功近似等于蕴藏在膨胀土中的潜在能量。可以看出,在公式(5-40)中,除了最终膨胀应变δ未知外,其他均为已知量。如何通过室内试验的方法获得最终膨胀应变δ呢?可以这样做:通过室内加荷平衡法进行膨胀力试验,试验终结后不断减少上覆荷载(通过减少铁砂数量来实现),直至荷载减小为0,再观察在最终膨胀稳定后膨胀土产生的膨胀应变,这个应变即为δ。

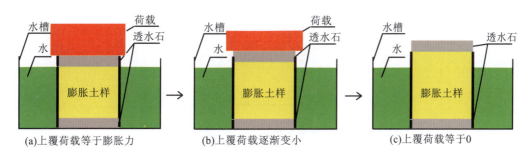

图5-22 膨胀潜势能公式推导示意图

5.1.3.3 膨胀土地基隆起量估算

在膨胀土地区,由于膨胀变形导致破坏的房屋一般都是层数较少、荷重不大的低矮构筑物,这些构筑物的基础埋深往往不大,一般都在膨胀土的大气风化影响深度以内,这一范围内的膨胀土对外界的温度、湿度、蒸发、降雨等因素很敏感,常常发生强烈的胀缩变形。对于结构荷重较大、采用深基础的构筑物,膨胀土的胀缩变形对它们影响不大。因此,膨胀土地基隆起量的估计对采用浅基础的轻型构筑物有比较实际的意义。

对于膨胀土地基来说,不同深度土层的压实度、起始含水率以及上覆荷载是不尽相同的。在工程应用中,可以根据钻孔揭示的地层资料,按照干密度和含水率相近的原则将膨胀土地基划分为不同的层。考虑极端工况,在地下水位埋深很大的膨胀土地基,在降雨作用下完全饱和,此时地基膨胀量将达到最大。利用公式(5-22)就可以估算膨胀土地基的总膨胀量,估算示意图见图5-23。具体估算流程如下。

(1)将膨胀土地基按照含水率以及干密度相近的原则分为若干层。

(2)根据上部构筑物荷载情况、基础类型、几何尺寸,计算地基土中任意一点的附加应力σ_z,σ_z可根据《土力学》中已有的公式计算得到。

(3)一般地,设第k层土的天然含水率为ω_{0k},天然重度为γ_k,厚度为h_k,设距地基表面深度为x的位置处于第k层土中,那么x深度处的土受到的上覆土体产生的总自重应力为:

$$\sigma_{szx} = \sum_{i=1}^{k-1} \gamma_i h_i + (x - \sum_{i=1}^{k-1} h_i)\gamma_k \tag{5-41}$$

(4)由(2)、(3)得深度为x处的土体受到的总荷载为$\sigma_x = \sigma_z + \sigma_{szx}$。

(5)在x深度处,向下截取微厚度单元Δx,Δx厚土层产生的自重应力可忽略不计,研究Δx厚土层产生的膨胀量。

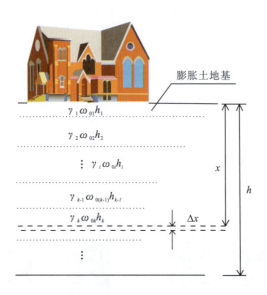

图 5-23　膨胀土地基隆起量估算示意图

(6) 设 Δx 厚的土层产生的膨胀应变为 δ_{epx}，那么 Δx 厚膨胀土层产生的膨胀量为 $\delta_{epx}\Delta x$。设地基土受雨水浸泡影响总厚度为 h，将 $\delta_{epx}\Delta x$ 在 h 范围内积分，得到膨胀土地基的总膨胀量为：

$$\delta_{ep} = \int_0^h \delta_{epx}\,\mathrm{d}x \qquad (5-42)$$

(7) 将公式(5-22)中的压实度 P 变换为 $\rho_k/\rho_{\max}$（ρ_k 为土样的天然干密度，$\rho_{\max}$ 为膨胀性地基土的最大干密度），ω_0 变换为 ω_{0k}，荷载 σ 变换为 σ_x，那么利用公式(5-22)可以求出 δ_{epx}：

$$\delta_{epx} = \left[\left(A\frac{\rho_k}{\rho_{\max}} + B\right)\omega_{0k} + C\frac{\rho_k}{\rho_{\max}} + D\right] \times \ln(\sigma_x/P_0 + 1)$$
$$+ \left[\left(E\frac{\rho_k}{\rho_{\max}} + F\right)\omega_{0k} + G\frac{\rho_k}{\rho_{\max}} + H\right] \qquad (5-43)$$

将公式(5-43)代入公式(5-42)后对 x 进行积分，其他量均已知，就可以大致估算出膨胀土地基表面某点的隆起量。当地面隆起量计算点足够多时，就可以将各点依次连线组成一曲面，就可以比较直观地看出地面各处隆起量的大小。

通过以上七步建立了膨胀土地基总膨胀量与上覆荷载（包括附加应力和自重应力）、膨胀土的干密度、起始含水率之间的经验关系。根据土力学的知识容易知道，在构筑物荷载作用区域正下方的土体受到的附加应力要比其周围的大，因此，同一深度的土层中，构筑物正下方膨胀量比周围的膨胀土膨胀量要小，这就产生了差异膨胀，造成构筑物产生倾覆或者开裂等形式的破坏。因此，除了要加强构筑物周围区域膨胀土的防渗排水措施外，还可以根据公式(5-42)试算出在构筑物周围设置多大的压重才不至于产生过大的差异膨胀。

为方便计算，可将上述计算过程通过计算机程序来实现。

5.2 膨胀土三轴膨胀本构模型

Huder-Amberg 于 1970 年在固结仪上进行的泥灰岩单轴膨胀应变试验,发现了在侧限条件下,膨胀应变同荷载的半对数呈线性关系,这一成果在世界范围内得到了公认。近几十年来,对于膨胀经验本构模型的研究,大多数学者的研究手段还局限于在侧限条件下利用固结仪进行有荷膨胀试验,侧限条件是人们为解决实际工程问题的方便不得已对膨胀土的受力条件做的假设。实际上,在自然环境中,膨胀土的膨胀变形在各个方向上都会发生,它是一种体积应变。因此,开展膨胀土的三轴膨胀变形研究工作就很有实际意义,它更接近膨胀土膨胀变形的实际情况。本书对南阳中膨胀土在三轴应力条件下的膨胀变形规律作了初步探讨。

5.2.1 试验介绍

常规的三轴试验是指在某一围压下,通过逐渐增加轴压而使岩土样破坏并获得岩土体强度参数的过程。本试验为三轴膨胀试验,是指膨胀土在三轴应力状态下,在设定的轴压、围压条件下进行吸水膨胀的过程,在膨胀过程中要始终保持轴压、围压不变。本试验是以获得膨胀土的最终体积膨胀变形量为目的的,这与常规三轴试验是有区别的。

Einstein(1972)和 Wittke(1976)提出了三维膨胀假说,并建立了相应的本构模型。他们提出的假说基本内容为:膨胀应变是由应力第一不变量的变化引起的。这一假说依据的原理是:按照弹性理论,体积应变由应力第一不变量引起,而膨胀应变正是一种体积应变。

几十年来,这一假说被大多数研究者沿用。河海大学岩土工程科学研究所的王保田、张海霞在这一假说的基础上对宁夏引黄灌区膨胀土进行研究,得到了宁夏膨胀土在三轴膨胀试验中体积应变同平均主应力的关系式为:

$$\varepsilon_V = c + ae^{b\sigma_m}$$

式中:ε_V 为体积应力;σ_m 为平均主应力;a、b、c 为试验参数。

杨庆(1995)利用膨胀岩重塑样对这一假说进行了验证,他分别作了三向等压膨胀试验和有应力差的三轴膨胀试验,得到了两种试验的体积应变随球应力变化的表达式:

$$\varepsilon_2 = 7.802 - 2.605\ln\sigma_V$$
$$\varepsilon_5 = 7.95 - 2.98\ln\sigma_V$$

式中:ε_2 为三向等压膨胀条件下的膨胀体积应变(%);ε_5 为偏差应力膨胀条件下的膨胀体积应变(%);σ_V 为体积应力(MPa)。

两种试验条件下,偏应力不同,但膨胀体积应变与球应力的变化规律一样,这说明了膨胀体积应变与偏应力无关,验证了这一假说的正确性。基于这一假说,在研究膨胀土体积应变时暂不考虑偏应力的影响,同时也为了避免偏差应力的不同对试验结果造成干扰,本试验中偏差应力一律取相同值。值得注意的是,这一假说描述的是一定压实度的膨胀土从某一起始含水率到吸水饱和这一过程中膨胀体积应变同外力的单因素关系式,没有反映出吸水率的影响。

1)试验目的

由于本次试验条件所限,不能对三轴膨胀过程中的径向膨胀量进行测定,只能测量到膨胀土整体的体积膨胀量,本试验的主要目的如下。

(1) 比较膨胀变形与吸水率之间的规律关系。

(2) 分析膨胀变形与体积应力之间的相关性。

(3) 通过对试验数据的拟合,提出适用于某一特定膨胀土的膨胀本构经验模型公式。

2) 试验条件选择的原则

这里所说的试验条件是指在试验过程中,土样的受力条件、起始含水率以及压实度。在选择受力条件时,应能够使膨胀土在吸水以后尽量体现出膨胀变形而不是压缩变形,所以轴压、围压不能过大。在选择起始含水率时,应能使膨胀土样有足够大的膨胀变形空间,所以,起始含水率不能过大,否则能够发挥的膨胀潜能很有限。在选择压实度时,不能太小,小压实度的膨胀土样,其内部孔隙率很大,膨胀时会发生较大的内部体变,外部体变表现将不明显。

总之,在试验前,首先要确定出每个试验条件的选择原则,而后通过试探性试验得到每种试验条件的大致范围,再进行正式试验。

3) 试验步骤

三轴膨胀试验中,试验尺寸选用 $\varphi=61.8\text{mm}$、$h=125\text{mm}$,试验结构示意图见图 5-24。主要试验步骤如下。

(1) 按照设定的压实度、起始含水率制备三轴膨胀试验试样,同时将滤纸、透水石放入用于制备该三轴样的膨胀土中两天左右,使滤纸、透水石的起始含水率保持与三轴样一样,防止在装样后透水石、滤纸吸收膨胀土中的水分。

(2) 将透水石放在动三轴基座上,然后依次放上滤纸、膨胀土样,并在膨胀土周围贴上滤纸条。该滤纸条也要在膨胀土中埋藏两天左右。最后将试样帽、压力室底座圆柱体、膨胀土样及土样两端的滤纸和透水石用橡胶套密封。

(3) 关闭反压控制阀,打开进出水阀门和压力室顶端排气阀门,通过进出水阀门用潜水泵向压力室中注水,待水溢出顶端的排气孔时,立即关上进出水阀门、顶端的排气阀门。

(4) 打开围压控制阀和轴向加压系统,将围压、轴压逐级加荷到设计值。偏差应力不能过大,以免对试验造成剪切破坏。本试验中偏差应力均设为 5kPa。

(5) 维持轴压、围压不变,让试样在该应力状态下流变。当试样受压稳定后(稳定的标准为轴向变形不超过 0.01mm/h),打开反压阀门,设置一定的反压值,将试样逐渐浸水饱和。为避免内外压力差别引起土样产生新变形,在反压增加的同时,围压与轴压也相应同步增加相同的数值。本次试验中反压设为 5kPa。

(6) 维持围压、轴压、反压不变,直到膨胀稳定,以轴向膨胀量不超过 0.01mm/h 为稳定标准。在整个试验过程中,与试样帽相连的排气阀始终打开。

GDSLAB Windows 版模块软件自动记录整个试验过程中的围压、轴压、反压、轴向变形、外体变等数据。试验结束后,取出膨胀土样并称重,对试样进行烘干,计算膨胀土样膨胀后含水率。外体变量与膨胀土样原始体积的比值即为体积膨胀应变,膨胀后含水率与起始含水率之差即为吸水率。

4) 土样进水设计与膨胀体变测量

土样进水系统设计:土样进水由反压伺服系统控制,采用从底部进水、上部试样帽排气管排气的方法进行膨胀土样的饱和,进水一直持续到膨胀土膨胀稳定。

外体变测试:通过测量压力室内水量的变化来获得试件膨胀的体积应变(外体变)。当试件体积发生膨胀或压缩时,压力室内水压势必增高或降低,这时围压伺服系统会通过数字式压力/体积控制器排出或压入一定的水量,以维持压力室内的压力恒定。

5.2.2 南阳中膨胀土三轴膨胀本构经验模型建立

1) 试验结果

按照上述的规定和程序,对压实度为98%、起始含水率为20.4%的南阳中膨胀土进行了三轴膨胀试验。试验过程中,记录了轴压、围压、最终体积变化量、吸水率等值,试验结果如表5-8所示。围压为30kPa的膨胀土样试验完成后与原始土样对比如图5-25所示,烘干后的状态如图5-26所示。

表5-8 南阳中膨胀土三轴膨胀试验成果表

周围压力 σ_3(kPa)	轴向压力 σ_1(kPa)	体积应力 p(kPa)	体积变形量 ΔV(mL)	体积应变 ε_V(%)	吸水率 $\Delta \omega$(%)
30	35	31.67	24.48(膨胀)	6.26	10.13
60	65	61.67	12.98(膨胀)	3.46	9.51
100	105	101.67	3.77(膨胀)	1.005	7.01
130	135	131.67	-1.51(压缩)	-0.40	5.9
150	155	151.67	-4.07(压缩)	-1.09	5.13

注:体积应力 $p=(\sigma_1+2\sigma_3)/3$。

图5-25 膨胀前后对比(围压30kPa)

图5-26 膨胀后烘干样(围压30kPa)

2) 成果分析与公式建立

对于给定起始含水率和压实度的膨胀土样来说,根据第3章的相关结论可知,膨胀土受到的荷载越大,吸水饱和后膨胀变形越小;水是膨胀土产生膨胀变形的关键媒介,当起始含水率、压实度、完全相同时,吸水越多则膨胀量也将越大,膨胀土最终膨胀量将与吸水率成正比关系。韦秉旭等(2007)在试验的基础上给出了宁明膨胀土有荷膨胀率同吸水率呈线性正相关的特征,在这两点认识的基础上,来分析膨胀土的三轴膨胀试验结果。

分别绘制膨胀体积应变-体积应力、膨胀体积应变-吸水率的平滑线散点图,见图 5-27、图 5-28。

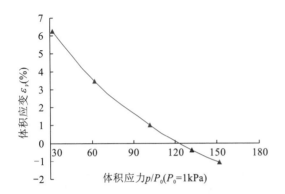

图 5-27 体积应变-体积应力平滑线散点图

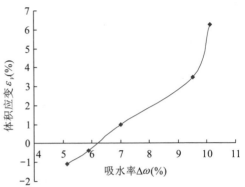

图 5-28 体积应变-吸水率平滑线散点图

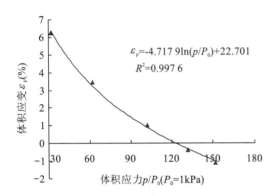

图 5-29 体积应变-体积应力拟合曲线图

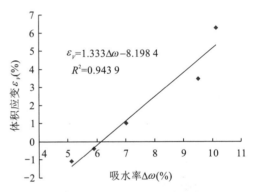

图 5-30 体积应变-吸水率拟合曲线图

观察图 5-27、图 5-28 可以发现:①随着体积应力的增加,膨胀土体积应变越来越小,说明体积应变与体积应力成反比;②随着吸水率的减小,体积应变逐渐减小,说明体积应变同吸水率成正比。

从表 5-8 还可以发现,随着体积应力的增大,膨胀土的吸水率逐渐减小。这种现象可能的原因是,当体积应力增加后,膨胀土受到的围压、轴压越来越大,土体被压缩,孔隙率减小,土体内能赋存水的空间缩小,所以吸水率也变小。

对体积应变-体积应力、体积应变-吸水率进行曲线拟合,拟合结果见图 5-29、图 5-30,拟合公式分别为:

$$\varepsilon_V = -4.7179\ln(p/P_0) + 22.801, \quad R^2 = 0.9976 \quad (5-44)$$

式中:ε_V 为体积应变(%);p 为体积应力;$P_0=1\text{kPa}$,将体积应力 p 无量纲化。

$$\varepsilon_V = 1.333\Delta\omega - 8.1984, \quad R^2 = 0.9439 \quad (5-45)$$

式中:ε_V 为体积应变(%);$\Delta\omega$ 为体积应力(%)。

公式(5-44)、公式(5-45)是体积应变与体积应力、吸水率这两个单因素之间的经验关系式,那么在膨胀应变 ε_V 关于体积应力 p、吸水率 $\Delta\omega$ 的经验关系式中,应至少含有 $\ln(p/P_0)$ 和 $\Delta\omega$ 这两项。考虑到这两个因素的耦合作用,本构模型公式还可能含有与 $\Delta\omega \cdot p$、$\Delta\omega/p$、$p/\Delta\omega$ 有关的表达式。若含有 $\Delta\omega \cdot p$ 项,则表明 $\Delta\omega$、p 这两个因素对体积应变 ε_V 的贡献、地位是对等的,而这显然不可能;若含有 $\Delta\omega/p$ 项,则表明体积应变 ε_V 与吸水率正相关,与体积应力负相关,这与试验结论是吻合的;若含有 $p/\Delta\omega$ 项,则表明体积应变 ε_V 与吸水率负相关,与体积应力正相关,这与试验结论刚好相反,所以这一项也不可能存在。因此,在考虑体积应力 p、吸水率 $\Delta\omega$ 两种因素对体积应变的耦合作用时,本构模型经验公式中可能含有的项是 $\Delta\omega/p$。绘制体积应变 ε_V - $\Delta\omega/p$ 的平滑线散点图,见图 5-31。在 Excel 中进行拟合,得到 ε_V 与 $\Delta\omega/p$ 的对数线性正相关,如图 5-32 所示。因此,在本构模型经验公式中,应该还含有 $\ln(\Delta\omega P_0/p)$。

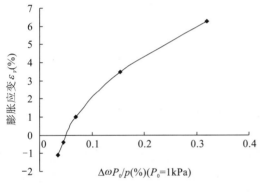

图 5-31　ε_V - $\Delta\omega/p$ 平滑线散点图　　　　图 5-32　ε_V - $\Delta\omega/p$ 拟合曲线关系图

根据以上讨论的结果,体积应变 ε_V 关于体积应力 p、吸水率 $\Delta\omega$ 的经验关系式可以用下式来表达:

$$\varepsilon_V = a\Delta\omega + b\ln(p/P_0) + c\ln(\Delta\omega P_0/p) + d \tag{5-46}$$

式中:ε_V 为体积应变(%);$\Delta\omega$ 为吸水率(%);p 为体积应力;$P_0 = 1\text{kPa}$;a、b、c、d 为系数。

根据表 5-8 中的试验数据,利用 Matlab 软件对公式(5-46)的系数进行多元非线性最小二乘回归分析,得到各系数值分别为 $a = 0.028$,$b = -2.835$,$c = 1.316$,$d = 16.931$。最终得到南阳中膨胀土三轴膨胀体变 ε_V 关于体积应力 p、吸水率 $\Delta\omega$ 的经验关系式为:

$$\varepsilon_V = 0.028\Delta\omega - 2.735\ln(p/P_0) + 1.316\ln(\Delta\omega P_0/p) + 16.931 \tag{5-47}$$

为检验公式(5-47)有多大的可信度,将原始试验数据代入其中,将得到一个由公式产生的体积应变计算值,将该计算值与试验值作比较,见表 5-9。

从表 5-9 可以看出,拟合值与试验值相差很小,所以经验公式能够反映膨胀土的膨胀变形规律。为进一步验证该公式的准确性,笔者又制作了压实度为 98%、起始含水率为 20.4%、$\varphi = 61.8\text{mm}$、$h = 125\text{mm}$ 的南阳中膨胀土样,进行围压为 50kPa、轴压为 55kPa 的三轴膨胀试验,并利用公式(5-47)对其体积膨胀应变进行预测,试验值与计算值如表 5-10 所示,误差为 5.5%,该公式具有较高的可靠性。

表 5-9 南阳中膨胀土体积膨胀应变试验值与公式拟合值比较

体积应力 p(kPa)	吸水率 ΔV(%)	体积应变 ε_V(%) 试验值	体积应变 ε_V(%) 计算值	误差（%）
31.67	10.13	6.26	6.26	0
61.67	9.51	3.46	3.46	0
101.67	7.01	1.005	0.97	−0.04
131.67	5.9	−0.4	−0.34	−0.15
151.67	5.13	−1.09	−1.12	0.025

表 5-10 围压为 50kPa 的中膨胀土三轴膨胀试验值与计算值对比

周围压力 σ_3(kPa)	轴向压力 σ_1(kPa)	体积应力 p(kPa)	吸水率 ΔV(%)	体积应变 ε_V(%) 试验值	体积应变 ε_V(%) 计算值	误差（%）
50	55	51.67	9.76	4.0	4.22	5.5

5.3 K_0 膨胀与三轴膨胀相关性分析

基于 Einstein 和 Wittke 提出的膨胀土三维膨胀假说——膨胀应变是由应力第一不变量的变化引起，以及杨庆利用膨胀岩重塑样所做的试验对该假说的验证，可知，对起始条件相同的同一种膨胀土而言，膨胀土体积膨胀应变同球应力的单因素表达式不随偏差应力的变化而变化。两个初始条件相同的膨胀土样，当球应力相同时，膨胀体积应变从理论上讲应该是相同的。这是建立三轴膨胀试验与 K_0 膨胀试验联系的理论基础。

5.3.1 反分析南阳中膨胀土平均侧压力系数

根据上文的讨论，南阳中膨胀土在 K_0 条件下的膨胀本构模型公式为：

$$\delta_{ep} = [(-330.38P + 347.55)\omega_0 + 81.733P - 88.537] \times \ln(\sigma/P_0 + 1)$$
$$+ [(535.5P - 669.76)\omega_0 - 122.92P + 166.27] \tag{5-48}$$

式中：δ_{ep} 为南阳中膨胀土有荷膨胀率(%)；σ 为上覆荷载；ω_0 为起始含水率；P 为压实度；P_0 = 1kPa，将荷载无量纲化。

将压实度 $P=98\%$，起始含水率 $\omega_0=20.4\%$，荷载 σ 取 6.25~130kPa 之间的若干值，分别代入公式(5-48)，得到在固定的压实度和起始含水率条件下，不同上覆荷载的南阳中膨胀土的膨胀应变，由于没有侧向应变，因此，此时的体积膨胀应变等于有荷膨胀率，计算结果如表 5-11 所示。

由上文可知，在压实度为 98%、起始含水率为 20.4% 的条件下，南阳中膨胀土体积应变与单因素球应力之间的经验关系式为：

$$\varepsilon_V = -4.7179\ln(p/P_0) + 22.801, \quad R^2 = 0.9976 \tag{5-49}$$

式中：ε_V 为体积应变(%)；p 为体积应力；P_0 = 1kPa，将体积应力 p 无量纲化。

表 5-11 南阳中膨胀土公式计算得到的体积膨胀应变

压实度 $P(\%)$	起始含水率 $\omega_0(\%)$	上覆荷载 σ(kPa)	K_0 公式计算的 $\varepsilon_V(\%)$
98	20.4	6.25	9.139
98	20.4	10	7.643
98	20.4	12.5	6.908
98	20.4	20	5.323
98	20.4	25	4.557
98	20.4	30	3.926
98	20.4	37.5	3.148
98	20.4	40	2.922
98	20.4	50	2.139
98	20.4	60	1.497
98	20.4	70	0.952
98	20.4	75	0.708
98	20.4	80	0.479
98	20.4	90	0.062
98	20.4	100	−0.312
98	20.4	110	−0.651
98	20.4	120	−0.961
98	20.4	125	−1.106
98	20.4	130	−1.246

将公式(5-49)作变换,得体积应力与体积应变之间的经验关系式:

$$p = e^{\frac{22.7011-\varepsilon_V}{4.7179}} P_0 \qquad (5-50)$$

设膨胀土在 K_0 膨胀试验中上覆荷载为 σ,膨胀土在吸水膨胀过程中侧向受到的应力状态不明确,可设土样从开始膨胀到膨胀稳定整个过程中的平均静止侧压力系数为 $\overline{K_0}$,则其体积应力为 $(\sigma + 2\overline{K_0}\sigma)/3$;若此时产生的体积膨胀应变为 ε_V,根据 Einstein 和 Wittke 提出的膨胀土三维膨胀假说,公式(5-50)成立:

$$(\sigma + 2\overline{K_0}\sigma)/3 = e^{\frac{22.701-\varepsilon_V}{4.7179}} P_0 \qquad (5-51)$$

从而求得在膨胀过程中膨胀土的平均静止侧压力系数 $\overline{K_0}$:

$$\overline{K_0} = \frac{3e^{\frac{22.701-\varepsilon_V}{4.7179}} P_0}{2\sigma} - \frac{1}{2} \qquad (5-52)$$

按照表 5-11 中给出上覆荷载以及 K_0 公式计算的 ε_V,根据公式(5-52)将反分析得到平均静止侧压力系数、静止侧压力系数和由上覆荷载值求出的对应体积应力 p,列入表 5-12 中。

表 5-12　南阳中膨胀土平均静止侧压力系数$\overline{K_0}$反分析结果

上覆荷载 σ(kPa)	K_0 公式计算 ε_V(%)	反演的静止侧压力系数 $\overline{K_0}$	对应的体积应力 p(kPa)
6.25	9.14	3.75	17.72
10	7.64	3.15	24.33
12.5	6.91	2.91	28.43
20	5.32	2.48	39.78
25	4.56	2.31	46.80
30	3.93	2.17	53.50
37.5	3.15	2.02	63.08
40	2.92	1.98	66.17
50	2.139 3	1.84	78.12
60	1.496 8	1.74	89.52
70	0.952 1	1.65	100.47
75	0.708	1.62	105.81
80	0.479 3	1.58	111.06
90	0.061 7	1.52	121.34
100	−0.312	1.47	131.35
110	−0.651	1.42	141.13
120	−0.961	1.38	150.70
125	−1.106	1.36	155.41
130	−1.246	1.35	160.08

从表 5-12 中可以看出,随着上覆荷载的增大,反分析得到的南阳中膨胀土平均静止侧压力系数$\overline{K_0}$值越来越小,对应的体积应力越来越大。

当压实度和起始含水率都已知时,要达到用 K_0 膨胀本构模型公式来替代三轴膨胀试验推求膨胀土体积应变,就需要知道三轴膨胀试验中的体积应力 p 对应的 K_0 膨胀试验中的上覆荷载 σ。为此,绘制了 σ-p 散点图,并进行曲线拟合,结果如图 5-33 所示。

从拟合结果来看,σ 与 p 存在下述关系:
$$\sigma = 0.128\ 6 \times p^{1.365\ 8} \tag{5-53}$$

在某一压实度和初始含水率的三轴膨胀试验中,当知道体积应力时,就可以运用公式(5-53)将体积应力换算成对应的 K_0 膨胀试验中的上覆荷载,然后运用 K_0 膨胀本构模型公式来推算体积应变。

为验证以上结论的正确性,以前文中南阳中膨胀土的三轴膨胀试验数据为例,根据试验数据中的体积应力 p 利用公式(5-53)反算出 K_0 膨胀试验中对应的上覆荷载 σ,而后利用 K_0 膨胀本构模型公式推导体积应变 ε,并与三轴膨胀试验得到的 ε_V 作对比,结果见表 5-13。

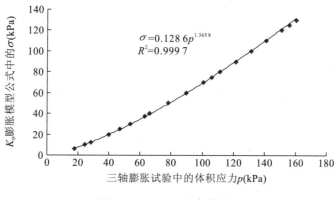

图 5-33 σ-p 拟合曲线图

表 5-13 K_0 膨胀本构模型公式计算的体积应变与三轴膨胀试验得到的体积应变对比

压实度 $P(\%)$	含水率 $\omega_0(\%)$	三轴膨胀试验中体积应力 p(kPa)	转化成 K_0 试验中对应的上覆荷载 σ(kPa)	K_0 公式计算体积应变 $\varepsilon(\%)$	三轴膨胀试验实测体积应变 $\varepsilon_V(\%)$
98	20.4	31.67	14.415	6.432	6.260
98	20.4	51.67	28.131	4.149	4.000
98	20.4	61.67	35.820	3.308	3.460
98	20.4	101.67	70.903	0.907	1.005
98	20.4	131.67	100.930	−0.345	−0.400
98	20.4	151.67	122.440	−1.032	−1.090

从表 5-13 的对比结果来看，K_0 膨胀本构模型公式推导体积应变与三轴膨胀试验得到的体积应变基本是一致的，说明用 K_0 膨胀来预测三轴膨胀试验的体积应变是可行的。

5.3.2 反演的平均静止侧压力系数规律性分析

土的静止侧压力系数是土体在侧限条件下受到的水平应力与竖直应力的比值，这是 Tergazhi 对土的静止侧压力的定义。上文反演出了在侧限条件下膨胀土膨胀过程中的静止侧压力系数，得到了全过程的平均静止侧压力系数 $\overline{K_0}$ 随着上覆荷载的增大而减小的规律，那么这种规律是否真的存在，本节将对这一问题作出回答。

5.3.2.1 土的静止侧压力形成机制

土中一般不存在构造应力，土的静止侧压力形成的机理解释如下：取土体中的一个正六面体单元，如图 5-34 所示，这一六面体在上覆荷载 σ_V 的作用下，会产生竖直方向的压缩变形，使土体有产生横向变形的趋势。但由于单元体侧向受到周围土体的约束，阻止其发生横向变形，这时就会在正六面体的侧面与周围土体之间产生了侧向应力 σ_H，它限制了单元体的侧向变形，侧向应力 σ_H 就是土的静止侧压力。

从上述土体静止侧压力形成机制的分析过程中不难发现，土体静止侧压力是一种被动力，竖向荷载是一种主动力,竖向荷载的存在引起了土的侧压力的产生。正六面单元体受到的上覆荷载 σ_V 越大,竖向压缩就会越厉害,横向向外变形的趋势也会更强烈,要保证土体不发生侧向变形,周围土体就要提供更大的约束力 σ_H;如果正六面体在竖直方向上不受 σ_V 的作用,那么它就不会发生竖向变形,也不会有侧向变形的趋势,周围土体就不会对它产生约束力。由此可见,侧压力随着竖向力的增大而增大,随着竖向力的减小而减小,侧压力正比于竖向力。对于各向同性的重塑土,其静止侧压力系数计算公式为:

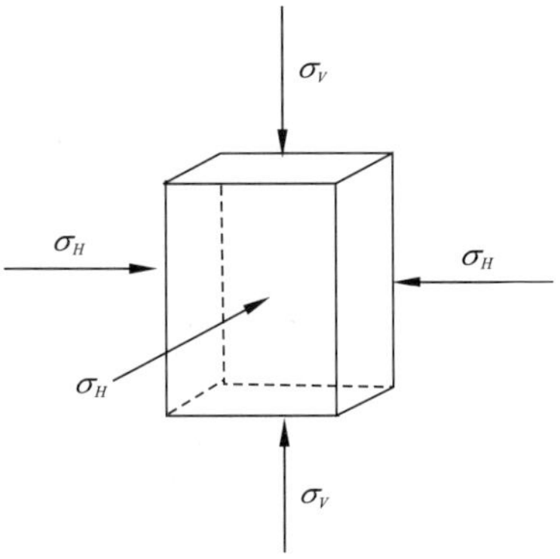

$$K_0 = \frac{\mu}{1-\mu} \tag{5-54}$$

图 5-34 土体静止侧压力形成机制分析示意图

式中:K_0 为静止侧压力系数;μ 为土的泊松比。

对于某一特定土来说,在荷载不大时,某泊松比 μ 可视为常数,因此,其静止侧压力系数 K_0 也可视为常数,此时静止侧压力系数与上覆荷载大小无关。

5.3.2.2 平均静止侧压力系数值规律性分析

上文反演得到了南阳中膨胀土的平均静止侧压力系数 $\overline{K_0}$,并且 $\overline{K_0}$ 值均存在随着上覆荷载的增大而减小的规律,这与荷载不大时,某一特定重塑土样的静止侧压力与上覆荷载大小无关的结论矛盾。如何解释这一现象呢?笔者认为,本书反演得到的平均静止侧压力系数 $\overline{K_0}$ 与上文中介绍的静止侧压力产生的机制并不相同,在侧限条件下进行有荷膨胀率试验的过程中,固结仪侧壁除了受到如上文中说的由上覆荷载 σ_V 引起的侧向压力外,还受到因膨胀土吸水膨胀而对侧壁产生的压力,这两种力叠加起来等于膨胀土体受到的总的水平约束力 σ_H,即:

$$\sigma_H = \sigma_a + \sigma_b \tag{5-55}$$

式中:σ_H 为水平应力(kPa);σ_a 为由于上覆荷载作用而产生的水平应力(kPa);σ_b 为膨胀土吸水膨胀而产生的膨胀应力(kPa)。

在固结仪上进行侧限膨胀试验的过程中,设在某一时刻 t 膨胀土静止侧压力系数为 k_t,由静止侧压力系数的定义可知:

$$k_t = \frac{\sigma_H}{\sigma_V} = \frac{\sigma_a}{\sigma_V} + \frac{\sigma_b}{\sigma_V} \tag{5-56}$$

式中:k_t 为 t 时刻膨胀土静止侧压力系数;σ_H 为水平应力(kPa);σ_V 为竖向应力(kPa)。

那么,在时间间隔为 T 的整个膨胀过程中,平均静止侧压力系数 $\overline{K_0}$ 可以表示为:

$$\overline{K_0} = \frac{\int_0^T k_t \mathrm{d}t}{T} \tag{5-57}$$

式(5-56)中,从产生的机制上看,σ_a/σ_V 是仅与上覆荷载有关的静止侧压力系数,在常压下,其值为常数。σ_b/σ_V 决定于膨胀土吸水产生的径向膨胀力的大小与上覆荷载的比值。膨胀土在浸水膨胀初期,土体还没来得及吸水膨胀,σ_b 就不存在,这时候的静止侧压力仅由上覆荷载的作用产生,其值为 σ_a/σ_V;随着吸水的继续,膨胀土开始发生膨胀变形,对侧壁产生膨胀压

力 σ_b，此时的静止侧压力系数就为式(5-56)所表示的两部分作用之和。

当上覆荷载较小时，在有荷膨胀率试验的压缩阶段，膨胀土孔隙率减小的较少，能够保持相对大的孔隙率，在浸水膨胀阶段，这些孔隙率相对较大的膨胀土吸水更充分，吸水率更大，膨胀特性更明显，一方面表现为轴向膨胀变形较大，另一方面径向膨胀力也会较大。换句话说就是当 σ_V 较小时 σ_b 会较大，所以，荷载较小时膨胀土的平均静止侧压力 $\overline{K_0}$ 反而大在理论上是正确的。

关于上覆荷载较小时，膨胀土的吸水更充分、吸水率更高的规律，笔者曾统计了邯郸强膨胀土的吸水率与上覆荷载的关系，见表 5-14。从表中可以看出，在相同起始含水率与压实度的条件下，上覆荷载较小时，膨胀土的吸水率的确较大，表明其吸水更充分。

表 5-14　邯郸强膨胀土吸水率与上覆荷载的关系

上覆荷载(kPa)	起始含水率(%)	压实度(%)	终了含水率(%)	吸水率(%)
6.25	27.50	100	41.34	13.84
12.50	27.50	100	40.89	13.39
25.00	27.50	100	39.30	11.80
50.00	27.50	100	38.03	10.53
6.25	27.50	96	44.06	16.56
12.50	27.50	96	39.43	11.93
25.00	27.50	96	40.92	13.42
50.00	27.50	96	40.53	13.03
6.25	27.50	93	44.81	17.31
12.50	27.50	93	44.52	17.02
25.00	27.50	93	43.30	15.80
50.00	27.50	93	41.10	13.60
6.25	27.50	90	45.96	18.61
12.50	27.50	90	46.11	18.46
25.00	27.50	90	43.30	15.80
50.00	27.50	90	41.78	14.28

1970 年，以色列学者 A. Komornik 和 J. G. Zeitten 特制了厚度为 0.03cm 的不锈钢环刀，用压实膨胀土在固结仪上进行膨胀性试验，在不锈钢环刀侧壁上贴应变片，根据不锈钢的弹性模量和得到的应变，计算出膨胀土在膨胀过程中的径向应力。试验中采用的是重塑样，消除了膨胀土的结构性的影响，可认为是各向同性的土体。试验结果如图 5-35、图 5-36 所示，ω_0 为起始含水率。图中，δ_{ep} 为有荷膨胀率，γ_d 为土样干密度，σ_H 为水平应力，σ_V 为轴向应力。

从图 5-35、图 5-36 中可以看出，在相同的起始含水率条件下，相同的干密度(或者说压实度)的重塑膨胀土样随着有荷膨胀率的增大，径向应力与轴向应力的比值也在增大。

这就是说，在相同起始含水率和压实度条件下，随着有荷膨胀率的增大，土样的径向应力与轴向应力的比值也越来越大。结合公式(5-56)来说就是 k_t 越来越大。所以在时间 T 内，k_t

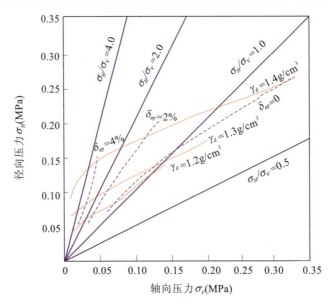

图 5-35　不同干密度与膨胀率条件下的径向压力与轴向压力关系曲线（$\omega_0=25\%$）

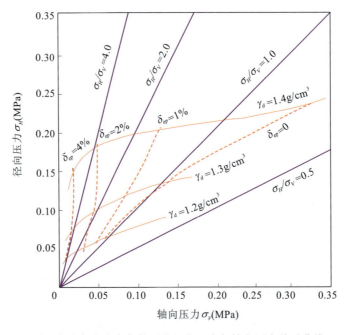

图 5-36　不同干密度与膨胀率条件下的径向压力与轴向压力关系曲线（$\omega_0=30\%$）

是关于时刻 t 的增函数。当 $t=0$（刚开始膨胀）时，不论上覆荷载有多大，所有土样的静止侧压力系数均为 σ_a/σ_V；当 $t=T$（膨胀完成）时，上覆荷载小的土样发生的膨胀应变最大，因此，最终的径向应力与轴向应力的比值也最大，也就是最终的静止侧压力系数最大。结合公式（5-57）可知，其全过程的平均静止侧压力系数 $\overline{K_0}$ 也将会越大。这就说明，上覆荷载越小的土样其全过程的平均静止侧压力系数 $\overline{K_0}$ 越大的结论是正确的。因此，笔者反演得到的平均静止侧压力系数所反映出来的随上覆荷载的增大而减小的规律是可能的。

本书前面分别推导了侧限条件下的膨胀本构模型公式、三轴应力状态下的膨胀本构模型公式,接着又探讨了这些公式的工程应用。由于这些公式比较繁琐,计算工作量大,不便于实际运用。吴云刚硕士根据推导的公式,编制了计算软件,简化了计算过程,能自动生成计算结果并保存为文本文档,大大提高了工作效率。

5.4 膨胀土本构模型公式应用计算程序实现

5.4.1 软件简介

吴云刚利用 Visual Basic 6.0 编程语言,编制了"南水北调中线工程膨胀土膨胀预测及工程应用系统"。该系统共分为六个部分,分别为"登录"、"膨胀预测"、"模型应用"、"版本信息"、"帮助"、"退出系统"。软件界面如图 5-37 所示,在未登录时,"膨胀预测"与"模型应用"均处于未激活状态。

图 5-37 系统界面

5.4.2 计算模块简介

登录以后,就可以进行计算。其中,"膨胀预测"由两个模块组成,分别为"K_0 膨胀"和"三轴膨胀"。软件界面分别如图 5-38 至图 5-40 所示。在对每个模块输入初始数据以后,点击"计算"就可得到需要的结果,而后点击菜单栏的"保存结果"或者工具栏的保存按钮,就可以将结果保存为需要的文本格式。点击"清空",可以重新进行计算。

"膨胀应用"部分由四个模块组成,分别为"处理层厚度""衬砌厚度""膨胀潜势能"和"膨胀地基隆起量",各模块的用法与"膨胀预测"用法相同。该部分各模块的界面如图 5-41 至图 5-45 所示。

图 5-38　膨胀预测界面

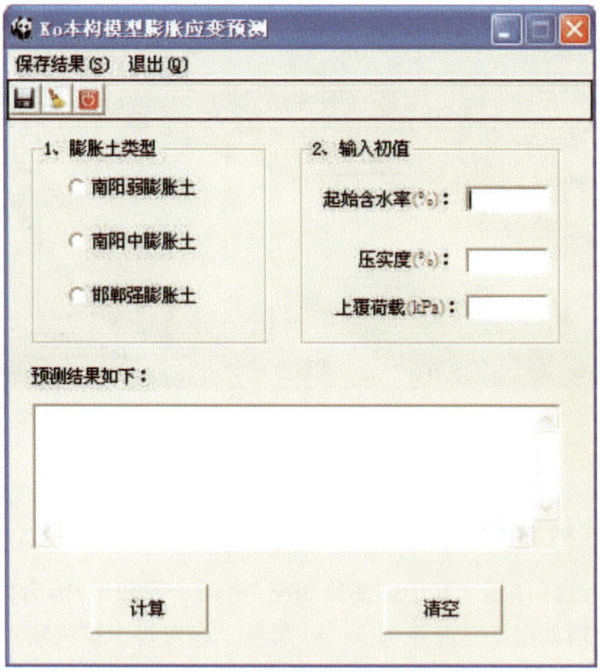

图 5-39　K_0 本构模型膨胀应变预测界面

为检验编程过程是否存在问题以及编制的软件能否忠实反映推导的公式,对以上各计算模块,吴云刚结合试验数据进行了验证,发现软件计算结果与通过公式手工计算的结果完全吻

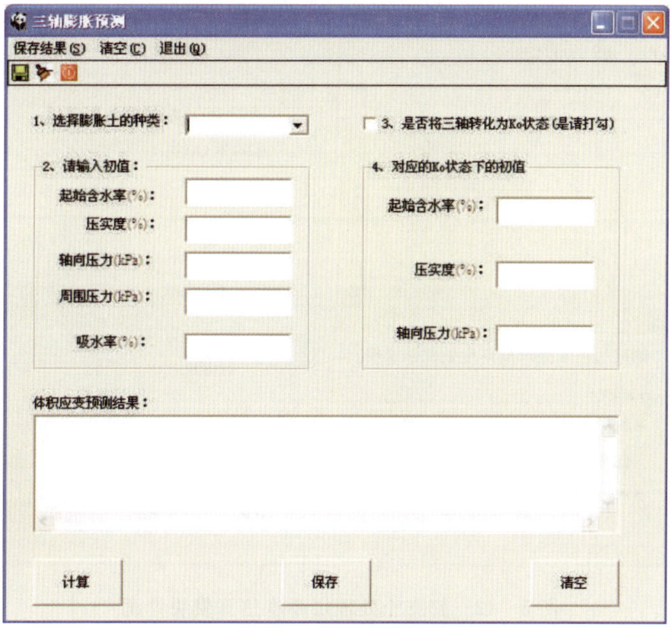

图 5-40 三轴膨胀预测模块

图 5-41 模型应用界面

合,说明编程过程正确,软件能够反映推导的模型公式所表达的内容。各模块使用与详细操作介绍,参见该软件的"帮助"文档。

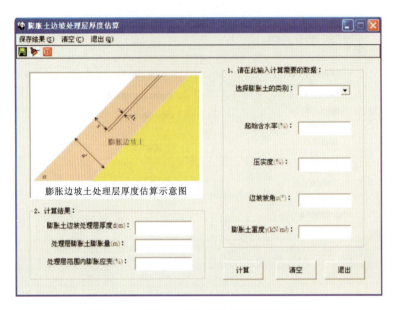

图 5-42　膨胀土处理层厚度估算模块界面

图 5-43　膨胀渠坡衬砌厚度估算模块界面

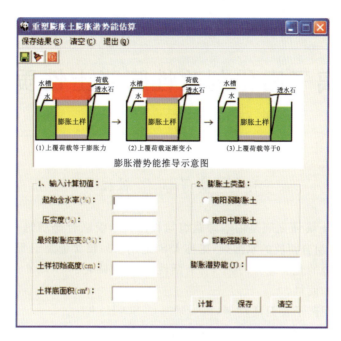

图 5-44 重塑膨胀土膨胀潜势能估算模块界面

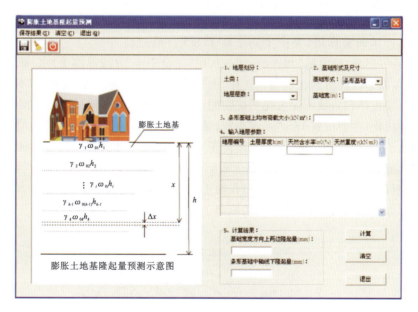

图 5-45 膨胀土地基隆起量预测模块界面

6 离子固化剂改性膨胀土性质研究

6.1 离子固化剂成分

本书所用离子土壤强化剂是由本课题组与长江科学院联合研制的一种新型高分子化合物,是由多种强离子组合而成的水溶剂,简称 ISS,适用于黏粒含量大于 25% 的黏性土类。

该剂是一种复合的化学配方,其中,含有活性成分的"磺化油"(图 6-1),由植物油或鱼油与硫酸作用再经中和而得。

磺化油是一种阴离子表面活性剂,由一磺基($-SO_3H$)和羟基($R-H$)的碳原子直接相连而成的有机化合物(RSO_3H)之磺酸的"亲水头"与由碳及氢的原子组成的"疏水尾"所构成。"亲水头"可完全溶于水,或与水相混溶,但不溶于大部分的非极性的有机溶剂。当磺化油在水中扩散时,"亲水头"这部分的分子则产生离解作用,并产生一个离子 SO_3。通过硫原子,SO_3 与另一部分"疏水尾"相连结。"疏水尾"完全不溶于(或混溶于)水,却具有亲液的特性,并能与油以及非极性溶剂相混溶。这样,由于 ISS 中"亲水头"与"疏水尾"的"二元性",在其与黏土等土壤相搅拌和后就能除去泥质矿物的水分并使 ISS 与土壤的质点之间产生永久的结合固化。这种固化,主要依靠 ISS "亲水头"与黏土质点表面所形成的化学链。其性质表现为:①SO_3 的阴离子头与黏土表面上的金属阳离子之间形成直接化学链,且在金属阳离子与 SO_3 的氢原子间形成感应链;②ISS 侵占在黏土表面上空出的离子位置;③ISS 的"亲水头"在很薄层的"因湿气所衍生的水"中溶解,并吸附在黏土泥质矿物的表面(图 6-2)。

由此产生如下结果:①原本很机动的阳离子,由于 ISS 的分子有防止离子与水形成媒合复

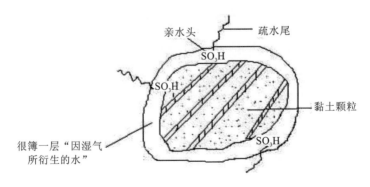

图 6-2 ISS 与黏土颗粒之间的相互作用模型

体的作用,现在已固定在它们的位置上;②一旦 ISS 的分子与黏土质点结合,"疏水尾"则从平面表面脱离而形成一保护油层围绕着黏土(包括在内部层的表面上),则水被"疏水尾"挤出,其挤出的力量相当于未经 ISS 处理的黏土需要 42MPa 以上的机械压力的效果。

采用等离子体发射光谱仪以及离子色谱仪对 ISS 与蒸馏水 1∶300 混合稀释溶液主要离子成分进行测定,试验结果见表 6-1。

表 6-1 ISS 主要离子成分

离子种类及含量(mg·L^{-1})												
Ba	Ca	Cu	Fe	K	Mg	Na	Si	Zn	Ni	Cl$^-$	NO$_3^-$	SO$_4^{2-}$
0.038	58.46	0.024	0.039	1.254	3.875	5.967	0.821	0.213	0.014	3.445	0.156	77.86

从表 6-1 中可看出,ISS 中主要阳离子成分为 Ca^{2+},其次为 Na^+、Mg^{2+} 和 K^+,Ca^{2+} 离子浓度最高,未检测到其他高价阳离子;阴离子成分主要以硫酸根为主,其次为氯离子,并含有少量的硝酸根离子。ISS 中不含对环境污染的重金属离子,对人体、牲畜、植物和大自然均无损害,因此可以广泛地运用于工程实践中。

6.2 离子固化剂改性膨胀土胀缩能力试验研究

6.2.1 改性土自由膨胀率及最优配比浓度确定

6.2.1.1 自由膨胀率指标的选用及局限性

对于土质加固效果的评价,很多学者提出过不同的指标判断方法,如无侧限抗压强度、界限含水量。而对于膨胀土来说,工程性质进行改良的关键应是抑制其显著的膨胀能力,因此,评价 ISS 对试验膨胀土的加固效果,确定 ISS 改性膨胀土的最佳剂量浓度,显然应从改性前后土相关膨胀性指标的变化进行分析判定。

在各类膨胀特性指标中,自由膨胀率(δ_{ef})因试验方法简单,过程快捷,指标成果与土膨胀潜势变化整体趋势相符合,而被普遍采用,并被膨胀土分类规范标准所采用。自由膨胀率指标表征了烘干土颗粒在无结构性约束影响下,在纯水中自由膨胀的能力。

一般来说,对膨胀土膨胀能力起决定作用的是其包含的黏土矿物部分,此外,其他影响因素主要有土结构特征(裂隙、胶结作用)、密实程度、初始水分含量等。自由膨胀率试验测试土样的初始状态为:过 0.5mm 筛,105℃烘干后,自一定高度漏斗自由落入量筒中的 10mL 土颗粒松散堆积体。不难看出,自由膨胀率指标消除了膨胀变形其他多项因素的影响,主要表征了土体内黏土矿物吸水膨胀能力的本质特性,即该指标突出反映了土内黏土矿物成分、相对含量及水化膨胀能力的变化。这一点已经得到了证实,如纯蒙脱石自由膨胀率一般都高达 100%以上,而高岭石则只有 30%~50%,伊利石值介于两者之间。

尽管如此,很多学者对于自由膨胀率指标的可信度产生过质疑,并指出其局限性。如土样碾碎程度不同导致的 0.5mm 筛下土粒径分布的差异,选用的量筒容积、样品的搅拌次数、漏斗的口径以及距离量土杯的高度等均会使试验结果产生较大的偏差,尤其是不同试验者对于样品的碾磨力度的不同而导致 0.5mm 土粒径组分的差异对自由膨胀率值影响最大。如图 6-3 所示,同一种土,当取 0.5mm 筛下土分选粒径越小时,10mL 体积土质量越小,自由膨胀率值越低。注意,这里的粒组是指土只经过碾碎的筛分结果,有别于土经过充分水洗分散的颗分试验中的粒组含义。

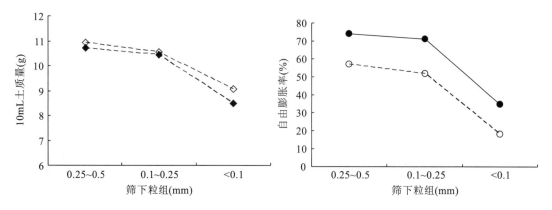

图 6-3 取 0.5mm 筛下不同粒组土 10mL 质量与自由膨胀率

6.2.1.2 ISS 改性膨胀土自由膨胀率试验方法

从以上分析不难看出,采用自由膨胀率指标来初步评价 ISS 处理前后土膨胀能力的变化及 ISS 抑制膨胀性的效果是可行的,但由于自由膨胀率试验过程本身存在的局限性和诸多因素的影响,则需要对自由膨胀率试验方法作部分修改,以求更真实、准确地评价 ISS 对于土粒自由吸水膨胀能力的抑制作用以及土膨胀等级的改变。修改后的自由膨胀率指标测定具体方法如下。

(1)分别将 2mm 以下的素土和 ISS 土自然风干,之后控制两种土样在同等时间内充分研磨,过 0.5mm 筛,分别将筛下土在烘箱内烘干至质量恒定。

(2)对于小于 0.5mm 的土,进一步过 0.25mm 和 0.1mm 筛。根据相关文献的试验结果和建议,剔除粉碎程度最大的(小于 0.1mm)的土样,选用 0.1～0.5mm 筛间的土粒进行试验。

(3)规范要求的试验量筒容量为 50mL,这里采用 100mL 的量筒来代替,量筒选择较大体积主要是为了尽量减小由量筒直径小而导致膨胀过程中颗粒吸水体积增大受到的空间限制作用。此外,量筒直径小,土在同等体积膨胀量情况下,其占据的高度越大,则导致自重势大而产生自压密作用,使数据结果偏小。

(4)记录每一次试验中量取的 10mL 土样的质量,将土倒入量筒中之后使其先充分浸泡 2h。规范要求采用搅拌器上下搅拌 10 次后,记录土膨胀体积稳定后数据并计算自由膨胀率值。本试验为防止土中颗粒因搅拌分散不足而未发生充分的吸水膨胀作用,在第一遍搅拌 10 次体积稳定后,继续增加搅拌遍数,直到土样在各遍搅拌后的体积膨胀量不再发生变化为止,并以此时膨胀体积计算自由膨胀率值。

(5)本次自由膨胀率试验均未添加 5% NaCl 溶液,主要是为避免 NaCl 对 ISS 土的影响作用。

6.2.1.3 改性前后自由膨胀率变化结果分析

根据上述修改的试验方法,不同配比的 ISS 溶液处理前后,膨胀土自由膨胀率值结果见表 6-2、表 6-3。

从表 6-2 和表 6-3 中可以看出,虽然试验土粒在 0.5mm 以下经过了进一步筛选,量取的 10mL 土质量虽不似图 6-3 存在较大差异,但其质量仍有些微区别。素膨胀土质量相对 ISS 土略小,而不同配比的 ISS 土之间也并不完全相同。显然,同样体积内包含的物质量越大,其自由膨胀能力应是越强的(图 6-3)。为了消除这种影响因素,真实反映比较 ISS 对土颗粒自身吸水膨胀潜力的改变,这里定义"单位质量土体积膨胀率"概念,表示为:

$$单位质量土体积膨胀率(100\% \cdot g^{-1}) = \delta_{ef}/m_s = (V_{we} - V_0)/V_0 m_s$$

式中:V_{we}、V_0、m_s 分别为土膨胀稳定体积、初始体积(10mL)、10mL 干土质量。

表 6-2、表 6-3 结果表明,经 ISS 处理,膨胀土自由膨胀率及单位质量土体积膨胀率均显著降低。对于弱膨胀土来说,δ_{ef} 从原先 56% 最低减小到 18%,单位质量土体积膨胀率由 5.6 最低减小到 1.78 左右,按照自由膨胀率划分标准,总体上,土样由弱膨胀改性为非膨胀土。

表 6-2 弱膨胀土改性前后的自由膨胀率变化

配比 (ISS:水)	10mL 土质量 (g)	δ_{ef} (%)	δ_{ef} 降低值 (%)	单位质量土体积 膨胀率(100% · g^{-1})
0	9.97	56	0	5.617
1:50	10.23	30	26	2.933
1:100	9.79	19	37	1.941
1:200	10.01	22	34	2.198
1:300	10.27	22	34	2.142
1:350	10.03	18	38	1.795
1:450	10.11	28	28	2.770
1:500	9.99	44	12	4.404

表 6-3 中膨胀土改性前后的自由膨胀率变化

配比 (ISS:水)	10mL 土质量 (g)	δ_{ef} (%)	δ_{ef} 降低值 (%)	单位质量土体积 膨胀率(100% · g^{-1})
0	10.14	68	0	6.706
1:50	10.22	48	20	4.697
1:100	10.31	44	24	4.268
1:200	10.16	37	31	3.642
1:300	10.23	44	22	4.301
1:350	10.05	49	19	4.876
1:450	10.20	50	18	4.902
1:500	10.13	50	18	4.936

中膨胀土经 ISS 处理后的自由膨胀率 δ_{ef} 降低至 18%～31%，整体来看，降低幅度不如弱膨胀土。ISS 处理后土自由膨胀率的变化表明，土样从中等膨胀性向弱膨胀转变。此外，可以看出，ISS 处理过的弱-中膨胀土中，有三种土样 δ_{ef} 值均在 44%。因此，若只根据 δ_{ef} 值难以区分其自由膨胀能力的差别，但三者相应的单位质量土体积膨胀率值却存在着差别，从而说明了单位质量土体积膨胀率在区分土颗粒自由吸水膨胀能力上有更高的灵敏度。

分析土样自由膨胀率改变值随 ISS 配比的变化见图 6-4。图中可以看到，在高配比（1∶50）和低配比（1∶500）下，自由膨胀率降低的幅度均不大，土体改性效果不太理想。而在中间配比段，土样自由膨胀率值减小最多。对于中膨胀土，可看到明显的峰值变化点，而弱膨胀土在中间配比段自由膨胀率变化程度比较接近。由此可以得出一个重要的结论，即 ISS 抑制土粒自由膨胀能力并不是随着其浓度越高越好，而是存在着一个中间状态的最佳配比量。

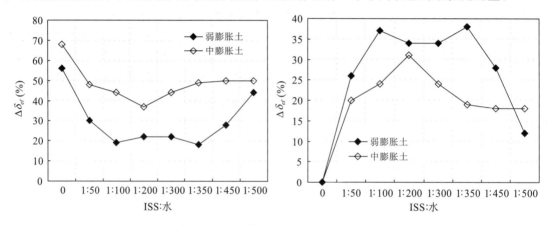

图 6-4　自由膨胀率及其减小程度随 ISS 配比的变化关系

6.2.1.4　不同配比下自由膨胀率变化规律

从黏土矿物层面分析，土颗粒自由吸水膨胀的一个主要过程为矿物晶层表面水化和活动晶层间被水分子不断挤入扩张的过程。以蒙脱石为例，其晶体中四面体硅氧片层表面氧原子与极性水分子之间直接通过羟基键力相结合；相邻晶层间因"氧原子-氧原子"键链接力薄弱，在吸水过程中，层间平衡性交换阳离子水合作用使得越来越多的水分子进入晶层之间，并使层间链接力不断减少，晶格不断扩张膨胀。因此，由于膨胀土内黏土矿物成分的不同，土颗粒水化膨胀能力表现出强弱差异。

ISS 处理膨胀土后，其自由膨胀率减小，表明了 ISS 已经与土中膨胀性黏土矿物发生了一系列微观表面物理-化学作用，抑制了其水化膨胀能力。前面已经提到，ISS 内有一种主要活性成分为磺酸盐，该种磺化油具有二亲性，即由"亲水头"和"疏水尾"构成。因此，从矿物颗粒膨胀机理看，ISS 对于膨胀性的抑制作用，可初步解释为"亲水头"部分在"土-水"体系中分解的基团或离子成分，与膨胀性矿物晶层表面和层间交换性阳离子发生复杂的理化作用，使晶层表面水合能力和层间结构膨胀活性大幅降低。

由此，不同配比浓度下，ISS 改性膨胀土自由膨胀率的变化特征，可解释为：一方面，当浓度过稀时，ISS 平铺在矿物团聚体、片聚体表面，与其发生作用，因浓度活性不足，进入到黏土矿物片层间作用有限，改性过程不够彻底。另一方面，由于 ISS 包含表面活性剂成分，当 ISS

浓度过高,表面活性剂在土颗粒表面快速的多层吸附,并相互缔合,胶团化,使真正能离解出活性基团或离子成分并与土矿物表面及层间发生改性作用的 ISS 有效含量减少了。

因此,只有在某一合适的浓度范围下,ISS 在土水体系中逐步平铺在土颗粒表面,并且不断离解出有效成分离子,与矿物颗粒表面、层间发生持续深入的改性作用,才可将土膨胀能力降至最低。

从 ISS 改性前后,土样自由膨胀率降低的幅度来看,对于弱膨胀土,最优配比为 1∶350,中膨胀土为 1∶200,较弱膨胀土高,主要是由于中膨胀土内黏土矿物含量及膨胀活性更大。

6.2.1.5 盐分含量对自由膨胀率的影响

前面提到,本次自由膨胀率试验均未按规范要求添加 5% NaCl 溶液,以避免盐分含量对于 ISS 土的影响。研究表明,NaCl 溶液在试验过程中会起到抗絮凝作用还是聚凝作用,视其浓度而定。一般来说,添加的 NaCl 浓度越高,即土溶液中盐基离子含量越高,由于浓度渗透势差异,土颗粒表面双电层受到挤压,吸附结合水量减小,促使颗粒絮凝下沉,土体积变小,自由膨胀率降低。

由此,产生一个新的疑问,ISS 处理土后自由膨胀率降低,是由于 ISS 在水中离解的成分与土中黏土矿物发生作用,根本上改善了其表面理化性能,使其亲水膨胀性降低,还是由于土在添加 ISS 溶液后,因为引进了 ISS 溶液成分中本身包含的无机盐,使得土溶液盐离子浓度增加,而导致土粒絮凝,体积减小。

ISS 溶液电导率随着配比浓度增大而增加,土壤的含盐量一般来说是与电导率呈线性相关的,即 ISS 配比越大,其含盐浓度越高。但图 6-4 表明,"自由膨胀率-ISS 配比"的变化却并不遵循配比越大,盐含量越高,自由膨胀率越低的规律。这初步说明了,ISS 溶液内盐分含量并不是造成土样自由膨胀率降低的主要原因。

为进一步验证,分别在烧杯中将 10mL 弱膨胀土和中膨胀土加足量蒸馏水充分搅拌浸泡一段时间后,测定其上部澄清液电导率值。采用同样的步骤测定最优配比下 ISS 处理过的弱-中膨胀土电导率,结果表明,ISS 土样电导率显著高于素土,即含盐类更高。分别将 ISS 土液进行高速离心洗盐,每洗一遍后,测定离心清液电导率值,直到 ISS 土电导率与素土基本接近时,洗盐完成,并将洗盐后 ISS 土烘干、过筛,并按照同样的程序进行自由膨胀率试验。

从图 6-5 中可看出,ISS 土洗盐后,自由膨胀率值略有增大,但并不明显,从而进一步证明了 ISS 降低土体自由膨胀率的机制并不是由于增大了土溶液中的盐分含量,而是在于固化剂内主要物质成分对土中膨胀性矿物发生了较稳定的改性作用,从而减小了土粒自由吸水膨胀能力。

6.2.2 膨胀变形能力对比分析

ISS 与膨胀土作用后,自由膨胀率指标的降低,一定程度上反映其对于膨胀能力的抑制有着积极作用。如前所述,由于自由膨胀率指标反映的是土在完全松散、无任何结构约束时,自由吸水体积膨胀的表现,而实际上,膨胀土吸水膨胀均赋存于一定的外在环境以及自身结构条件下。

因此,为全面分析比较 ISS 作用前后土胀缩变形能力的变化,分别对素土和 ISS 改性土进行了不同荷载下的有荷膨胀率试验和不同干湿循环次数下的无荷膨胀率试验,这两项试验土样均是在有侧向环刀限制下,土样在垂直方向发生的一维膨胀变形。此外,为比较 ISS 处理前

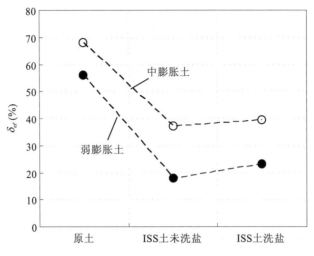

图 6-5 洗盐前后 ISS 土自由膨胀率变化

后,膨胀土在一定初始结构和密实状态、无侧限约束下的体积膨胀能力,对素土和 ISS 土进行了三向自由膨胀试验。

6.2.2.1 一维侧限膨胀变形

对 ISS 改性前后的膨胀土击实试验表明,加入 ISS 以后,土样的击实特性发生了变化,表现为最大干密度有 2%左右的增大,而最优含水量略有减小。为排除初始密实状态和含水量对于膨胀变形的影响,将素膨胀土以及 ISS 处理土统一按素土击实最优含水量和最大干密度控制制备标准环刀样。试验在土固结仪上进行,并施加 0kPa、12.5kPa、25kPa、50kPa、100kPa 六级上覆压力,测记土样吸水膨胀稳定后的百分表读数,并计算其最大竖向膨胀率。结果见图 6-6。

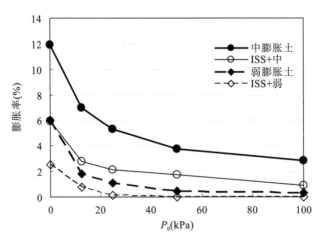

图 6-6 不同荷载压力下素土和 ISS 土的膨胀率变化

由图 6-6 可看出,膨胀率随上覆压力的增大而逐渐减小的趋势在素土和 ISS 处理土中均表现出来。但 ISS 处理之后,无论是弱膨胀土还是中膨胀土,在各级压力下其膨胀率均发生了显著的降低。无上覆压力时($P_0=0$),ISS 改性的两种土样的膨胀变形率降低幅度达 50%~

57%,弱膨胀土较中膨胀土的降低程度更明显。

在压力最初增大过程中,膨胀率降低幅度最大,且素膨胀土膨胀率随压力增加而减小的速度较改性土要快得多,说明了土在 ISS 作用下,其本身的水化膨胀能力已经受到了很大的抑制,而对于上覆压力所引起的膨胀变形限制表现的敏感性不足。

对于中等膨胀土,ISS 处理后,在各级压力下仍表现出一定的膨胀性,而弱膨胀土在 ISS 处理后,在 20kPa 以上已无明显的膨胀变形,且 ISS 处理后,弱膨胀土结构稳定性更好,在上覆压力很大的情况下,虽不膨胀,也未出现湿陷现象。

自然状态下,膨胀土在外在气候环境影响下,要经历反复的"干—湿"循环,土体内部结构在多次"干—湿"交替变化中不断地调整变化,并伴随着土样胀缩变形能力的不断改变。通过以上实验结果,可以看到在同一初始状态下,ISS 处理前后,一次吸水膨胀变形率发生了显著的降低。为进一步分析 ISS 对于膨胀变形抑制作用的稳定性效果,对素土和改性土试样分别进行反复的"干—湿"循环,并实验观测其膨胀变形的变化趋势。

天然膨胀土在某一初始含水状态下,由于降雨和地下水的变化,膨胀吸水发生"增湿"过程,之后在日照高温气候下逐渐脱湿,土体收缩,含水量不断降低发生"干燥"过程。但除表层土外,在收缩过程中土中含水量并不能达到绝对的干燥状态,因此,膨胀土实际上都是处在"湿—半干"的动态循环条件下,即伴随着"膨胀—部分收缩"的发生。

为真实反应上述变化过程,将每种土样在初始最优含水量下进行无荷膨胀率试验,待吸水膨胀稳定后,取出土样称重并自然风干。在风干过程中不断称量记录其质量变化,当土样质量达到初始含水量状态时,一次"湿—干"变化完成,并继续进行吸水膨胀—自然风干,一共完成四次"干—湿"循环变化。试验完成后,将土样烘干,计算每级循环稳定时刻土样含水量,膨胀率试验在膨胀仪上进行。

通过试验过程中的观测发现,当土样在自然风干后含水量恢复到初始状态时,其高度在第一级膨胀风干后较初始状态略大,其余各级风干之后的高度均与初始试样高度接近,且土样侧向未发生明显的脱离环刀。因此,各级循环下的膨胀变形可认为是一维侧限条件,结果见图 6-7。

(1)无论是改性土还是素土,在经历几次干湿变化后,其膨胀率均产生一定程度的衰减,未改性土在经历第一次风干之后的再吸水膨胀能力衰减最为明显。之后,随着循环次数增加,膨

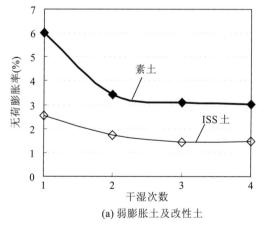

(a) 弱膨胀土及改性土

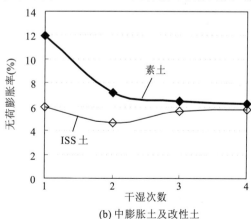

(b) 中膨胀土及改性土

图 6-7 弱膨胀土、中膨胀土及改性土无荷膨胀率随循环次数变化

胀率基本上保持在一个较稳定的状态。与前文的干湿循环试验结果比较发现，"干—湿"控制状态的不同很大程度上影响着土样膨胀变形的表现，当土样在"充分吸水膨胀—充分干燥收缩"下，其第二级循环中的膨胀率最大。之后，膨胀量逐渐稳定，但均较初始第一次膨胀阶段大。而在本次试验"充分吸水膨胀—风干到起始含水率"条件下，其膨胀变形量随着循环次数的增加呈逐渐降低并趋于稳定的状态。两种条件下的膨胀变形差异，主要是由于土样在不同的"干—湿"控制条件下，所引起的内部结构变化的迥异。

(2) 图 6-8 显示了相邻两级干湿循环中无荷膨胀率的增量随干湿次数的变化。可以看到，ISS 土膨胀变形随干湿变化的整体稳定性较素土高得多。且 ISS 对于土样膨胀性的抑制效果在经历多次干湿交替后，并未发生很大的衰减，表现为各级循环下，ISS 土的膨胀率均与素土保持着一定的差异。

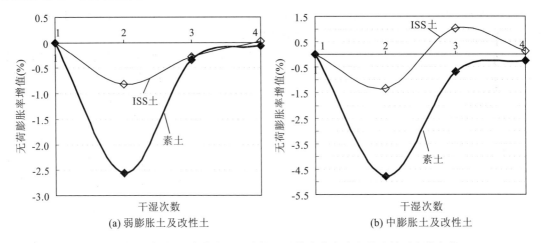

图 6-8　弱膨胀土、中膨胀土及改性土无荷膨胀率改变量随循环次数变化

(3) 从图 6-9 中还可以看到，ISS 处理的中膨胀土在经历两次干湿后，膨胀率呈小幅度的增大，在四次干湿后，素土和 ISS 土之间的膨胀率已较为接近，表明 ISS 的抑制效果随干湿循环有所衰弱。而 ISS 处理后的弱膨胀土却始终处在较稳定的改性状态。

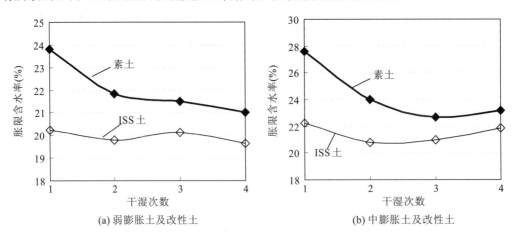

图 6-9　弱膨胀土、中膨胀土及改性土胀限含水率随循环次数变化

对于弱膨胀土,当经历干—湿条件变化时,由于土样内部结构调整和吸力的衰减,导致其吸水量和膨胀量逐渐减小,但其包含的膨胀性黏土矿物本身含量较小且水化活性能较低,ISS 对于矿物自身膨胀活性的改性抑制作用在整个干湿变化过程中始终保持在稳定的状态。对于中膨胀土,其本身的黏土矿物含量和亲水性均较高,ISS 虽然一定程度起到了抑制作用,但由于干湿条件的变化,土内部结构变动逐渐引起了部分高水化活性矿物颗粒脱离了 ISS 原先形成的稳定疏水结构状态,而引起了吸水量和膨胀量一定程度的增加。从图 6-9 可以看到,ISS 处理的弱膨胀土各级胀限含水率变化均很小,而中膨胀土在经历两次干湿条件后,胀限含水率缓慢增大。

6.2.2.2 三向自由膨胀变形对比

在膨胀仪底盘基础上,通过一定的改进以进行土样三向自由膨胀试验。沿膨胀仪外围加装 5cm 高度的圆柱塑料套筒,并保证与底盘密封不透水。在塑料套筒左右两侧中心部位预留两个小孔,以保证百分表指针能从侧向穿过并与土样径向接触。在小孔与指针之间用透明胶小心黏封,经反复尝试,确保套筒内水分不会从缝隙渗出,且指针能自由伸缩而不受到摩擦阻碍。

采用大环刀制备的直径为 8cm、高 3mm 的圆柱土样,为防止土样在无侧限吸水时,沿侧边发生颗粒脱落和崩散,采用纱布将土样周围小心包裹,纱布包裹不宜过紧,以防产生对于侧向膨胀变形的束缚。在土样的两端放置透水石,并加上顶盖,将三个方向的百分表分别调整到适当的高度,并与土样紧密接触。在土样与套筒之间缓缓注入水后,待各向指针开始转动便开始计时并读数。图 6-10 为试验装置框架简图。

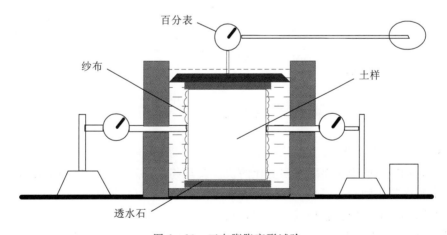

图 6-10 三向膨胀变形试验

素膨胀土及 ISS 土初始状态均控制为最优含水率和最大干密度状态,各土样竖向、径向膨胀率以及体积膨胀率按以下公式计算:

$$\begin{aligned}\delta_V &= \Delta H/H_0 \\ \delta_d &= (\Delta D_1 + \Delta D_2)/D_0 \\ \delta_T &= (1+\delta_d)^2 \times (1+\delta_V) - 1 \quad (\times 100\%)\end{aligned} \quad (6-1)$$

式中:δ_V、δ_d 及 δ_T 分别为竖向、径向和体积膨胀率;ΔH 为竖向高度变化量;ΔD_1、ΔD_2 分别为径

向两百分表记录的变形位移；H_0、D_0 分别为试样初始高度和直径值。

各土样竖向、侧向及体积膨胀率随时间变化过程见图 6-11、图 2-12。

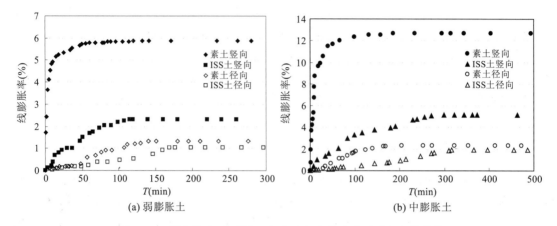

图 6-11　弱膨胀土、中膨胀土竖向和径向膨胀率随时间变化曲线

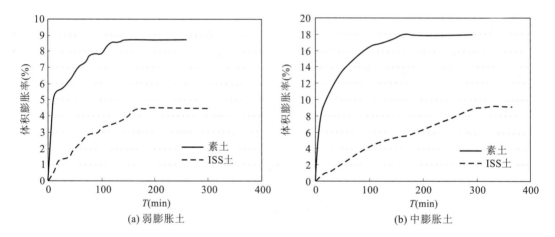

图 6-12　弱膨胀土、中膨胀土体积膨胀率随时间变化曲线

从图 6-11 中结果看到，在无约束的自由吸水膨胀条件下，土样呈现出明显膨胀各向异性，表现为竖直和径向的膨胀率随时间变化的快慢及最终值均不相同。竖向膨胀在初始阶段发展较快，而径向膨胀则较为缓慢。对于未添加 ISS 的素土，竖向膨胀变形在 100min 内基本已经达到稳定状态，而径向膨胀持续的时间较长。

ISS 改性土的各向膨胀变形发展速度较素土要缓慢得多，且各方向最终变形量均显著小于素土，表明土样的各向吸水膨胀能力受到了明显的削弱。ISS 土同样表现为径向膨胀量小于竖向膨胀量，特别是在起始阶段（<50min），以径向膨胀变形为主。

从图 6-12 中可以得出，经 ISS 处理后，两种膨胀土在稳定状态时体积膨胀量均发生了 50% 左右的减小，体积膨胀量中以竖向变形减小贡献为主。

膨胀土膨胀各向异性基本上不受矿物成分、起始含水量和密实状态的影响，而主要受宏观和微观结构因素制约。其中，宏观结构影响因素包括土的层理和裂隙，而微结构因素为黏土矿物叠聚和排列的方向性。一般来说，垂直于裂隙、层理面以及矿物叠聚体方向的膨胀变形较水平方向要大得多。本次试验土样为重塑样,宏观裂隙结构因素在重塑制样过程中应趋于各向同性,而并不成为膨胀各向差异的原因,因此,土样中微结构差异应成为主要考虑的因素。

散土内的黏土矿物叠聚体初始的排列方向应该是随机和无定向的,重塑制样过程,在受到外界压力作用的初始阶段,土颗粒不断移动至内部大孔隙处,结构向密实状态调整。当控制在最大干密度状态下制样时,土内部孔隙比较小,随着竖向压实作用的不断增加,矿物叠聚体不得不按照竖向压实方向进行紧密排列。因此,土样表现出显著的竖向膨胀潜能大于水平向的初始微结构特征,在吸水时便表现出更大的竖向膨胀率。

本次试验土样竖向、径向膨胀率关系见图 6-13,素膨胀土的 δ_v/δ_d 值在 4.5 左右,ISS 改性土的 δ_v/δ_d 值约为 2.5,表明 ISS 作用后,土体膨胀的各向异性程度有所降低。在击压过程中,ISS 土内黏土矿物叠聚体虽然也呈现出一定的排列方向性,但由于 ISS 的理化交换和分子键力链接作用,使得矿物水化膨胀活性大为降低。另外,由于 ISS 在土粒周围形成较稳定的疏水层,使水分楔入到矿物层间而引起的叠聚体层-层膨胀作用受阻,导致垂直于矿物叠聚体排列方向的膨胀变形量亦不大,从整体上即表现为各向膨胀量均较小,膨胀各向异性程度降低。

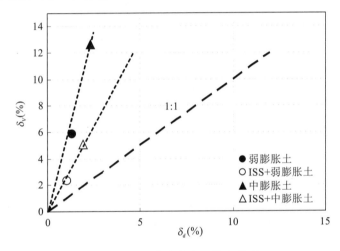

图 6-13 竖向和径向膨胀率关系

6.2.3 膨胀力变化规律

膨胀土吸水膨胀变形是土水理化-力学作用的综合过程。从力学角度分析,土样之所以膨胀是由于体系内受力的不均衡导致的,而诱发膨胀发生的应力基础是土样内部黏土矿物与水分作用中所形成的内部扩张力,这种内部扩张力与土样所受的外界荷载抑制压力无法达到动态平衡状态,即表现为体积的增大胀起。因此,膨胀土的膨胀能力的评价中,其蕴含的体积扩张内应力-膨胀力是一个重要的指标参量。

膨胀力的测试方法有三种:平衡加压法、加压膨胀法和膨胀反压法。本次膨胀力试验采用平衡加压法,即在浸水开始产生膨胀变形时就立即施加荷载。在整个膨胀过程中,通过连续的添加荷载,使土样体积始终保持在初始状态不发生变化,通过计算施加的荷载重量,计算膨胀过程不同时刻的膨胀力值。

将素膨胀土和 ISS 改性土分别控制在最优含水率和最大干密度状态下制样,之后放置在固结仪上进行吸水膨胀。试验过程中添加荷载以保持土样体积不发生变化,并记录不同时刻施加的荷载重量。3h 内膨胀变形不发生变化,第一次膨胀力测试结束。之后,将土样进行干湿反复循环,并测试每次干湿之后,土样的最大膨胀力值,一共完成四次干湿交替下的膨胀力试验。

6.2.3.1 膨胀力随时间变化特征

各土样第一次膨胀力试验时间变化曲线如图 6-14 所示。整体上,弱膨胀土膨胀力小于中膨胀土,ISS 土膨胀力值明显低于素膨胀土。膨胀力的时间曲线同样呈现出一定的阶段性,初始阶段膨胀力增加很快,之后增大速度逐渐变缓,4h 后,各土样膨胀力已基本保持不变,即达到最大膨胀力。

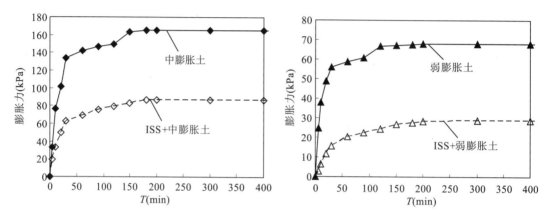

图 6-14 膨胀力随时间变化曲线

观察素膨胀土和 ISS 土的膨胀力变化曲线,可以发现,素膨胀土的膨胀力在初期经历快速增加后,出现一段非常缓慢的近乎停顿的膨胀力变化时间。这种特别现象,也出现在相关文献报道中,有学者将此现象归结于土初始密实状态和吸力值因素的影响,并提出不同的分析结论。这里我们将这种现象解释为膨胀土中团聚体内部黏土矿物颗粒吸水迟缓效应所导致的。

素膨胀土膨胀力发展过程简化示意可见图 6-15。在吸水的初始阶段(a),试样顶部、低端和土团聚体之间的黏土矿物颗粒迅速吸水膨胀,表现出膨胀力的急速增加,之后,随着土样

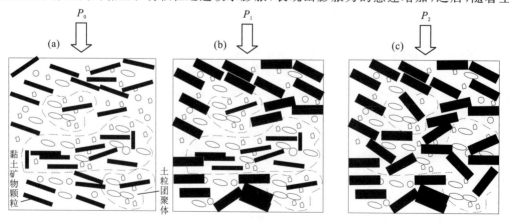

图 6-15 素膨胀土膨胀力变化阶段过程

内部含水量的增大,亲水矿物吸水膨胀速度缓慢减小,并进入到中间阶段(b)。此时,由于团聚体外部黏土矿物吸水膨胀后,逐渐填充了土样的吸水通道,水分进入到土粒团聚体内部亲水矿物的过程非常缓慢,从而外在表现为膨胀力出现较长时间的停顿状态。随着吸水时间持续增加,水分逐渐迁移到团聚体内部,引发其团聚体内部亲水矿物颗粒进一步吸水膨胀,即进入了阶段(c),膨胀力曲线表现为有一个陡然的增加。

与素膨胀土膨胀力发展过程不同,ISS 土膨胀力曲线并没有停顿阶段,整体上看来,只在吸水的最开始较短时间内膨胀力表现出快速增加,其增加幅度和速率均小于素土,之后很长时间内,膨胀力以非常缓慢的速度在慢慢增大,最后趋于恒定值。ISS 改性土的膨胀力变化过程可见示意图 6-16。在最初始阶段(Ⅰ),团聚体外部和土样两端的部分黏土矿物颗粒吸水膨胀,膨胀力有着较快的增加,但黏土颗粒经 ISS 理化改性作用后,自身膨胀能力已经有很大削弱,使得膨胀力发展的速度和程度均显著低于素膨胀土的初始阶段。之后逐渐进入到膨胀发展的第二阶段(Ⅱ)。由于 ISS 分子在土样团聚体外形成了紧密的疏水层稳定结构,导致一方面水分很难进入到团聚体内部,另一方面即使少量水分逐渐迁移到团聚体内部黏土矿物中,但团聚体内黏土颗粒同样由于 ISS 的改性作用,膨胀活性已经大幅降低。两方面因素综合作用使膨胀力随着时间只表现为非常缓慢的增加,而并不出现如素土的(c)阶段的膨胀过程,膨胀力曲线在后期既没有表现明显的停滞和也没有陡然增加的特征。

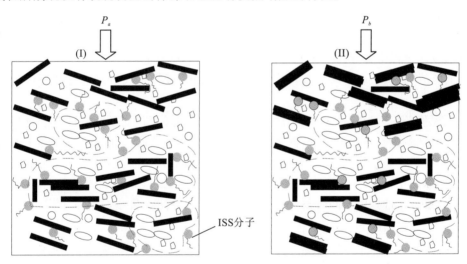

图 6-16 ISS 改性土膨胀力变化阶段过程

6.2.3.2 干湿循环条件下膨胀力变化趋势

每次干湿循环后,土样最大膨胀力的变化如图 6-17 所示。素土和 ISS 改性土膨胀力均表现为随着干湿次数的增加而逐渐减小。随着循环次数的增加,膨胀力减小的幅度逐渐减小。ISS 改性土膨胀力随干湿次数减小的程度较素土低,表现出较好的结构稳定性。

膨胀力随干湿次数而逐渐减小的主要原因是由于每一次干湿作用下,土样原先重塑形成的定向、密实的内部微结构发生了相应调整,黏粒集聚成较大的聚合体,使得吸水能力和膨胀势逐渐降低。经 ISS 作用后,土样已经形成了较稳定、牢固的疏水弱膨胀结构,受干湿变动影响较小,从而表现出膨胀力值小、稳定性较高。

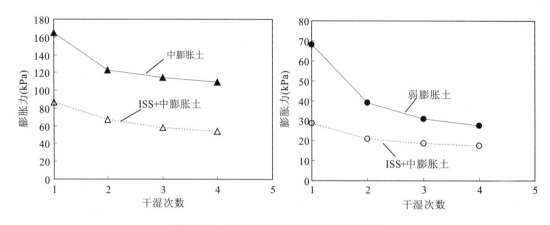

图 6-17　膨胀力随干湿循环次数的变化

6.2.4　收缩特征曲线及胀缩各向异性比较

膨胀土在水分蒸发干燥过程中，产生显著的收缩变形会对工程建筑物造成较大破坏，主要表现在土面沉降变形及各种收缩裂隙的产生。膨胀与收缩，外在表现为互逆的体积变化过程，但实际上是紧密相关的。在膨胀土反复胀缩变形过程中，每一次膨胀完成的稳定状态是随后收缩变形的起始状态，膨胀变形程度不同，将引发土内部结构形态和含水量因素差异，从而影响着后续的收缩过程中水分在孔隙内的迁移形态和体积收缩量的改变。反过来，收缩变形的最终状态的差异，如收缩裂隙的分布和数量、非饱和程度、吸力等又制约着土体后续的吸水膨胀能力。

为全面评价 ISS 对膨胀土胀缩能力的改变作用，分别对 ISS 处理前后膨胀土开展收缩对比试验。收缩试验在收缩仪中进行，将素膨胀土和 ISS 土按照同一初始含水率和干密度制取环刀样，分别为 $\omega_0=25\%$、$\rho_{d0}=1.5\mathrm{g\cdot cm^{-3}}$。制样完成后，将土样推出环刀，放置于多孔板上，称重土样和多孔板质量，之后在室温 30℃ 左右进行收缩试验。在试验过程中，不断记录百分表读数，称重收缩过程中不同时刻多孔板和试样质量，并用卡尺小心测量土样直径变化值。试验进行两天后，每间隔 8h 测记一次，待 2 次百分表读数不变且试样质量恒定时，收缩完成，烘干土样，计算收缩过程中各称重时刻含水率，并根据记录的试样径向尺寸和竖向百分表读数，计算各时刻试样体积、空隙比 e、竖向线缩率和径向线缩率。

6.2.4.1　收缩特征曲线

土的收缩性在土壤学研究领域也受到高度关注。在土壤学中，收缩研究的一个核心问题是土壤体积随干燥过程（含水率减小）变化的特征规律，并通常采用比容积（单位烘干土体积）、孔隙度与含水量的关系来表述。特定土样收缩过程中的这种变化关系被称为收缩特征曲线。

收缩特征曲线有着重要的理论意义，它直观地反应了收缩过程中土体积的减小与水分损失的动态关系，并可以进一步分析出体积收缩是由于孔隙水体积减小还是空气置换和进入的问题。

很多学者提出了多种理论模型关系，来量化表征收缩特征曲线所呈现的阶段特性。天然状态下结构性较完善的土样，其收缩过程一般可表现出四个典型的变化阶段（图 6-18）。

6 离子固化剂改性膨胀土性质研究

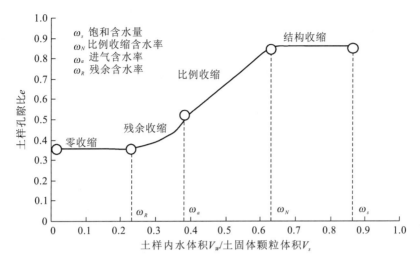

图 6-18 土收缩特征曲线呈现不同阶段性

第一阶段为结构收缩。在该阶段内,土体内明显的裂隙面和大孔隙间水分逐渐被清干,并伴随着大土粒团聚体之间逐渐密实的变化过程,整体上表现为体积随含水率的降低而并未发生显著的变化。

第二阶段为比例收缩阶段(正常收缩)。该阶段内,随着水分的减少,土体积不断减小,土总体积减少量与土中水分损失量始终保持一定的比例变化。一般情况下,两者改变量相同,土样始终处在饱和状态下。

第三段为残余收缩阶段(滞留阶段)。在该段内,随着水分的减少,外界空气不断进入到土孔隙内部,土体积收缩量与水分蒸发量之间不再呈现比例变化,收缩过程减缓。

第四段为零收缩阶段。当土含水率减小至某一特定值时,随着含水量进一步降低,土体积基本不再改变,收缩趋于稳定。

收缩全程每一阶段的转折点分别对应着不同含水状态,说明了收缩整个过程伴随着土样水分状态的变动而呈现不同的变化特征。

本次收缩试验各土样体积随含水状态变化的特征曲线如图 6-19 所示,图中纵坐标为不同时刻的土样孔隙比 e,横坐标为土样内水体积 V_w 与土固体颗粒的体积 V_s 的比值。这种表述方法是假定土固体颗粒的体积 V_s 在收缩过程中始终保持不定,土样内水体积与土固体颗粒的体积的比值按照 $V_w/V_s = G_s \times w$ 计算得到。其中,G_s 为比重,w 为收缩过程中某一时刻的含水率值。观察图 6-19 可以得知以下几点。

(1)各膨胀土样并未表现出初始结构收缩阶段,这主要是由于重塑制样过程已经消除了土内部大的孔隙、裂隙结构。

(2)整体上,随着含水率的降低,土样迅速进入比例收缩阶段,ISS 改性土的比例收缩阶段较素土短,且体积随含水率变化的速率较素土小得多,反映了在同样程序的水分减少下,膨胀土收缩性显著降低。

(3)ISS 改性土的残余收缩阶段较长,之后体积随含水率的改变非常微弱,并逐渐进入零收缩阶段;素膨胀土残余收缩阶段相对较短,中膨胀土体积改变量主要发生在比例收缩阶段。

(4)在同等的收缩温度环境和土样起始状态下,ISS 处理后,膨胀土收缩稳定时的体积改变量显著小于未改性土,说明了土样的收缩能力得到了很大的抑制。

图 6-19 中的虚线为体积改变量与水体积改变量 1∶1 变化线。从中可以看到,土样胀缩性越大,在比例收缩阶段的曲线整体上越倾向于平行 1∶1 线,其中,ISS 改性的弱膨胀土整体上偏离该虚线程度最高,反映了土样随水分变化的体积收缩变形程度最低。

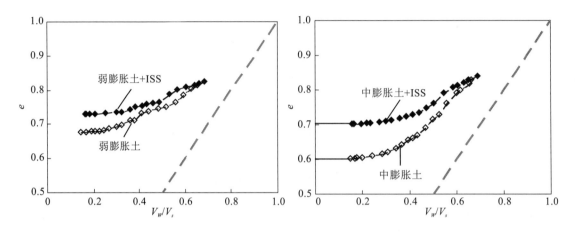

图 6-19 试验膨胀土收缩特征曲线

研究表明,黏粒含量大、膨胀活性高、细粒分散程度越高的膨胀土,其内部微小孔隙分布则越密集,对于外界空气进入的抵抗能力越强,表现为在进气时土样含水量一般非常低,吸力值一般要高达几十兆帕。

ISS 改性土残余阶段出现较早且持续时间长,反应了土样在失水收缩过程中,外界空气很快便进入到土内部孔隙之中,并且在进气时刻 ISS 土含水率仍然较高,在收缩的较长时间内一直保持在非饱和状态。这种变化差异直观地反应了 ISS 作用以后,膨胀土内矿物活性和微结构已经发生了显著的改变,即 ISS 通过改性作用使得黏土矿物自身活性发生"钝化",且通过其很强的离子键力作用使得分散的黏土矿物片颗粒不断地团聚成稳定的结构状态,进而使土内部微细孔隙减小,进气吸力值大幅降低,从而使空气进入土内发生的时间早且持续时间长,即表现为残余收缩阶段出现早、持续时间久,表明了 ISS 作用后,膨胀土逐步从"高黏性"结构向"弱黏性"结构转变。

6.2.4.2 收缩变形各向异性

土体积收缩过程中伴随着竖直方向的沉降和水平方向的收缩同时发生,土样的收缩变形同膨胀变形一样存在着明显的各向异性,并主要由土宏观和微观结构因素所制约。

反映收缩变形特征的几个主要指标有线缩率(包括竖向和水平径向)、收缩系数及缩限含水率。其中,线缩率表示试样收缩稳定后垂向或水平向长度收缩量与该方向上试样初始高度或直径之比;收缩系数是指试样在其水分蒸发产生收缩初期的直线变化阶段的斜率,反映了收缩变形的快慢程度;缩限含水率指土达到收缩变形稳定时刻的含水率,工程规范中,根据"竖向线缩率-含水率"变化曲线通过作图法确定。一般来说,通过该方法确定的缩限含水率较按照其实际定义的含水率要偏高。

根据收缩试验中不同时刻测记的含水率和各向线收缩率值，分析 ISS 作用前后土样收缩特征的变化，结果如图 6-20、图 6-21 所示。

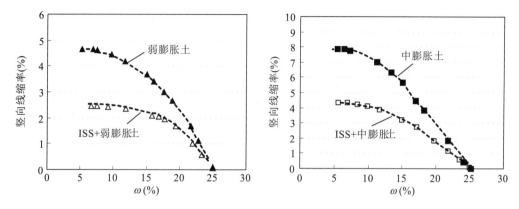

图 6-20　竖向线缩率随含水量的变化过程

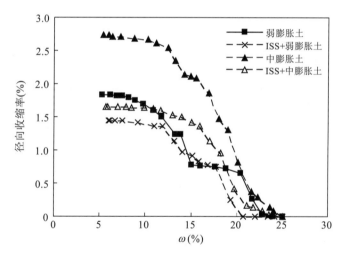

图 6-21　径向线缩率随含水率的变化过程

(1) 无论是素膨胀土还是 ISS 改性土，其竖向线缩率均高于径向。经 ISS 改性后膨胀土竖向收缩量明显降低，降低幅度在 50% 左右。

(2) 竖向收缩曲线呈明显的阶段性，即表现为初始的直线变化，之后收缩变形速率减缓，最终趋于稳定状态。素膨胀土直线收缩段较长，而 ISS 改性土减速收缩持续时间相对较长。在直线收缩阶段，ISS 土的收缩系数较素膨胀土明显小得多。

(3) 根据竖向收缩曲线，通过作图法确定的弱膨胀土及改性土的缩限含水率分别为 15.5% 和 16%；中膨胀土和改性土的缩限含水率为 12.3% 及 12.8%。表明 ISS 前后，土体缩限含水率未发生明显变化。

(4) 与竖向收缩不同，径向收缩曲线整体上呈阶梯状变化，即收缩过程中，径向变形常发生一段时间的停滞，且径向变形在收缩初始阶段（$20\% < \omega < 25\%$）变化极为缓慢。ISS 改性后，径向收缩率同样有所降低，其中 ISS 对弱膨胀土径向收缩程度改变不大。

Bronswijk(1990)提出以下公式来量化表述收缩过程中垂直和水平向变形的差异,并定义了一个几何因子参数 λ：

$$1 - \frac{\Delta V}{V_0} = \left\{1 - \frac{\Delta Z}{Z_0}\right\}^\lambda \tag{6-2}$$

式中：ΔV、ΔZ 分别为收缩体积变化量和竖向变形量；V_0、Z_0 分别为试样初始体积、竖向高度；λ 定义为几何因子参数。

λ 的数值大小,反应出收缩变形各方向的差异特性,当土样只发生竖向变形,而无水平变形时,λ=1；在只有水平向收缩变形时,λ 值趋于无穷大；当以竖向变形为主的情况下,1<λ<3；在以水平变形为主时,λ>3；当各向收缩变形程度相同时,λ=3。

根据本次试验土样收缩过程中的体积与竖直向高度变化值,绘制 λ 值随含水率的变化过程,如图 6-22 所示。

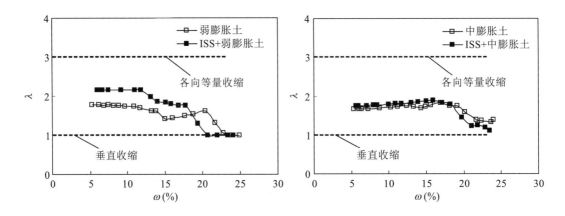

图 6-22　收缩过程中几何因子参数随含水率的变化过程

由图 6-22 可以看到,整体上各土样随着收缩过程的进行,λ 逐渐变大。对于中膨胀土,ISS 改性前后,两条曲线非常接近,表明两者收缩变形各向异性特征的相似性。收缩初始,λ 值略大于 1,表明径向变形非常小；之后,随着土样继续干燥,水平径向收缩变形开始慢慢增大,λ 值增大；当含水率减小到 18% 左右时,各向收缩变形趋于稳定,λ 值基本保持不变。整个过程中,λ 值都在 1~3 之间,说明土样始终以竖向变形为主,兼有水平收缩。

弱膨胀土及改性土的 λ 值变化呈现出一定的差异性：在初始阶段两者 λ 值均接近 1,说明收缩一开始,只发生竖向垂直收缩,几乎没有水平径向收缩变形；之后改性土和素土 λ 值直线增大,表明径向变形快速发展,并且由于收缩过程中径向变形出现一段时间的停顿,使得曲线呈小幅跳跃变化；收缩稳定时,改性土的 λ 值高于素膨胀土,说明了其竖直和径向的收缩变形量更接近,各向异性降低。同样,收缩程中,λ 值始终小于 3,表明收缩整个阶段,土样均主要以竖向变形为主。

6.3 ISS改性膨胀土承载力离心模型实验

6.3.1 离心模型原理和试验仪器

6.3.1.1 离心模型原理

岩土工程物理模型试验中,为真实还原地质体在各种外界荷载、结构物作用下的力学变形表现,就需要将模型的应力水平和受力状态控制在与现场一致的状态下。一般情况下,自重是地质体的一个主要荷载,为了使得模型的自重应力与实体保持相同并不改变其基本材料性状,就需要提供模型以适度的速度力场。离心机由于能够准确、有效的提供人造重力场而成为一项重要的工程测试仪器,并在模式试验研究中迅速发展。

在进行离心模型测试中,首先要保证模型与原型材料的相似性,在此基础上,还要保证试验中各项参数应与原型保持一定的相似性。近代相似理论的三个定理成为判别离心模型相似性的基本指导准则。根据三个相似定量准则,离心模型中的参数与原型的相似关系,可以通过方程等量推导和量纲分析进行确定。Fuglsang和Ovesen(1998)总结出的土工模型问题中常用的参数相似关系(比尺关系)如表6-4所示。

表 6-4 离心模型试验相似比

物理变量	相似比(原型/模型)	物理变量	相似比(原型/模型)
长度	N	黏聚力	1
面积	N^2	压缩性	1
体积	N^3	摩擦系数	1
速度	1	饱和度	1
压力	1	孔隙比	1
应变	1	蠕变时间	1
重力密度	N	层流时间	N^2
颗粒尺寸	1	黏滞性	1
渗透系数	N	表面张力	1

表6-4中N为原型与模型的尺寸比,一般根据研究侧重点不同,选择不同的比尺关系。尽管离心试验具有优越的原型应力水平还原条件,但试验过程同样存在着一定误差,如探测元件在随模型高速旋转过程的精度失真,离心机启动和制动时所引起的切向加速度变化,供排水条件等,但影响试验结果的主要因素分别为以下几个。

(1)边界效应问题。一般离心模型试验土样均是在模型箱内制备并进行测试,由于模型箱边界侧壁对于模型有一定的约束作用,从而会引起边界部位的应力和变形状态发生改变,造成模型靠近边界的测试结果不能真实地反映原型的状态。

(2)粒径效应和几何尺寸。如制作模型土料时,一般直接采用原型土料,但往往会由于模型土料的粒径与原型土的粒径之间不能满足相似比关系,从而使试验结果产生偏差。

(3)土料制备的差异。当采用原型土直接制备模型时,原型土中的裂隙结构、夹层等是不能在模型中进行尺寸缩小的,从而会与实际底层的性状有较大差异。若采用重塑土料,又不能反映原土的结构分布特性和胶结特征等。因此,如何制备能真实表征原型土性状的特定模型是一项亟待解决的技术难题。

以上三项误差因素在本次离心模型试验中均可以得到较好的控制。本次测试对象为ISS处理前后的膨胀土,试验目的是比较ISS作用后,土力学承载性的变化特征,由于土样在添加固化剂时已经过结构破坏和重塑,因此不涉及到还原天然状态土结构的问题。当然,ISS喷洒在天然结构土层后的运移作用过程和作用效果与室内喷洒拌合的散样土可能是不一样的,但本次离心试验的重点只是分析ISS与膨胀土内物质成分作用后对于其承载性的影响程度,并且通常固化剂加固土质的实际工程施工都需要对土料进行拌合与碾压的重塑过程。

大量试验结果已证实,细粒土并不存在粒径效应,膨胀土作为典型的细粒土,该项影响因素是可以排除的。本次离心模型试验的项目为静力触探测试,试验过程中,只要控制模型探头的贯入位置在模型盒土样的中心部位,边界效应影响也是可以避免的。

6.3.1.2 离心模型试验仪器

1)鼓式离心机的主体结构

笔者采用西澳大学鼓式离心机进行本次离心模型试验,该离心机主体结构如图6-23(a)所示。离心机主体结构由两部分组成:环形鼓体和中央控制台。模型土样安装在环形鼓体内槽中,鼓体内槽竖直向宽30cm,径向深度为20cm,直径1.2m。

(a) 鼓式离心机主体结构　　　　(b) 控制台驱动器

图6-23　鼓式离心机主体结构和控制台驱动器

离心机最大转速可达850rpm,相当于模型槽底部离心加速度为485g。土样可以通过模型盒竖直放入鼓体的内槽,也可以直接填铺在内槽中。对于填铺厚度为150cm的试样,其表面的最大加速度可达364g。此厚度的试样,在它表面的最大应力误差约为10%,最大有效加速度为400g(有效半径为0.5m),最大允许的不平衡力为6.3kN。

模型槽和控制台分别与内、外两个独立的传动轴相连,通过不同的马达控制其相对转动。模型槽与外传动轴相连,通过传动皮带由一个马达来驱动;而控制台与内传动轴相连,由另一个伺服马达驱动。离心机系统有一个相对独立的试样准备区域,此区域装有制冷系统来维持试验期间的温度恒定,同时可以冷却离心机的各种机械部件。

2) 中央控制台驱动器

中央控制台与伺服马达组合在一起,可在三个方向运动:竖直向、径向和圆周向(转动)。控制台驱动器见图6-24(b)。所有元件都安装在一个直径为700mm的基础板上,它通过套管和离心机的内传动轴结合在一起。

竖直向驱动器主要用来控制离心机中间水平平台(长780mm,宽290mm)的升降,其中一个径向驱动器用来加载模型或者准备试样,另外一个则充当动态配重通过调节位置来维持系统平衡。每个驱动器沿着双重的线性轴承驱动一个刚性的工具架,工具架上装有夹具用来携带测试设备或者试样制备工具。在主平台的侧向有两个小的平台,分别安装了仪器放大器和伺服放大器以收集径向驱动器信号。

3) 数据采集及控制系统

数据采集和控制系统主要包括几个互相关联的部分:模型槽控制、数据采集和控制台操作。模型槽的旋转通过专门的软件由计算机控制并监控,一旦发现不安全的情形,程序会自动停止离心机。

鼓式离心机安装两个随机携带的数据采集系统,分别放置在模型槽和控制台上。系统一共可记录32个信号,模型槽和控制台各占一半。随机携带计算机的数字信号经过串行接口(RS232)输入控制室中专门的数据采集计算机。数据可直接存储在计算机磁盘上,也可以把存储的数据传送到其他计算机上以实时展示图像。控制台还携带另外一个计算机主要用来控制驱动器。伺服控制模型槽的旋转,动力、信号的控制和反馈都是通过滑动套环来传输的。

此外,在鼓体内槽中,还可以安装数码摄像机和视频采集器,能全程监控试验过程,并可以观察土样在贯入和加载过程中的动态响应过程。

6.3.2 离心模型静力触探试验

土体承载能力是其各种力学性质的综合表现,承载值的大小关系到基础结构和上部建筑的安全稳定性。土体承载能力主要是通过现场原位试验结果或经验关系计算的方式得到的。其中,原位试验能在不扰动土样原始状态下较准确地确定土体承载能力的强弱,从而成为主要的评价手段。

在原位试验中,静力触探方法(CPT)因能在现场快速、连续和精确地直接测得土的贯入阻力,了解土层的物理力学性质和承载能力而被普遍采用。很多学者根据静力触探的试验成果提出了划分土层类别,以及确定地基土承载力、抗剪强度和力学变形性质的各种经验量化关系式。这些分类公式虽形式上存在差别,但都反应了一个共同规律,CPT贯入阻力越大,土体力学强度越高,承载能力越大,抗荷载变形越强。

为评价ISS改性前后膨胀土力学承载能力的变化,分别开展膨胀土样改性前后的CPT测试,分析比较两种土样贯入阻力的变化机制。由于开展现场触探试验的不便,以及历时长、受外界条件干扰较大等因素,我们采用室内离心模型触探试验,以尽量减小模型缩尺造成的失真。

6.3.2.1 试样制备和安装过程

本次离心试验土样为安阳弱膨胀土及经过离子土固化剂充分改性作用土,将土样经过震动分散均匀,添加足量水分后,倒入自动搅拌器充分搅拌均匀。取离心模型盒,并清洗烘干,该模型盒为一种特制刚性材料,尺寸长度为 258mm×163mm×160mm(长×宽×高),如图 6-24(b)所示。在离心盒底部铺一薄层细砂,之后将土样缓慢地转移至离心模型盒之中。

 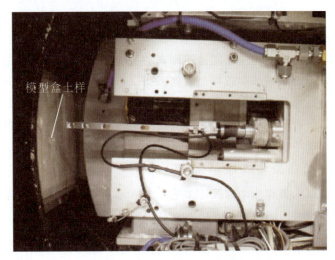

(a) 5mm CPT 探头　　　　　　　　　　(b) 土样在离心机内安装完成

图 6-24　5mm CPT 探头及土样在离心机内安装完成示意图

在离心盒的底部中心部位设计预留有一个小孔,打开小孔锁栓,将模型盒与一个小型抽水设备相连,施加一定的吸力,缓慢抽干土样中多余的自由流动水分,使土颗粒间具有一定的初始黏聚力,从而保证将模型盒竖直放入离心机渠道中,未开始离心旋转前,临空面不会产生土块流动和垮塌。待土样内明显自由水被抽出后,小心将素膨胀土和 ISS 土两个模型土样装入离心机渠道中,两个盒样按照鼓体渠道上预先标定的对称位置安放。

启动离心机并以 $N=20g$ 初始加速度旋转起来。之后逐渐增加离心加速度,并稳定在本次试验预定的 $N=150g$ 加速度下,让土样在此加速度下离心固结 24h。

待固结完成后,升起中央控制台,安装 CPT 模型锥形探头,探头直径长 5mm,净高 13cm,锥尖呈 60°,如图 6-24(a)所示。贯入过程中,探头尖端传感器将受到的土样阻力以电压信号输出,且只能记录贯入过程的尖端阻力值,而不能测量摩阻力。

试验开始后,以 0.02mm/s 的速度缓缓将 CPT 探头推入土样。为了避免模型盒边界效应,探头的贯入位置设定在土样的中心部位,贯入最深度处距模型盒底部不小于 30mm。本次试验设定探头入土深度为 110mm。贯入完成后,缩回探头,转动中央控制台至对称一侧的土样位置,进行下一次贯入测试。

试验完成后,将模型盒土样取出称重,测量土样高度,并取中心部位土样烘干,测量含水率大小。经计算,探头贯入时,两种土样的含水量和密度相差不大,含水率为 30%~33%,干密度为 1.40~1.43g·cm^{-3},饱和度均达 96% 以上。

6.3.2.2　ISS 改性膨胀土 CPT 锥尖阻力(q_c)的变化

由于模型探头输出的是电压信号,因此,需要将试验过程中采集的电压数据换算成锥尖阻力值,即对探头进行校定。探头校对在专用小型加荷仪上进行,通过摇动手柄,逐渐对探头锥尖施压,记录不同荷载值下探头输出电压值,并进行线性拟合,计算校定系数。结果见图 6-25。

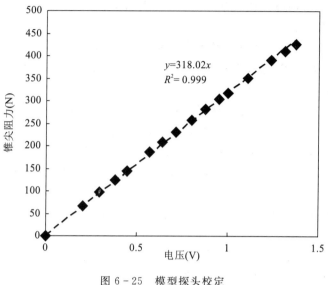

图 6-25 模型探头校定

本次试验所用的 5mm 探头校定系数值为 318N/V。根据校定系数值和锥尖截面积计算探头贯入土样不同深度的锥尖阻力 q_c 值,结果见图 6-26。

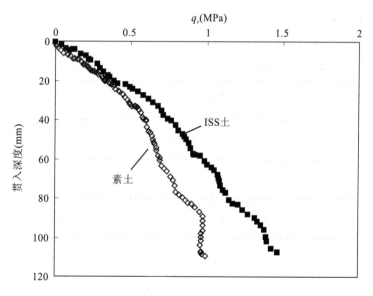

图 6-26 ISS 改性前后膨胀土锥尖阻力的变化

由图 6-26 可以看到,随着贯入深度的增加,q_c 值呈不断增大的趋势,但 q_c 的增加速度并不是直线的,而是逐渐减缓。素膨胀土在贯入深度达 90mm 后,q_c 值变化不明显。在初始贯入阶段,两种土样 q_c 值差别不明显,之后,随着贯入深度(自重压力)增大,ISS 土表现出更大的贯入阻力,且两者的 q_c 差值随深度增加而逐渐增大。在贯入终止时刻,ISS 土的锥尖阻力较素土增加约 400kPa。

静力触探与静压桩贯入土体在贯入机理和过程上存在着一定程度的相似性,而锥尖阻力值与桩端阻力之间有着良好的相关性。ISS 改性土的锥尖阻力的显著增大,反映了膨胀土基础竖向承载能力得到了提高。

在同一应力水平下,锥尖阻力 q_c 受到很多因素的影响,如土样含水状态、密实程度、压缩性、剪切强度等。前面提到,探头贯入时,两种土样的含水量和干密度差别不大,因此,探究 q_c 的差别可从改性前后膨胀土强度变化考虑。

探头在土体中的贯入过程,可以看成是土体与结构物接触剪切破坏的过程。研究表明,贯入过程中,锥头周围的土体的塑性破坏面并不是发生在锥头与土的接触面上,而是出现在锥头附近土—土间。土体的剪切强度指标极大的决定着锥尖阻力的大小,对于渗透性很低的饱和黏性土来说,贯入过程中水分是来不及排除的,通常用不排水剪切强度来表示 q_c:

$$q_c = c_u N_c + \sigma_{vo} \qquad (6-3)$$

式中:c_u 为黏土不排水剪切强度;N_c 为对黏土的无量纲锥头阻力系数;σ_{vo} 为某一深度处土自重应力。

可以看到,土样剪切强度越大,q_c 值则越高,一般 c_u 取黏土三轴试验不排水剪切强度值。

为解释 ISS 改性前后,膨胀土 q_c 值变化原因,在后面一节中,将分别对素土和改性土的剪切强度值进行测定,并基于圆孔扩张理论方法对两种土样在不同贯入深度下的锥尖阻力进行计算预测。通过与离心模型 CPT 实测结果进行比较,分析 ISS 对于土承载力提高的力学机制。

6.3.3 球孔扩张理论分析改性前后锥尖阻力变化机制

6.3.3.1 球孔扩张理论的基本理论

锥头在土体中连续贯入时,土的力学响应、变形发展和破坏过程实际上是非常复杂的,且影响锥尖阻力的因素众多,要得到精确的求解是很困难的。于是各种近似的理论方法被提出来解析锥尖阻力的变化机制,如承载力理论、运动点错位方法、孔穴扩张理论、应变路径法等。这些理论均有着特定的假设条件,而有些理论只能解决特定类型的土体情形。

在上述理论方法中,承载力理论相对简单,但很多结果表明,其获得的锥尖阻力解析值比实测结果低 40% 左右,而对于浅层砂土中的求解结果符合度较高。运动点错位方法假设土体为弹性体,还有待进一步发展改进。应变路径法分析饱和黏土的锥尖阻力时,是基于理想塑性模型的。Baligh(1985)研究表明,应变路径法得到的锥尖阻力系数平均比现场实测结果小 20% 左右。孔穴扩张理论既考虑了贯入过程中土的弹性应变,又考虑了塑性变形,并且充分考虑了贯入过程对初始应力状态的影响和锥头周围应力主轴的旋转,所以,孔穴扩张理论较其他几种理论方法更符合实际情况。Yu 和 Houlsby(1991)通过改进的孔穴扩张理论对黏土锥尖阻力进行求解,通过与现场实测结果比较,发现误差不超过 3%。

孔穴扩张理论分为球孔扩张和圆柱形扩张两种分析方法。对于砂土,采用圆柱形扩张可获得较好的求解精度;而对于黏性土,更适合采用球孔扩张分析方法。对本次试验的膨胀土样,将采用球孔扩张理论进行求解。

球孔扩张的基本理论可见图 6-27。假定在无限土体内某处初始小孔半径为 R_0 的球形均有压力分布,当压力不断增大时,在球形小孔的周围区域将由弹性进行塑性状态。当压力继续增大,塑性区不断扩张,一直到内压力达到极限压力 P_u,此时小孔的半径由 R_0 增加到 R_u,塑性与弹性区的交界半径为 R_P,塑性区域范围为 $R_u < R < R_P$,弹性区域为 $R > R_P$。该理论计算求解基于几个基本假设:土体为各向均匀同性无限体,塑性区的流动采用不相适应的流动准则,土体初始应力各向大小相等,设为 P_0。

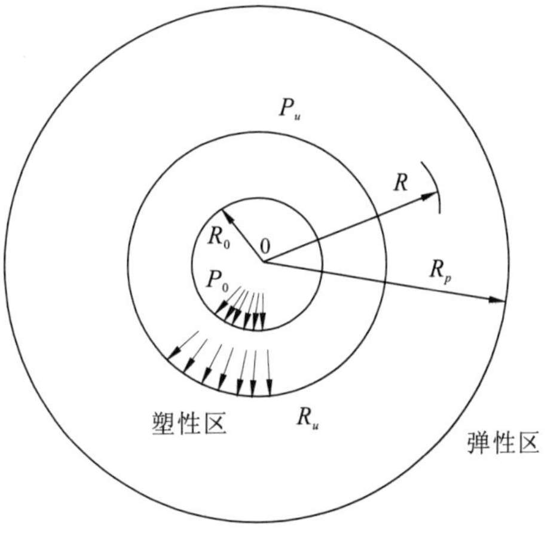

球孔扩张实际上是一个中心对称问题,采用球坐标表示,其平衡方程为:

$$\frac{d\sigma_r}{dr} + 2\frac{\sigma_r - \sigma_\theta}{r} = 0 \quad (6-4)$$

图 6-27 球形小孔扩张

几何方程为:

$$\varepsilon_r = \frac{du_r}{dr}$$
$$\varepsilon_\theta = \frac{u_r}{r} \quad (6-5)$$

边界条件为: $r = R_u, \sigma_r = P_u$,在 $r = \infty, \sigma_r = \sigma_0$,对于典型的摩尔-库伦材料,屈服条件为:

$$\sigma_r - \sigma_\theta = (\sigma_r + \sigma_\theta)\sin\varphi + 2c\cos\varphi \quad (6-6)$$

以上各式中: σ_r、σ_θ 为径向和环向应力; ε_r、ε_θ 为径向和环向应变; c、φ 为黏聚力和摩擦角; u_r 为径向位移。

根据以上基本方程,依照土体材料的实际选择相应的本构模型和屈服准则,可求解土体内孔穴扩张的极限压力 P_u,弹塑性交界的半径 R_P,以及弹性区和塑性区各点位置的位移和应力。具体的求解推导过程,这里不作详述,只利用球孔扩张理论方法预测计算锥尖阻力。

6.3.3.2 极限孔压力 P_u 和锥尖阻力 q_c

采用球孔扩张方法预测计算贯入锥尖阻力需要分步:①求解出土中孔扩张的极限压力 P_u;②建立起极限压力 P_u 与锥尖阻力的量化关系。求解极限压力 P_u,需要获得极限压力时的塑性区孔洞压力比,并假定此刻的孔径与初始孔径的比值趋于无穷大,根据 Yu 研究,在进行求解时,首先需要计算得到以下七个参数值,分别为:

$$Y = \frac{2c\cos\varphi}{1-\nu^2(2-m)}; \alpha = \frac{1+\sin\varphi}{1-\sin\varphi}; \beta = \frac{1+\sin\psi}{1-\sin\psi}; \gamma = \frac{\alpha(\beta+m)}{m(\alpha-1)\beta}$$

$$\delta = \frac{Y+(\alpha-1)p_0}{2(m+\alpha)G}; \eta = \exp\left\{\frac{(\beta+m)(1-2\nu)[Y+(\alpha-1)p_0][1+(2-m)]\nu}{E(\alpha-1)\beta}\right\}$$

$$\xi = \frac{[1-\nu^2(2-m)](1+m)\delta}{(1+\nu)(\alpha-1)\beta}\left[\alpha\beta+m(1-2\nu)+2\nu-\frac{m\nu(\alpha+\beta)}{1-\nu(2-m)}\right] \quad (6-7)$$

式中: Y、α、β、γ、δ、η、ξ 分别为计算所需参数; m 为常数,对于球孔分析取值等于 2; P_0 为初始孔压力,可取土体原位平均有效应力值; c、φ 为土黏聚力和摩擦角; ψ 为剪胀角; ν 为泊松比; E 为土的弹性模量;G 为剪切模量。

当孔压力增加到初始塑性区出现时,孔压比 R 为:

$$R = (m+\alpha)[Y+(\alpha-1)P]/\{\alpha(1+m)[Y+(\alpha-1)P]\} \quad (6-8)$$

此时的孔径与初始孔径的比值 T 为:

$$T = \left\{ \frac{R^{-\gamma}}{1-\delta^{(\beta+m)/\beta}-(\gamma/\eta)\Lambda_1(R,\xi)} \right\}^{\beta/(\beta+m)} \quad (6-9)$$

式中:$\Lambda_1(R,\xi)$ 计算方法为:

$$\Lambda_1(R,\xi) = \sum_{n=0}^{\infty} A_n^1 \quad (6-10)$$

当 $n=\gamma$ 时:

$$A_n^1 = \xi^n \ln R / n! \quad (6-11)$$

$n \neq \gamma$ 时:

$$A_n^1 = \frac{\xi^n}{n!(n-\gamma)} [R^{n-\gamma} - 1] \quad (6-12)$$

其中,$\Lambda_1(R,\xi)$ 为无限数列,一般初始六步计算基本上已经达到精度要求,γ 出现整数值的情形很少,通常均按照公式(6-12)计算。

当内压力达到极限压力 P_u,取孔径与初始孔径的比值 T 趋于无穷大,即公式(6-9)分母为零,计算对应的 R 值,并通过公式(6-8)求得 P_u。至此,只要知道土样的 c、φ、ψ、ν、E、G 指标值,以及初始压力 P_0,就可以通过公式(6-7)至公式(6-12)计算出 P_u 值。

在求得极限压力 P_u 后,下一步需要建立起 P_u 与锥尖阻力 q_c 的量化关系。关于 P_u 与 q_c 之间的关系,很多学者基于不同的破坏模型提出了多种经验方程,其中,基于球孔扩张的破坏模型方式而建立的代表性关系如图 6-28 所示。

根据图 6-28 可知,设锥尖受到土的侧向剪切力为 $\tau = p_u \tan\varphi$,而锥尖达到竖直方向受力平衡时,需要满足以下关系:

$$q_c = P_u(1 + \tan 60 \times \tan\varphi) \quad (6-13)$$

根据上式,就确立了 $P_u - q_c$ 的计算关系。接下来的步骤就是要对计算所需要的土样各项指标进行取值。

上面提到,土样的 c、φ、ψ、ν、E、G 及初始压力 P_0 是首先需要确定的基本指标值,本次试验膨胀土样 CPT 测试的最大贯入深度为 110mm,离心加速度为 150g。根据试验后测定的土样含水率和空隙比指标,计算得到土样的有效重度 $\gamma' = 1.0 \text{g} \cdot \text{cm}^{-3}$,并可进一步确定不同贯入深度处自重有效应力值:

$$\sigma_v' = \gamma' N h \quad (6-14)$$

式中:γ' 为有效重度;N 为离心加速度;h 为探头贯入模型盒土中深度。

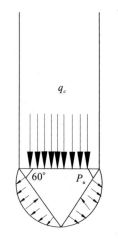

图 6-28 锥尖阻力与极限压力关系

经计算本次试验土样在 $N=150\text{g}$ 所处的自重有效应力水平在 200kPa 范围内。据资料,安阳弱膨胀土在 25%~30% 含水率状态下、100~200kPa 围压下的三轴试验测定的弹性模量 E 约为 14.5MPa,并假定 ISS 土与素土弹性模量值相同。剪切模量 G 与弹性模量间存在着如下换算关系:

$$G = E/2(1+\nu) \qquad (6-15)$$

泊松比 ν 可按照 $\nu = K_0/(1+K_0)$ 计算。其中，K_0 为静止侧压力系数，根据 $K_0 = 1-\sin\varphi$ 计算。初始压力 P_0 取自重平均有效应力：$P_0 = (\sigma'_v + 2\sigma'_h)/3 = \sigma'_v(1+2K_0)/3$，$\sigma'_h$ 为水平有效应力。本次计算不考虑土样的剪胀性，取 $\psi = 0$。

这样只要确定了土样摩擦角 φ 和黏聚力 c，土样的各项指标均可互相计算得到。由于贯入过程中，探头周围的土体一般都发生了较大应变的塑性破坏，因此，土的剪切强度值实际上应已达到极限状态（残余强度状态），所以，采用离心模型试验中膨胀土所处的自重有效应力水平范围下的残余摩擦角和黏聚力来计算 q_c 是恰当的。下一步计算就是要分别对素膨胀土和 ISS 土在环剪仪上进行固结不排水剪切，以获得两种土样的残余摩擦角和黏聚力值。

6.3.3.3 膨胀土剪切残余强度指标分析

膨胀土残余强度在西澳大学环形剪切仪上进行测试，设备见图 6-29，为应变式剪切仪。剪切盒设计的土样尺寸分别为内径 70mm，外径 100mm，试样剪切面积为 4 005.53mm²。

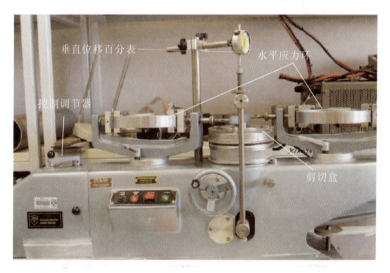

图 6-29 环形剪切仪

切取少量离心模型试验完成后的素膨胀土和 ISS 土样，小心装入环剪盒中，分别在 50kPa、100kPa、150kPa、200kPa 四级垂直荷载压力下进行固结、剪切，选择该四级垂直压力是为了和土样在离心机内的自重应力水平范围基本保持一致。通过控速调节器将剪切速率设定在每分钟扭转 10 度（相当于 7.42mm/min），通过记录剪切过程中不同时间的两个水平应力环的读数值，计算出不同剪切位移下剪切应力值。环剪仪直接获得数据是扭转角度和两个水平应力环所记录的剪切扭力，因此，需要根据旋转力矩平衡计算出平均剪应力 τ 和剪切线位移 S：

$$\int_{R_1}^{R_2} \tau_n \times 2\pi R^2 \mathrm{d}R = M = \frac{N_1 + N_2}{2} D \qquad (6-16)$$

$$S = \theta \times \pi \times D_m/360 \qquad (6-17)$$

式中：R_1、R_2 为土样内径和外径；M 为扭转力矩；N_1、N_2 为两个应力环记录的扭转力；D 为扭转有效直径；θ 为剪切旋转角速度；D_m 为试样力矩平均直径。

图 6-30 为素膨胀土和 ISS 土在 200kPa 下的剪切应力比(τ/σ'_v)随剪切位移的变化。可以看到,当素膨胀土在剪切位移达到 5mm 时,剪切应力基本已经达到最大,之后一直处于稳定的状态并达到残余强度值;而 ISS 土呈现一定的应变软化趋势,即存在峰值剪切应力,之后剪切强度慢慢衰减,并随着剪切位移的增加而趋于残余状态。ISS 土达到残余强度的所需位移量较素土大,残余剪切应力比素膨胀土大,大应变剪切破坏条件下,抗剪强度高。

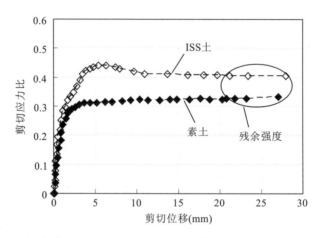

图 6-30　200kPa 下剪切应力比(t/σ'_v)随剪切位移的变化

两种土样残余剪应力随上覆正应力的变化关系见图 6-31,可以看到随着正应力的增加,残余强度增加的速度是逐渐降低的,根据 Skempton(1964)的研究,按照线性关系对正应力和残余剪切应力进行拟合:

$$\tau_r = \sigma'_v \tan\varphi'_r + c_r \tag{6-18}$$

式中:τ_r 为残余剪切应力;φ'_r、c_r 为残余剪切摩擦角和残余凝聚力。

根据公式(6-18)计算的素膨胀土和 ISS 土的 φ'_r 值分别为 12.7°、15.8°;c_r 值分别为 19.2kPa、26kPa。ISS 作用后,土残余黏聚力显著增大,摩擦角也有一定的增加。

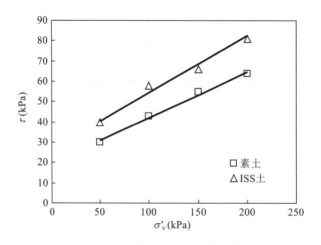

图 6-31　残余剪切应力随正应力的变化

6.3.3.4 ISS 提高膨胀土锥尖承载力的机制分析

在环剪试验测定了土样残余摩擦角和黏聚力后,采用球孔扩张方法预测 q_c 需要的土样基本指标以及相关计算参数均可确定,给定不同贯入深度位置(不同的 σ'_{v0}),便可以根据公式(6-7)至公式(6-15)计算出贯入到该深度的 q_c 值。以 $\sigma'_{v0}=100\text{kPa}$ 为例,各项参数值和计算结果及 q_c 实测值见表 6-5。

表 6-5 球孔扩张方法计算参数值结果

参数指标值	m	σ'_{v0}	K_0	p'_0	$E(\text{kPa})$	n	$\varphi(°)$	$\psi(°)$
素膨胀土	2	100	0.78	85.33	14 500	0.438	12.7	0
ISS 土	2	100	0.727 7	81.85	14 500	0.421 4	15.8	0

参数指标值	$c(\text{kPa})$	$G(\text{kPa})$	Y	α	β	γ	δ	η
素膨胀土	19.2	5 040.9	37.461	1.56	1	4.16	0.002 4	1.004
ISS 土	26	5 100.6	50.035	1.75	1	3.50	0.002 9	1.005

参数指标值	ξ	R	A_n^1	$P_u(\text{kPa})$	q_c/P_u	q_c 计算值(MPa)	q_c 实测值(MPa)
素膨胀土	0.004	3.150	0.239	563	1.39	0.78	0.70
ISS 土	0.005	3.666	0.284	696	1.49	1.04	1.00

从表 6-5 可以看到,$\sigma'_{v0}=100\text{kPa}$ 下计算预测的 q_c 值与实测的结果是比较接近的。将不同贯入深度(σ'_{v0})下计算的 q_c 值与实测的结果进行比较分析,结果见图 6-32。可以看到,q_c 预测值和实测有一定的偏差,尤其在初始贯入深度较浅的范围($\sigma'_{v0}<60\text{kPa}$),预测结果明显要比试验值偏大,这种误差原因应该在于对土样指标值的分析选择上。由于土体的刚度指标量,如弹性模量和剪切模量均随着应力水平的变化而改变,而在本次计算中,均假定刚度指标值为恒定值。另外,在低应力水平下,土体剪胀性也是经常出现的,本次计算中均没有考虑剪胀。此外,剪切强度指标在 $\sigma'_{v0}<50\text{kPa}$ 下的实际值也与环剪仪在 $50\sim200\text{kPa}$ 下的测试结果存在一定的差异。这些综合因素均可能是导致浅贯入深度范围内计算值与实测值差异的原因。

随着贯入深度的增加,计算预测的 q_c 与离心试验的实测结果的偏差逐渐减小,两条曲线接近程度相当高。特别是 ISS 土与素土在同一深度下的 q_c 差距量,预测和实测曲线基本反应出了同种趋势,说明了本次试验土指标值的选择以及采用的计算方法具有较好的可信度。

根据图 6-32,对于 ISS 作用前后 q_c 值的变化趋势,球孔理论预测方法与试验实测结果基本一致。所以,可根据球孔扩张理论方法计算 q_c 的整个过程,来寻找 ISS 提高 q_c 的原因。

在计算 q_c 时,静止侧压力系数 K_0、泊松比 ν 参数虽然是根据剪切摩擦角求解的,但从表 6-5 看到,取值结果都在黏土的正常范围之内。从计算过程中发现,这些参数值的变化对于 q_c 值的影响是非常微弱的。ISS 土较素土的黏聚力 c 有了较大的提高,但计算过程表明,q_c 值对于黏聚力 c 在一定范围内的取值变化也是不敏感的。对于 q_c 值影响最大的主要指标分别为弹性模量、剪切模量和摩擦角。

在预测 q_c 值时,我们假定了 ISS 土与素土的剪切模量和弹性模量值是相等的,所以从图 6-32可以看到,数据的变化规律是比较齐整的。而实测曲线表明,ISS 土与素土的 q_c 值之差

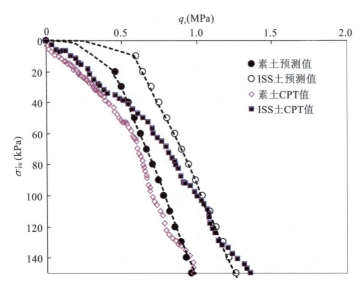

图 6-32 球孔扩张方法预测值与 CPT 试验测试值比较

随着贯入深度呈逐渐变大的趋势,而这种趋势就是由两种土样刚度模量在不同应力水平下的差异引起的。但通过比较预测曲线和实测曲线可看到,与摩擦角相比,刚度模量的影响显然是相对较弱。

总的来说,产生素土和 ISS 土 q_c 值差异的主要因素在于两种土样不同的剪切摩擦角值。ISS 土剪切摩擦角较素土虽然只有约 3°的增加,但却足以引起 q_c 值在 $\sigma'_{v0}=50\sim150\text{kPa}$ 应力水平下发生 $0.2\sim0.5\text{MPa}$ 的增加。

影响黏性土残余摩擦角的因素比较多,包括应力水平、初始结构、剪切速率、矿物成分及理化性质(可交换阳离子、阳离子交换量)、结合水,等等,其中,黏土矿物在发生大剪切应变后的排列结构状态以及矿物颗粒表面结合水分布和接触形式是决定残余摩擦角的主要因素。对于本次试验的 ISS 土与素膨胀土,其初始结构、应力水平、剪切速率等因素基本是一致的,因此,ISS 提高残余摩擦角以及力学强度承载性的潜在机制应该在于其与膨胀土黏土矿物所发生的一系列表面理化作用以及对土中结合水的影响而产生。

6.4 ISS 改性膨胀土耐候性

本书的研究目标是利用离子土壤固化剂对膨胀土进行加固,对素土样和改性土样进行单向冻融循环试验,分析冻结温度和冻融次数对土样冻融过程的影响,得到原土样和改性土样冻融试验前后的强度变化规律。

本次冻融循环试验总共为 7 个循环,试验土样分别选自循环 1 次、3 次、5 次、7 次;3 个不同的循环温度,分别为 −5℃、−15℃、−25℃。力学试验分为两组,一组为未改性土在不同温度、不同循环次数下的土样,另外一组为 ISS 改性土在不同温度、不同循环次数下的土样,具体的试验安排见表 6-6。

表 6-6　冻融循环对土样强度及微结构影响试验安排

试样编号	土质	含水率(%)	压实度(%)	冷端温度(℃)	循环次数
Y1、Y3、Y5、Y7	未改性土	30	90	−5、−15、−25	1、3、5、7
I1、I3、I5、I7	ISS 改性土	30	90	−5、−15、−25	1、3、5、7

6.4.1　单轴无侧限抗压强度试验

本试验共有 38 个土样进行了无侧限抗压试验,分别为−5℃、−15℃、−25℃下分别循环 1 次、3 次、5 次、7 次后的融化未改性土和融化 ISS 改性土,还有 2 个土样分别为室温下未经冻融循环试验的未改性土样和改性土样。

不同温度及相应温度下不同循环次数的土样试验后的裂隙照片如图 6-33 至图 6-35 所示。

从图 6-33 至图 6-35 中,我们可以看出未改性土与改性土的土体破坏规律如下。

(1)按照莫尔-库伦破坏理论,土体剪切破坏时,其破裂面与最大主应力面成 $45+\varphi/2$。从这 3 幅照片中我们可以看出,所有土样的破坏倾角均接近 45°,且破坏都发生在底部。

(2)当冷端温度为−5℃时,随着循环次数的增加,未改性土样的破坏程度也相应增大,且破裂面的深度不断增大,但增幅不是很明显;随着循环次数的增加,ISS 改性土样的破坏程度也相应增大,增幅也不是很明显。同时,未改性土样的裂纹数量以及裂面深度都比 ISS 改性土要大,说明冻融循环后,未改性土样破坏程度比 ISS 改性土样要大。

(3)同上所述,当冷端温度为−15℃时,随着循环次数的增加,两组土样的破坏程度均增大,且未改性土样的破坏程度比改性土样的破坏程度大。

图 6-33　−5℃土样试验后照片　图 6-34　−15℃土样试验后照片　图 6-35　−25℃土样试验后照片

(4)当冷端温度为−25℃时,前 5 个循环周期,随着循环次数的增加,两组土样表现出相同的破坏规律;当循环周期为 7 次时,两组土样的破裂面减小,且破裂面深度也比前几次循环的要小,但未改性土的破坏程度始终比改性土要大。

(5)当循环次数一样时,随着冷端温度的降低,未改性土与改性土的裂面深度均增大,尤其当温度达到-25℃时,土样基本被破坏。

从上面照片中我们可以发现,未改性土样和ISS改性土样的破坏规律基本一致。随着冷端温度的降低,循环次数的增加,土样破坏程度均增大。但ISS改性土样的破坏程度比未改性土样的破坏程度要低,即利用ISS改性后的土样,抗冻融作用比未改性土样要强。

分别将土样放置在-5℃、-15℃、-25℃环境下进行单向冻结,冻12h,融12h,循环周期为1d、3d、5d、7d,然后分别进行无侧限抗压试验,试验结果如表6-7所示。

表6-7 无侧限抗压试验结果

温度 (℃)	抗压强度(kPa)											
	I1	I2	I3	I4	I5	I7	Y1	Y2	Y3	Y4	Y5	Y7
	1	2	3	4	5	7	1	2	3	4	5	7
-5	1 938.3	1 869.5	1 823.6	1 767.6	1 693.8	1 620.5	1 832.8	1 766.4	1 649.9	1 613.7	1 608.2	1 473.9
-15	1 743.2	1 633.7	1 572.2	1 518.3	1 435.7	1 378.5	1 620.7	1 579.2	1 481.2	1 403.9	1 378.9	1 294.3
-25	1 581.5	1 445.6	1 362.1	1 299.3	1 183.7	1 156.3	1 424.3	1 365.7	1 248.4	1 174.2	1 068.5	1 044.7

6.4.2 破坏强度与冷端温度的关系

6.4.2.1 ISS改性土样的无侧限抗压强度变化规律

图6-36为4个循环次数下的土样分别在不同温度下,无侧限抗压强度的变化曲线。

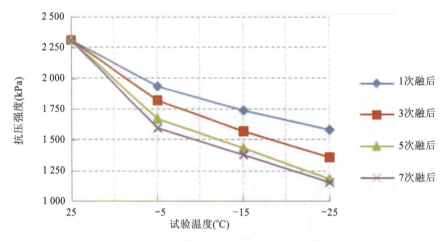

图6-36 温度对改性土样抗压强度的影响

从图6-36中可以看出,对于改性土,同样循环次数的土样,随着冷端温度的降低,土样抗压强度呈线性减小,且与冻融前相比,土样的抗压强度迅速减小。其中,-5℃下冻融循环结束后,土样抗压强度衰减30.84%;-15℃下冻融循环结束后,土样抗压强度衰减40.43%;-25℃下冻融循环结束后,土样抗压强度衰减50.04%。随着温度的降低,土样抗压强度迅速减小,说明试验温度对土样抗压强度的影响较大。

图 6-37 为 3 个循环温度下的土样分别在不同循环次数下,无侧限抗压强度的变化曲线。

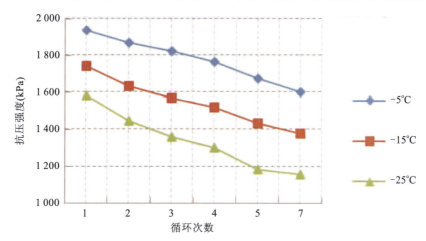

图 6-37 循环次数对改性土样抗压强度的影响

从图 6-37 中可以看出,在同一冷端温度下的土样,随着循环次数的增加,土样的无侧限抗压强度呈近线性减小,且前 3 次循环的直线斜率要比后 3 次的斜率要陡,说明土样在经历 3 次循环后,其冻胀融沉过程就基本趋于稳定。−5℃时,循环 7 次的强度相对循环 1 次的强度减小了 17.43%;−15℃时,循环 7 次的强度相对循环 1 次的强度减小了 20.92%;−25℃时,循环 7 次的强度相对循环 1 次的强度减小了 26.89%。

从应力值的衰减程度看,试验温度对土样强度的影响要比循环次数对土样强度的影响大。

6.4.2.2 未改性土的无侧限抗压强度变化曲线

图 6-38 为 4 个循环次数下的土样分别在不同温度下,无侧限抗压强度的变化曲线。

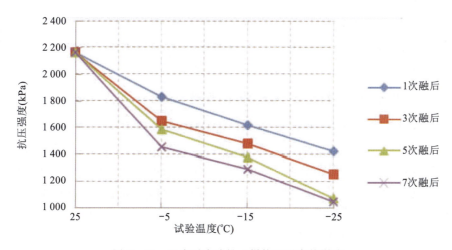

图 6-38 温度对未改性土样抗压强度的影响

从图 6-38 中可以看出,对于同样循环次数的未改性土样,随着冷端温度的降低,无侧限抗压强度呈线性减小,且与冻融前相比,土样的强度值迅速减小。其中,−5℃下冻融循环结束后,土样强度衰减 32.81%;-15℃下冻融循环结束后,土样强度衰减 40.18%;-25℃下冻融循环结束后,土样强度衰减 51.72%。随着温度的降低,土样强度迅速减小,说明试验温度对土样强度的影响较大。

图 6-39 为 3 个循环温度下的土样分别在不同循环次数下,无侧限抗压强度的变化曲线。

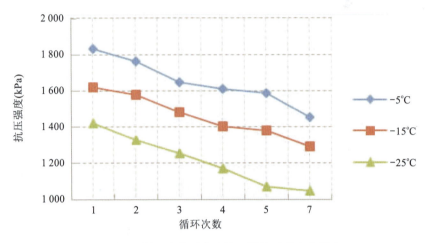

图 6-39 循环次数对未改性土样抗压强度的影响

从图 6-39 中可以看出,在同一冷端温度下的土样,随着循环次数的增加,土样的无侧限抗压强度值呈近线性减小,且前 3 次循环的直线斜率要比后 3 次的斜率要陡,说明土样在经历 3 次循环后,其冻胀融沉过程就基本趋于稳定。-5℃时,循环 7 次的强度相对循环 1 次的强度减小了 20.67%;-15℃时,循环 7 次的强度相对循环 1 次的强度减小了 20.14%;-25℃时,循环 7 次的强度相对循环 1 次的强度减小了 26.58%。

从强度值的衰减程度看,试验温度对土样强度的影响要比循环次数对土样强度的影响大。

从图 6-36 至图 6-39 中,我们可以发现,对于未改性及改性以后的膨胀土,在低温的作用下,其冻胀融沉后的无侧限抗压强度变化规律基本一致,都表现为同一循环次数下,随着冷端温度的降低,抗压强度线性减小;同一冷端温度下,随着循环次数的增多,抗压强度线性减小;冻融循环经历 3 个循环之后,冻胀融沉基本趋于稳定。

6.4.3 未改性土与 ISS 改性土的强度对比

(1) -5℃下循环 7 次的无侧限抗压强度柱状图见图 6-40。

从图 6-40 中可以看出,随着循环次数的增加,虽然两组土样的强度值都在减小,但 ISS 改性土样的强度始终大于未改性土样。对比循环 1 次以及循环结束后的强度值,ISS 土样分别比未改性土样大 5.4%、9.2%,说明 ISS 改性土样的衰减幅度要小于未改性土样。-5℃下冻融循环结束后,ISS 土样强度衰减 30.84%,未改性土样强度衰减 32.81%,说明在-5℃下,ISS 改性土样的抗冻性要比未改性土样好。

(2) -15℃下循环 7 次的无侧限抗压强度柱状图见图 6-41。

从图 6-41 中可以看出,随着循环次数的增加,两组土样的强度都在减小,且强度均小于-5℃时的应力值,同样,ISS 改性土样的应力值始终大于未改性土样的应力值。对比循环 1 次以及循环结束后的应力值,ISS 土样分别比未改性土样的轴向应力大 7.0%、6.1%,说明

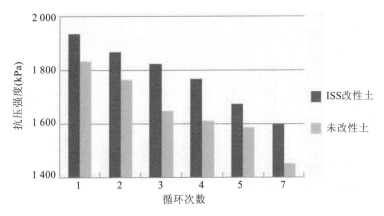

图 6-40 -5℃下两组土样抗压强度变化规律图

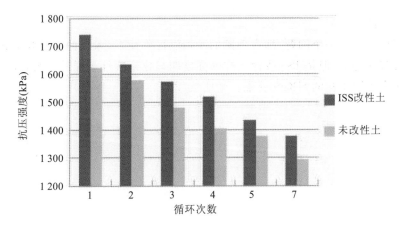

图 6-41 -15℃下两组土样抗压强度变化规律图

ISS 改性土样的衰减幅度要小于未改性土样,但相比-5℃,其差值变小,说明这个温度下两组土样强度衰减更大。-15℃下冻融循环结束后,ISS 土样强度衰减 40.43%,未改性土样强度衰减 40.18%,说明在-15℃下,两组土样抗冻性均比-5℃时要差,但 ISS 改性土样的抗冻性始终强于未改性土样。

(3) -25℃下循环 7 次的无侧限抗压强度柱状图见图 6-42。

从图 6-42 中可以看出,随着循环次数的增加,两组土样的强度都在减小,且强度相对于-5℃与-15℃时,应力值明显减小,同样,ISS 改性土的强度始终大于未改性土样。对比循环 1 次以及循环结束后的无侧限抗压强度,ISS 土样分别比未改性土样大 9.9%、9.7%,说明 ISS 改性土样的衰减幅度要小于未改性土样。差值接近,说明在-25℃时两组土样抗冻性均变差,但 ISS 改性土样的抗冻性明显大于未改性土样。-25℃下冻融循环结束后,ISS 土样强度衰减 50.04%,未改性土样强度衰减 51.72%。这两个数据也说明了 ISS 抗冻性比未改性土样好,同时,也说明在-25℃下,两组土样抗冻性比-5℃、-15℃时要差,强度明显下降,但 ISS 改性土样的抗冻性始终强于未改性土样。

这是因为,在土的冻结过程中,随着冷却温度的降低,土中冰晶体逐渐增多,而未冻水与冰晶体之间的吸附力要比水分与土颗粒之间的胶结作用强,因此,土颗粒之间的黏结力减弱,从

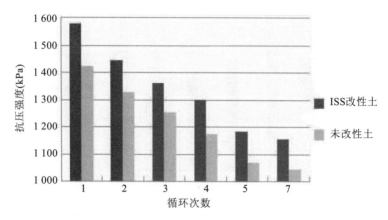

图 6-42 -25℃下两组土样抗压强度变化规律图

而使整体强度降低。

以上数据均说明了一个问题，即在不同的冷端温度作用下，未改性土样和 ISS 改性土样均表现出应力衰减的特征，但是 ISS 改性土样的强度明显比未改性土样的要大，说明 ISS 改性土样的耐冻性比未改性土样的耐冻性要强。

7 离子土固化剂改性膨胀土物化机理分析

7.1 阳离子交换量及可交换阳离子定量分析

7.1.1 概 述

膨胀土表面理化性能一般主要指其包含的黏土矿物的物化表现。土体内包含的亲水活性黏土矿物是产生膨胀的根本物质基础和主导因素。黏土矿物的晶格结构和表面理化性质是产生膨胀土一系列特殊水理性状如高塑性、分散性、膨胀性的潜在原因。

膨胀土的物化性质指标主要包括：阳离子交换量、可交换阳离子成分及含量、比表面积、电动性质等。不同黏土矿物类型和含量的膨胀土的上述各项指标值一般均不同，并外在表现出土膨胀性的差别。

阳离子交换量（CEC）是膨胀土的一项重要物性指标，其产生的根本原因在于黏土本身总是存在于电荷不平衡状态，且一般均富余净负电荷，因此就需要从外在环境中吸附一定量的正电荷，即吸附阳离子来保持电荷平衡。这些被吸附的平衡阳离子常被保持在可交换状态，并在一定条件下被外在溶液中的其他阳离子交换下来，从而重新进入自由水溶液中，因此被称为可交换阳离子。阳离子交换量就是土粒吸附的所有可交换阳离子的总量。

膨胀土阳离子交换量、可交换阳离子的分布位置和吸附形态主要受土中黏土矿物晶体结构所影响。如蒙脱石矿物因同晶置换作用而吸附的可交换阳离子一般均存在于晶层基面上，而高岭石矿物中因晶格边缘破键电荷不平衡而吸附的阳离子都沿着平行于 C 轴方向的垂直面分布，且蒙脱石的阳离子交换量较高岭石要大得多。矿物晶体结构中的电荷分布特性也影响着吸附阳离子的交换性能，如蒙脱石内的净负电荷 15% 分布在硅氧四面体内，铝氧八面体占 33%，但八面体距离层间阳离子远，对其静电引力作用较弱，导致层间吸附的可交换阳离子能够比较自由地出入，更易被外界溶液中的其他离子交换下来。

膨胀土吸附的可交换阳离子的种类一般主要为碱金属和碱土金属，其中以 K^+、Na^+、Ca^{2+}、Mg^{2+} 四种为主。不同阳离子的价位、本性以及在矿物晶体内的位置显著影响着土体的阳离子交换总量和离子的可交换性。交换性阳离子与矿物表面的结合能主要是静电引力作用，结合能很大部分取决于离子在矿物中的构造位置，如晶层面上的吸附阳离子的结合能较晶格边缘大，而离子的水化形式和水化膜厚度同样影响着其与晶体表面的距离，表现为水化能小、水化膜薄、距晶格近，则静电引力越强，结合能越大。此外，价位、粒径及水合粒径同样影响着离子与矿物的结合力和可交换能力。

表 7-1 为几种常见阳离子水化能和离子（水化）半径。由于阳离子与矿物的结合力主要为静电引力，所以，离子价位的高低是决定可交换性能的首要因素。一般来说，二价离子比一

价离子的交换性要强,被交换性弱;对于同价离子,半径越大,水合半径越小,其与矿物结合能越强,被交换性越低。按表7-1,常见离子的交换性顺序应为:$Li^+ < Na^+$,$K^+ < Mg^{2+} < Ca^{2+} < Ba^{2+}$。实际上,这种顺序只在一定的交换环境条件下成立,由于离子的浓度效应,往往会导致上述顺序出现相反的趋势。

表7-1 常见阳离子水化能和离子(水化)半径

阳离子	离子半径(nm)	水化能(kcal/mol)	水化离子半径(nm)
Li^+	0.680	136	0.730
Na^+	0.790	114	0.560
K^+	0.133	94	0.380
Mg^{2+}	0.660	490	0.108
Ca^{2+}	0.990	410	0.960
Ba^{2+}	0.134	346	0.880

正是由于土-水体系中,黏土矿物与表面吸附交换阳离子之间结合机制、吸附阳离子水化水合能力的不同表现,引发土体膨胀性和力学性质的显著差异,如以蒙脱石矿物为主的膨胀土,阳离子交换量一般较大,且Na^+蒙脱石土比Ca^{2+}蒙脱石土表现出更大的水化分散和膨胀性。因此,分析ISS处理膨胀土前后,其阳离子交换量和可交换阳离子成分、含量的变化,是探究ISS改性膨胀土的物化机理的一项重要内容。

7.1.2 试样制备和试验方法

阳离子交换量试验选安阳弱膨胀土,将土样过0.2mm筛后,添加不同配比浓度的ISS溶液,含水量控制在液限状态,密封保湿,让土样与ISS充分作用7d和28d,之后,将不同配比ISS液作用的土样取出备用。另外,称取10g左右的风干素膨胀土样备用。

由于膨胀土内可能包含少量的可溶盐成分,从而对交换阳离子成分和含量的测定造成影响,所以首先要将素膨胀土样进行一遍离心洗盐。洗盐后,风干过0.15mm筛,取筛下1g土供测试用。

ISS在与膨胀土作用后,可能会残余少量未反应的ISS成分,另外,膨胀土中原先吸附的部分可交换阳离子会与ISS发生离子交换作用而进入到自由溶液中,为了排除这部分交换出来的离子以及残留的ISS中无机阳离子的影响,需要将ISS土离心洗盐,直到测定的离心清液的电导率与素膨胀土洗盐后的清液接近。之后风干,过0.15mm筛,取筛下土1g测试。

阳离子交换量试验采用$BaCl_2$缓冲法,具体步骤见规范。为测定可交换阳离子含量,在$BaCl_2$与土样充分交换作用后,需将土样中加入纯水,之后离心萃取出清液,采用原子吸收法测定清液中可交换K^+、Na^+、Ca^{2+}、Mg^{2+}阳离子含量。详细试验流程见图7-1。

7.1.3 阳离子交换量及可交换阳离子变化

素膨胀土及不同配比ISS处理7d和28d土的阳离子交换总量和交换出的K^+、Na^+、Ca^{2+}、Mg^{2+}盐基分量测定结果见表7-2及表7-3。可以看出,经固化剂处理之后,膨胀土阳离子交换总量分别发生不同程度的降低,其中,在1∶350 ISS作用后降低的程度最大,7d和

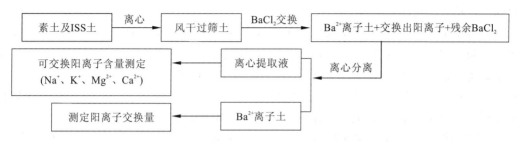

图 7-1 阳离子交换量、可交换阳离子测定

28d 后分别减小了 42.32mmol/kg,47.21mmol/kg。

阳离子交换量随着 ISS 配比浓度和作用时间呈现出不同的变化趋势,在高配比和低配比浓度下,阳离子交换量减小的程度均相对较弱,在中间配比段的变化最为明显。阳离子交换量的改变在 1∶350 配比下减至最小的结果,与 6.2 节中土样自由膨胀率随 ISS 配比浓度的变化规律是一致的,从而很好地解释了土样自由膨胀率变化趋势的原因。因为黏土矿物吸附可交换阳离子水合能是构成黏土水化能力的关键部分,在 1∶350 配比下,膨胀土颗粒吸附阳离子的总量减小,说明黏土矿物表面水合活性能量降低,在土-水体系中表现出更小的亲水性,使得颗粒吸水自由膨胀体积降至最小。

表 7-2 ISS 作用 7d 土样 CEC 及可交换阳离子

ISS∶水 (体积)	CEC (mmol/kg)	ISS 处理后膨胀土的盐基分量(mmol/kg)				盐基总量 (mmol/kg)
		K^+	Na^+	Ca^{2+}	Mg^{2+}	
0	136.87	14.38	17.57	45.48	18.65	96.08
1∶100	119.89	10.27	13.58	44.37	17.46	85.68
1∶200	113.63	8.18	8.06	50.14	15.80	82.18
1∶350	94.55	4.46	5.59	55.12	6.65	71.82
1∶400	122.78	9.12	12.71	47.70	21.29	105.53

表 7-3 ISS 作用 28d 土样 CEC 及可交换阳离子

ISS∶水 (体积)	CEC (mmol/kg)	ISS 处理后膨胀土的盐基分量(mmol/kg)				盐基总量 (mmol/kg)
		K^+	Na^+	Ca^{2+}	Mg^{2+}	
0	136.87	14.38	17.57	45.48	18.65	96.08
1∶100	114.89	9.27	15.58	44.10	16.86	85.81
1∶200	118.00	10.85	10.30	47.10	13.80	82.05
1∶350	89.66	4.92	5.75	53.68	8.39	72.74
1∶400	127.25	11.20	13.06	48.95	17.94	92.53

比较 ISS 作用 7d 和 28d 的结果,可以看到,CEC 值随不同配比 ISS 作用时间变化规律不明显,有的继续减小,也有少量增大的,但整体上变化程度均不大,且都较素土 CEC 值要小,说明了 ISS 与膨胀土可交换阳离子作用过程基本上在 7d 已经达到较稳定状态,继续增加 ISS 处

理时间对改性效果影响不大。

从测试结果中看到,可交换阳离子中 K^+、Na^+、Ca^{2+}、Mg^{2+} 的盐基总量比 CEC 量要小,说明了可交换阳离子中还存在其他类型,但基本上这四种离子已经占到总交换量的 70% 以上。膨胀土的可交换阳离子中以 Ca^{2+} 量最大,Mg^{2+}、K^+ 成分相当,Na^+ 量最小。由于 Na^+ 水合膜厚度较大,且与矿物层间结合力较弱,一般来说,以 Na^+ 为主要交换离子的土样膨胀性较强,试验土样交换离子以 Ca^{2+} 为主与土体的弱膨胀性是相符合的。

ISS 作用前后,膨胀土各可交换性盐基分量变化见图 7-2,其中 K^+、Na^+、Mg^{2+} 离子在 ISS 作用后,均不同程度的降低,而 Ca^{2+} 却呈现出增大的趋势。在 1∶350 配比下,各离子变化程度达到最大。同样,ISS 作用 7d 和 28d 不同时间下,各离子变化趋势相近。

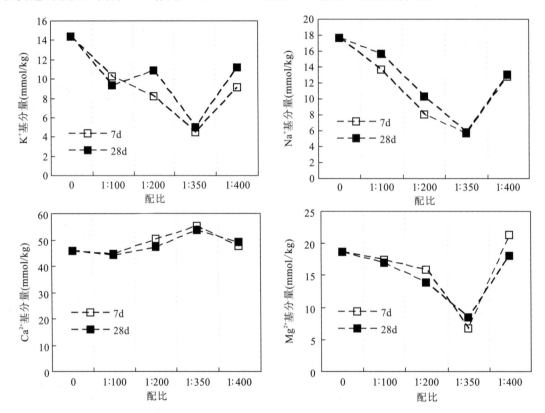

图 7-2　各盐基分量变化趋势

ISS 作用后,Ca^{2+} 成分增加,说明了 ISS 中包含的 Ca^{2+} 与膨胀土发生了离子交换作用,被土粒吸附,而部分 K^+、Na^+ 离子已经交换出来,并且在土样离心分离中已被清洗掉。但 Ca^{2+} 的增加量实际与 K^+、Na^+ 的减小量是不相等的,这是由于在测定交换阳离子成分时只选择了这四种,表明 ISS 中其他阳离子也与土样发生了离子交换作用。从阳离子交换总量的变化来看,ISS 与膨胀土的可交换阳离子之间发生的未必完全是离子"交换"过程,至少阳离子交换作用并不是完全"可逆"的。

如果根据阳离子交换"等量"和"可逆"的原则,ISS 与膨胀土作用后的阳离子交换总量应该是不变的,但事实上,阳离子交换量却较大程度地减小了。这种减小应该来自以下三个方面。

(1) 膨胀土吸附的可交换阳离子中与矿物表面结合能较弱的离子,如 Na^+、K^+ 等只有一部分被 ISS 中阳离子如 Ca^{2+} 等所交换,且这部分交换进入土中的离子具有可交换性,能够被 $BaCl_2$ 再次交换,而不影响土的阳离子交换量。还有一部分离子被 ISS "置换"或"驱赶"以后空出的阳离子空位,被 ISS 溶液中解离的带电基团所占据,并且和黏土矿物表面以配位键或共价键结合,呈非交换态,因此不能被电性吸附的离子置换下来,从而减小了膨胀土的阳离子交换量。

(2) 膨胀土可交换阳离子中结合能较大的离子,如 Mg^{2+} 等,比较难置换或赶走,ISS 通过溶液解离的阴离子头如 SO_3^{2-} 与阳离子以化学键相连,这种键合力牢固地将阳离子固定起来,且很难再被其他离子交换下来,从而导致阳离子交换量减少。

(3) ISS 中的有机离子与黏土矿物晶层面上氧或羟基直接以氢键结合,占据了一个以上的交换位置,形成阳离子交换堵塞,消弱了交换作用,降低了交换量。

由于 ISS 与膨胀土吸附的阳离子或矿物本身发生的上述作用机制,导致 ISS 土的阳离子交换量较素膨胀土显著降低,且使盐基分量中增加的成分量与减少量呈不对等状态。同时,也是由于上述作用,使黏土矿物的水化能力降低,结构稳定性增加,土体膨胀性降低。

7.2 膨胀土胶粒电动性质

7.2.1 土胶粒表面扩散双电层

电动性是胶体的一项重要电化学表现,其定义为:在外界电场作用下,胶体体系中相互接触的固相和液相发生相对移动时,两相界面表现出的一类物化性状。对于黏土胶粒在水溶液体系中形成的胶体来说,电动现象往往有着更复杂的表现。

膨胀土胶体,主要指粒径小于 $2\mu m$ 的黏粒组在水溶液中形成的胶体体系,其电动性来源于黏土颗粒的带电性。前面已提到,由于黏土矿物晶格内的同晶置换现象、晶格边缘断键破碎、对离子的选择性吸附以及水化溶解而产生的净负电荷,就需要吸附交换性阳离子来达到电荷平衡。在黏土逐步吸水的过程,当层间及表面阳离子水合充分后,离子开始"解离"并逐渐向外扩散分布,但同时又受到带电晶层静电引力,两种作用的结果使矿物晶层上的交换性阳离子呈特定扩散层分布,我们将晶层面上分布的负净电荷与扩散分布的补偿性阳离子层一起称为扩散双电层。除了膨胀晶格矿物层间以外,在矿物颗粒、颗粒聚集体表面同样存在双电层分布结构。

膨胀土胶体体系中的双电层分布主要以矿物晶层面和外表面为主。此外,在黏粒薄片边缘表面上也存在双电层,且性质更为复杂。如层间一般为负双电层,而黏粒边缘表面既可能是负双电层,也可能是正双电层,并且受到溶液介质环境、外在条件等多项因素的影响。

土胶体化学中,对于双电层分布模型有着不同看法,目前被普遍接受的是 Granhame 在 Stern 概念基础上提出的改进模型,如图 7-3 所示。

Granhame 模型将黏土胶粒表面扩散双电层分为内、外两层,内层又分为紧密吸附的内内层和相对较弱的内外层,并将内外层和外层一起称为离子扩散层。从胶粒表面向外,定势电位 Ψ_0 先呈线性—指数减小。在外界电场力作用下,胶粒将沿着内层和外层之间的分界面发生移动,于是定义该分界面为滑动面,从滑动面到均匀液相中的电位称为电动电位,即 ζ 电位。

在黏土双电层模型中，ζ电位是一项重要的参数，与胶粒的一系列电动现象，如电泳、电渗及流动、沉降电压密切相关，也可以通过电动性试验进行测定。从Granhame 模型中可以看到，ζ电位值首先受控于胶粒内层的定势电位 Ψ_0 值，并直接反应出胶粒外扩散层的厚度。一般进入滑动面内的阳离子数越多，扩散层越薄，ζ电位越小。

由于黏土胶粒体系中，双电层中的反离子是以水合离子形式存在的，并且在双电层中也分布着极性水分子。因此，将土粒表面的水合形式按照双电层中反离子分布状态划分为强结合水和弱结合水，其中，强结合水吸附在固定层内的阳离子上，扩散层内分布着弱结合水。

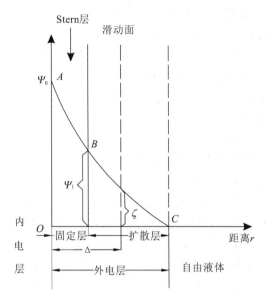

图 7-3 黏土胶粒扩散双电层

表面弱结合水决定着膨胀土的一系列物理力学表现，如弱结合水含量越高，膨胀性越强，可塑性越大，水化分散性越高，而力学强度往往较低。由于弱结合水分布在扩散层内，扩散层的厚度直接反映了膨胀土表面弱结合水分布程度，因此，通过测定土胶粒的ζ电位值便可大体获悉离子扩散层厚度及弱结合水量，进而从机制上认识膨胀土高塑性、膨胀性的表现。

为进一步分析ISS在膨胀土-水体系中的作用机制以及对土表面电化学性质的影响，对ISS土与素膨胀土胶粒进行电泳试验，并比较分析土胶粒的ζ电位值的变化趋势。

7.2.2 电泳试验土胶粒制备和试验方法

本次试验利用膨胀土胶粒的电泳现象来测定胶粒的ζ电位值，采用JS94H型微电泳仪进行测定。实验样品制备和操作过程如下。

(1) 取 30g 过 0.1mm 筛的膨胀土加入到配置好的ISS溶液中，手摇振荡，静置作用一周后，用离心机沉淀土颗粒，倒掉离心后的上部清液，然后继续离心洗去电解质，至电导率达到 $9\sim11.8\mu s$，即达到许可范围（电导率小于 $20\mu s$）。

(2) 将洗盐后的ISS土加纯水，制成悬浮分散液100mL。待充分静止沉淀后，用注射器小心抽取上部分散的胶液，并过 2μ 滤薄膜。采集滤液部分 0.5mL，小心转移入玻璃样品池内。素膨胀土的制样过程与ISS土一致。

(3) 将十字标置入电泳杯后放在三维平台上，调整三维平台，在计算机屏幕找到清晰的十字图像，便找到测定位置。

(4) 将电极放入样品池中进行测试，通过计算机多媒体技术，在给定环境下，对胶粒自动放大 1 200 倍，观察并连续"拍照"，提供双向共两幅灰度图像进行分析计算。

(5) 通过采样温度探头自动连续对环境温度进行采样，采样时间 $3\sim10s$，将结果返回计算机，自动调整参数，计算出ζ电位。对每组试样进行两组平行测定，计算平均值。膨胀土胶粒在电场作用下的电泳过程如图 7-4 所示。

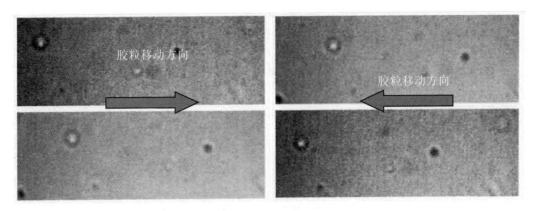

图7-4 胶粒电泳过程

7.2.3 电位值变化结果分析

根据电泳试验结果测定的不同配比 ISS 改性膨胀土的 ζ 电位值见表 7-4。素膨胀土的 ζ 电位值为 -44.739mV。ISS 处理以后,ζ 电位绝对值均有所降低,在 1∶350 配比下,降至最低量为 -35.270mV。这说明了膨胀土经 ISS 处理后,胶粒表面分布的双电层扩散层厚度减小,吸附的弱结合水含量降低。

表7-4 不同配比下 ISS 改性膨胀土的 ζ 电位值

土样编号	ISS∶水(体积比)	ζ 电位($-\text{mV}$)		
		第一组	第二组	平均值
0	0	45.131	44.347	44.739
1	1∶100	44.949	44.265	44.607
2	1∶200	37.718	35.279	36.498 5
3	1∶350	35.270	33.972	34.62
4	1∶400	41.559	43.666	42.612 5

ζ 电位值随 ISS 配比浓度的降低同样在 1∶350 配比下最明显,这与阳离子交换量试验的结果是一致的。将不同配比 ISS 土的 ζ 电位值与阳离子交换量进行比较发现,不同配比 ISS 作用后,膨胀土两指标的变化趋势比较吻合(图7-5)。这种吻合一方面说明了 ζ 电位与阳离子交换量两指标间有着密切的联系和相关性,另一方面也表明可以从 ISS 与膨胀土颗粒表面交换阳离子的作用行为中寻求其对 ζ 电位的影响机制。

在分析 ISS 对膨胀土阳离子交换量的作用机理时,笔者曾指出 ISS 通过解离部分带电基团占据被驱赶的阳离子位置,并与矿物层间紧密结合,另外,ISS 通过亲水头基与矿物颗粒吸附结合能大的阳离子键合加固,这两部构成了矿物颗粒表面固定层的主要成分,使得土粒的净负电荷在固定层得到了有效的补偿,定位电势在固定层降低的幅度更大。从可交换阳离子成分来看,ISS 作用后,Ca^{2+} 离子较素膨胀土明显增大,Na^+、K^+ 离子含量降低。虽然 Ca^{2+} 离子水化度较 Na^+、K^+ 高,但由于其化合价大、电荷高,与土胶粒吸附能较一价离子要高得多,与胶粒表面距离更近,从而挤压扩散层,使扩散厚度更薄,ζ 电位降低的程度更大。

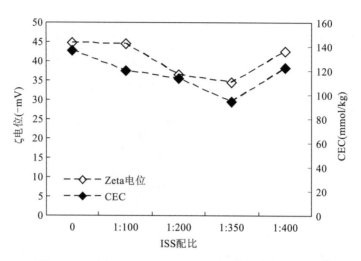

图 7-5　不同配比下 ISS 土 ζ 电位与 CEC 变化趋势比较

由于膨胀土矿物表面及表面吸附阳离子与 ISS 之间发生了上述一系列作用过程,使得胶粒表面电势分布发生了改变(图 7-6),从而引起 ζ 电位降低,扩散层变薄,并导致胶粒表面吸附弱结合水量减小,使土体可塑性降低,颗粒之间在外力作用下,更易被压实致密,力学强度提高。同样,由于扩散层变薄,使膨胀土颗粒间距离减小,土体膨胀性明显降低。

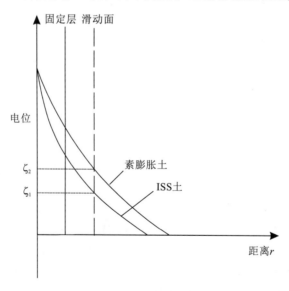

图 7-6　ISS 作用前后膨胀土电势分布变化

7.3　比表面积及孔隙结构分析

比表面积是膨胀土一项重要的表面理化性指标,其定义为每克土样所具有的表面积。该指标密切联系到土体的各种水理表现,如水汽吸附能力、持水度、透水性以及由此而引起的胀缩变形和力学性质改变。

矿物组分和内部结构的差异,是影响膨胀土比表面积值的主要原因。由于颗粒的表面积很大程度上受制于其表面形态,如等效直径相同的片状或扁平状矿物颗粒较圆球状具有更大的表面积,而典型的硅酸盐黏土矿物,一般均呈鳞片状或杆状,其表面积值较大,因此,层状硅酸盐矿物含量越高的膨胀土,其比表面积值一般越大。

即使表面形态相近的黏土矿物,由于晶格构造的特征不同,表面积值也相差甚远。如具有膨胀晶格的蒙脱石除外表面外还具有很大的内表面,而层间稳定连接的高岭石几乎没有内表面,因此,一般蒙脱石的比表面积几乎是高岭石的30~40倍。正是由于蒙脱石特殊的膨胀晶格构造而具有的巨大表面能,使其表面吸附性、水化活性较稳定晶格的矿物要大得多,从而表现出更大的亲水膨胀性。

作为多相分散体系的土,其表面积数值在很大程度上取决于体系中各相的分布状态。由于土颗粒并不都是单片颗粒,而是单片颗粒之间互相聚合、连接以各种微聚体、团聚体形式存在的,各种颗粒单元之间的结合形式、单元体之间的孔隙形态、数量、分布特征便决定着土体的有效表面积值。因此,土的比表面积除了主要受矿物颗粒本身的形态和大小制约外,还在很大程度上受到颗粒分散程度、聚合形式以及孔隙结构特征的影响。

由于微观孔隙特征和比表面性质影响到膨胀性黏土各种物理化学过程的进行,进而反应在力学强度、胀缩变形表现上的显著差异,因此,分析比较离子土固化剂处理前后,膨胀土比表面和孔隙结构的变化,将有助于进一步深化对固化剂改性作用机理的认识。

7.3.1 比表面积

测定比表面积的方法较多,有根据颗粒尺寸计算的几何方法、气体渗透法、亚甲基蓝法、电位滴定曲线计算法、显微镜观察和低角度X衍射法,等等。但目前广泛采用的方法主要为吸附法,即通过测定一定质量的土样在液相或气相物质中的表面吸附剂量来换算表面积的大小,其中多以氮气作为吸附介质。

本次试验采用F-Sorb3400比表面积及孔径测试仪,以氮气为吸附介质,分别对素膨胀土和ISS改性土进行表面吸附试验。基于BET多分子层吸附模型,通过0.05~0.35相对压力范围的氮吸附体积量,线性回归计算两种土样的比表面积。需要指出的是,由于受到N_2分子直径的限制,试验测定的主要是2~50nm孔径范围的表面积,而不包括蒙脱石等膨胀晶格矿物层间几埃($1Å=10^{-10}$m)范围超微孔的内表面积。

根据BET多层吸附模型,吸附量与氮气吸附质气体分压之间满足以下方程关系:

$$\frac{1}{W[(P_0/P)-1]} = \frac{1}{W_mC} + \frac{C-1}{W_mC}\left[\frac{P}{P_0}\right] \tag{7-1}$$

式中:P_0为气体沸点的饱和蒸汽压;P为测定时的某一分压力;P_0/P为相对压力值;W为分压P时的吸附量;W_m为吸附质在土表面形成单层吸附的体积量;C为常数。

根据BET公式,以$1/\{W[(P_0/P)-1]\}$为纵坐标,对P/P_0作图,P/P_0在0.05~0.35区间内,两者满足线性关系,其截距i为$1/W_m\times C$,斜率s为$(C-1)/(V_m-1)$,可计算出单层饱和吸附量$W_m=1/(i+s)$。根据W_m和吸附质气体单个分子在土粒表面所占据的截面积即可计算出单位质量土样所具有的比表面积。对于氮气,比表面积$S=4.36W_m/w$(w为样品质量)。

取安阳弱膨胀土及ISS改性土进行比表面积测试,分别将两种土样自然风干后,粉碎过

0.2mm 标准筛,在样品处理机中进行加热和抽真空处理。抽真空时间在 48h 左右,加热温度不宜过高,控制在 95°左右,以防止土中残留水分的沸腾气化影响到土样的微孔结构和比表面积值。之后,将样品放入比表面积及孔径测试仪进行氮气吸附试验,测定不同相对压力值下,土样的表面吸附量,做等温吸附线,并取多点计算 BET 比表面积值。

素膨胀土及 ISS 土的等温吸附线见图 7-7。从图中可以看到,两种土样的等温吸附线形态基本上都属于多分子层物理吸附的典型情况,比较接近于"S"型曲线形式。但等温吸附线的初始吸附拐点值并不明显,即单分子饱和吸附层的完成阶段比较难判断,既说明了膨胀土与吸附质 N_2 在低压区的相互作用力较弱,也表明土中孔隙结构分布的非单一性和复杂性。从 N_2 吸附总量来看,素膨胀土要高于 ISS 土,即 ISS 添加后,一方面一定程度上减小了土粒表面吸附活性能,另一方面通过改性固化作用,使膨胀土内的总孔隙体积有所降低。

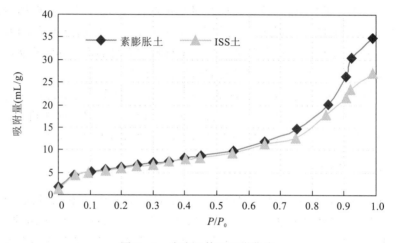

图 7-7 膨胀土等温吸附曲线

根据等温吸附线,选取 P/P_0 在 0.05~0.35 内 N_2 吸附体积量,基于 BET 法计算素膨胀土和 ISS 土的比表面积值,见图 7-8 和表 7-5。可以看到 ISS 改性后,膨胀土的比表面积由 $22.310m^2/g$ 减小到 $19.386m^2/g$,表明膨胀土颗粒尺寸在 ISS 处理后发生了改变,即 ISS 使得

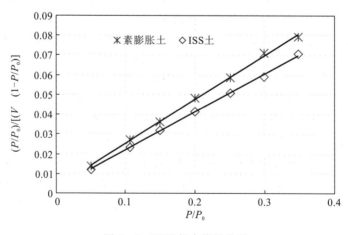

图 7-8 BET 拟合线性关系

土颗粒团聚程度加大,土样内细微孔数量减少,土粒整体分散度降低,从而使与 N_2 分子接触的有效面积量减小,即测定的比表面积减小。

在膨胀土颗粒表面与水分子结合的过程中,若设单位面积上土粒表面的水化吸附能力是一定的,那么土样的吸附水总活性能量取决于其有效比表面积值。ISS 改性后,膨胀土比表面积降低,表明土样潜在的表面水合程度量发生了削减。实际上,比表面积值减小反映的是土粒间作用力的改变。同一种土,颗粒间相互结合力越大,颗粒更靠近,分散性减小,聚合作用更明显,从而表现出更小的比表面积,水分便不易进入土粒单元内部与矿物表面进行充分的水合作用,使土样的膨胀性和亲水性降低。此外,由于 ISS 分子疏水尾在土颗粒表面铺开而形成的"保护层",使膨胀土在比表面积已经降低的基础上,表面水合能力进一步降低,水稳定性进一步提高。

从表 7-5 看到,膨胀土改性前后,比表面积均不大,平均在 $20m^2/g$ 左右,这与土样的黏土含量较低和弱膨胀性是相符合的。此外,BET 吸附常数 C 反应了吸附质与吸附剂之间的作用力强度。ISS 土 C 值降低,说明改性后,土颗粒表面与 N_2 的结合能有所减小。

表 7-5 BET 计算各参数数量和比表面积值

土样	斜率 $(C-1)/(V_m-1)$	截距 $1/V_m \times C$	单层饱和吸附量 V_m (mL/g)	吸附常数 C	BET 比表面积 (m^2/g)
素膨胀土	0.193	0.002 52	5.117 0	77.551 8	22.310
ISS 土	0.221 8	0.003 1	4.446 4	72.548 4	19.386

7.3.2 孔隙体积量及孔径分布特征

1)BJH 法计算孔隙分布基本理论

膨胀土在等温吸附过程中,当相对压力 P/P_0 较低时,吸附质在孔壁内单层铺开。随着 P/P_0 逐渐增大,吸附质在孔隙内多层铺展。在某一 P/P_0 下,吸附蒸气将在相应的孔径为 r_k 的毛细管孔中迅速凝聚为液体,并与液相平衡。一般来说,P 越小,发生凝聚作用对应的孔径 r_k 越小,因此,在吸附过程中,随着 P/P_0 增大,凝聚作用由小孔开始逐渐向大孔发展;反之,在脱附过程中,解凝作用则从大孔向小孔发展。

采用 BJH 法计算土中孔隙体积量的基本假设为:孔为规则的圆柱形孔,并认定在毛细孔凝聚以前孔内已发生了多层吸附。该理论认为,当多孔介质在接近饱和蒸气压 P_0 吸附状态时,逐步降低蒸气压力,解凝从大孔向小孔发展,每一级压力降低所吸附蒸气的脱附量来自该级压力下对应孔径 r_k 的毛细解凝体积与压力降低所引起的各级孔隙中吸附层厚度减小的体积量之和。这样根据等温脱附分支曲线,通过测定不同相对压力下的脱附蒸气量,按照以下公式计算该级压力对应的孔径范围的体积:

$$V_{pn} = R_n \Delta V_n - R_n \Delta t_n \sum_{j=1}^{n-1} Ac_j \qquad (7-2)$$

式中:V_{pn} 为第 n 步脱附出的孔体积;R_n 为第 n 步将孔芯体积换算成孔实际体积的系数;$R_n = r_p/r_k$,r_p 为孔实际直径;ΔV_n 为第 n 步脱附出的吸附质体积量;Δt_n 为相对压力降低时吸附层厚度减小量;$\sum Ac_j$ 为 n 步之前各级脱附而露出的面积之和。

在上述计算过程中,各级脱附中对应的解凝孔孔芯半径 r_k 采用 Kelvin 方程计算:

$$r_k = \frac{-0.114}{\lg(p/p_0)} \tag{7-3}$$

各级相对压力降低时,吸附层厚度 t 采用半定量的 Halsey 方程计算。对于 N_2 吸附,表示为:

$$t = 0.354 \left[\frac{-5}{\ln(p/p_0)} \right]^{\frac{1}{3}} \tag{7-4}$$

根据公式(7-1)至公式(7-3),并基于膨胀土在各级相对压力下的 N_2 脱附量,可计算出土中各级孔径范围内的体积量以及孔径的分布。需要指出的是,BJH 法主要适合于孔径范围在 2~50nm 内的孔分布计算,对于小于 2nm 的微孔需采用其他相关模型进行分析。

2)ISS 改性前后膨胀土孔体积及孔分布变化

根据 BJH 模型计算的膨胀土在 ISS 改性前后的孔隙体积量具体数据见表 7-6、表 7-7。大于某一孔径的累计孔体积量随孔径的变化关系见图 7-9。由此可以看到,素土和 ISS 土在 2~50nm 范围内的中孔累计体积分别为 0.052 869mL/g,0.047 73mL/g。ISS 处理后,膨胀土孔隙体积减小了约 10%,这与等温吸附曲线中 ISS 土的 N_2 吸附量较素土低是一致的。

表 7-6 素膨胀土的孔隙体积量

P/P_0	孔直径 D(nm)	孔体积(mL/g)	累计孔体积(mL/g)
0.99	195.309 181	0	0
0.923 412	26.740 873	0.007 045	0.007 045
0.905 992	21.931 109	0.005 734	0.012 779
0.849 198	13.877 687	0.008 384	0.021 163
0.750 128	8.465 495	0.011 276	0.032 439
0.651 662	6.058 348	0.006 142	0.038 581
0.550 963	4.636 951	0.005 231	0.043 812
0.451 744	3.706 323	0.001 890	0.045 702
0.398 957	3.320 085	0.001 070	0.046 772
0.348 641	2.999 088	0.001 441	0.048 213
0.299 070	2.716 512	0.000 392	0.048 605
0.251 191	2.467 021	0.001 991	0.050 596
0.200 989	2.222 373	0.001 204	0.051 800
0.149 953	1.982 717	0.001 069	0.052 869
0.106 488	1.776 560	0.000 904	0.053 773
0.050 648	1.480 197	0.000 947	0.054 720

由累计孔体积随孔径的变化看出,无论改性与否,膨胀土在大于 50nm 的大孔径范围内的体积量均不大,说明土样内主要以中孔及部分微孔分布为主。此外,在大于 27nm 的较大孔径范围内,ISS 土的孔隙体积量较素土还略有提高,这一现象是不难解释的:ISS 分子与土颗粒表

面紧密结合后,通过高分子链上强电荷引力和离子键合作用将分散的片状颗粒有效地搭接起来,使土粒的团聚程度加大,从而使土样的微孔数量减小,在此过程中伴随着团聚体之间一定数量的较大孔隙的出现。

从图7-9中看到,在8.5nm以上的孔径范围内,ISS土与素土的孔隙总体积差别不大,ISS对于膨胀土孔隙体积的分布的主要影响范围为2~6nm的较微小孔。在该范围内,随着孔径的减小,ISS土的累积孔容不断减小,说明ISS的表面改性作用使土粒间聚合作用程度加大,土中较微小的孔数量降低,从而形成如前所述的比表面积值降低。

表7-7 ISS土的孔隙体积量

P/P_0	孔直径 D(nm)	孔体积(mL/g)	累计孔体积(mL/g)
0.99	195.309 181	0	0
0.918 324	25.127 321	0.009 412	0.009 412
0.904 427	21.583 648	0.003 605	0.013 017
0.843 876	13.418 020	0.008 866	0.021 883
0.747 376	8.374 040	0.010 883	0.032 766
0.650 609	6.039 579	0.002 943	0.035 709
0.548 349	4.607 836	0.004 678	0.040 387
0.448 009	3.676 999	0.002 611	0.042 998
0.400 687	3.331 86	0.000 297	0.043 295
0.348 805	3.000 075	0.000 908	0.044 203
0.299 652	2.719 676	0.000 893	0.045 096
0.248 381	2.452 941	0.000 460	0.045 556
0.197 977	2.208 072	0.001 540	0.047 096
0.149 906	1.982 496	0.000 634	0.047 730
0.093 272	1.711 449	0.001 223	0.048 953
0.053 616	1.498 060	0.001 873	0.050 826

土样的孔体积在不同孔径范围内(孔组)的分布,称为孔分布,其一般的表达方式为微分孔分布函数形式,即孔体积对孔径的平均变化率与孔径的关系:$dV/dD - D$。借助Origin软件,将BJH法计算的各孔组内的孔容量对相应孔径进行微分计算,得到ISS改性前后膨胀土内孔径分布曲线,如图7-10所示。

总体观察孔径分布曲线发现,膨胀土及改性土内的孔径均呈多峰分布形式,即土中孔分布并非均匀连续的,而是在几段孔径范围内集中离散分布。素膨胀土内分布量较大的孔径范围分别为2.5nm、3.3nm、6nm左右,ISS土体内部分布的孔径集中在2.2nm、3nm及4.6nm附近范围内。由此可知,改性后膨胀土内主要分布的孔直径发生了减小,这也与前面分析结果相吻合。

经过计算,素膨胀土与ISS土的平均孔径值分别为10.85nm和8.95nm,表明ISS加固后,土粒团聚虽然会引起较大孔隙量的增加,但土样整体密实度提高,故平均直径发生减小。

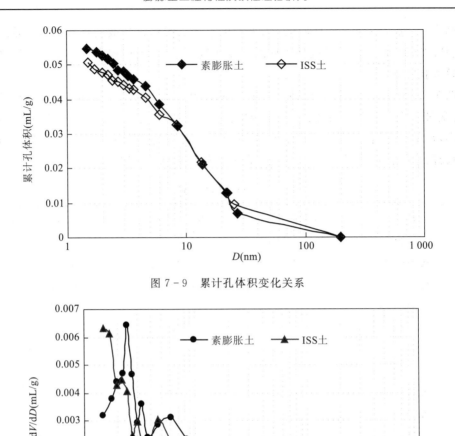

图 7-9　累计孔体积变化关系

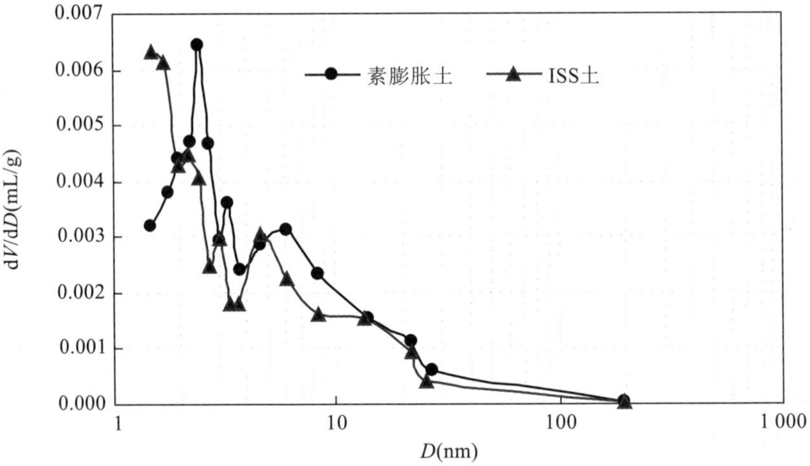

图 7-10　孔径分布曲线

7.4　膨胀土微结构特征及能谱分析

基于土微观结构特征的复杂性和不确定性,对其进行准确表述和量化一直是土结构研究中的难题。随着观察技术的发展,借助于各种先进的光学仪器,如 X 射线衍射、偏光显微镜以及扫描电子显微镜,并在数字图像分析技术的辅助下,土体微结构的分析技术尤其是量化描述上有着实质性的发展。借助扫描电镜观察以及数字图像处理技术,很多学者建立了一系列黏性土的结构定向性和有序性的定量表述方法,并获得了关于微结构孔隙性、形态、颗粒定向程度、各向异性概率以及结构概率熵等多项重要的量化指标。在微结构定量分析的基础上,更多研究焦点正转向微结构量化指标参数与土体宏观物理、力学变形表现的相关性和影响机制分析。

对于膨胀土,如果说其物理化学特性以及各种水理性质主要由其组成的黏土矿物成分所控制外,那么膨胀和收缩变形特性、强度和受力变形表现则很大程度上受其内部微结构影响,尤其是微单元体"结构连接"的影响。因此,要全面评价分析膨胀土的工程地质性质,并且认识形成此类性质的原因,特别是阐明 ISS 对于膨胀土胀缩变形及相关力学性能的改良机理,除了从矿物成分、矿物表面理化性质(交换阳离子、双电层结构、比表面积)等方面进行研究外,还须深入了解改性前后膨胀土微观结构特征的变化。

7.4.1 试验样品制备和方法

采用扫描电子显微镜分别对素弱膨胀土和 ISS 改性土进行微结构观察。在电镜观察前需要将土样中的水分进行排除。在除水过程中,为尽量避免对试样结构的扰动,采用目前较推荐的真空冷冻干燥法处理。

首先取一定量的素膨胀土,加入最优配比浓度下的 ISS 溶液,含水量控制在塑限状态附近,让 ISS 与膨胀土在密闭保湿的环境下,充分作用 3d。之后将 ISS 土取出,按照击实最大干密度分别控制压实度在 90%~95% 范围内制取五组重塑环刀样,代号分别为 A_1~A_5。另外准备未加 ISS 的素膨胀土按照同样的含水状态和压实程度制样,代号为 B_1~B_5。

将 ISS 土与素膨胀土压实重塑样用钢丝锯小心加工切成 4mm×4mm×10mm 的土条形,将土条放入装有异戊烷的试管中,由于异戊烷的沸点在 −140℃ 左右,可在土样液氮冷冻过程中起过渡液缓冲作用,防止土样因表面快速冷冻而中心部位未完全冻结。之后将装有异戊烷和土样的容器放入液氮(沸点 −190℃)中进行冷冻,使土中的水分迅速冻结而不成为膨胀性的结晶冰。冷冻完成后,于真空装置中,在 −50℃ 温度下抽真空 12h 以上,使土中的非晶体的冰直接升华掉,这样土样在完成干燥的同时,结构未发生变形。

将完成干燥的土条取出,采用刀片稍微加工,小心掰开土条获取新鲜的自然面,在上电镜前,于真空蒸发镀膜仪中,对样品喷镀金膜增加其导电性,之后分别将 ISS 土及素土各组样品放在 Quanta200 环境电子扫描显微镜上观察。

7.4.2 改性前后膨胀土微结构特征比较

由于试样制备过程的误差以及观察断面的选取因素,部分电镜观察的结果未能明确体现出 ISS 改性前后膨胀土微结构形貌的显著差异,且少数扫描电镜照片对于微结构形态的捕捉不够清晰,效果并不理想。尽管如此,通过对比分析几个代表性断面的观察结果,还是可以看出改性前后膨胀土微结构特征发生了一定程度的变化。在比较中选取的素土及 ISS 土样图像均为同一含水率和压实度的制样条件下。

1)微结构单元体形态

从图 7-11 可以看到,素膨胀土样(A_2)黏粒的基质中,存在的主要类型为黏土片和黏土畴,其中以黏土畴为主,单独的黏土片较少出现。黏土畴(片)多呈弯曲且部分起翘,边缘比较模糊不清,无明确棱边。这种形态的黏土畴(片)是膨胀土中包含的蒙脱石矿物在脱水过程中收缩引起的不均匀变形而发生的薄片起卷现象。素膨胀土中主要的结构单元体为各种黏土畴(片)之间叠聚构成的呈扁曲状的片聚体,且片聚体厚薄不一。

ISS 土中(B_2),同样包含较多数量的片聚体结构单元,但片聚体延伸度和排列方式相对素土趋于较紊乱状态。此外,在 ISS 土中,出现了"黏土畴(片)—片聚体—微集聚"的整体团聚现象,可见大的团聚体出现。

这种大的团聚体的出现,无疑增加了土的微结构稳定性。因为,对于片聚体来说,在吸水

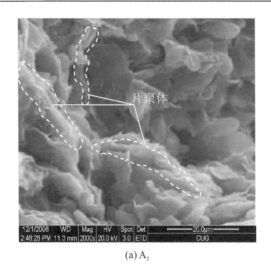
(a) A_2

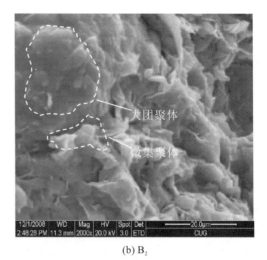
(b) B_2

图 7-11 微结构单元体形貌（2 000×）

A_2. 素土；B_2. ISS 土

膨胀时"片—片"展开，失水时"片—片"收缩，从而展现出明显的胀缩变形。而团聚体则不容易出现这种胀缩效果。首先水分进入团聚体内较难，其次团聚作用多呈现一定的强度和空间稳定性。ISS 土中团聚现象的出现，体现了 ISS 分子链对于膨胀土颗粒的聚合连接作用。

2）微结构单元体之间接触关系、连接特征及排列方式

素膨胀土样（A_3）和 ISS 土样（B_3）的照片见图 7-12。可以看到，在素膨胀土中，片聚体与片聚体之间以边-面接触为主，同时存在着面-面接触及面-边-角接触形式的组合方式。另外，单元体之间的接触连接并不紧密，呈开放式形态。

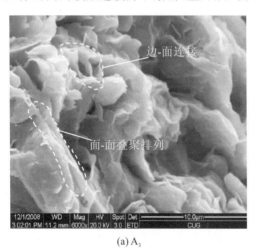
(a) A_3

(b) B_3

图 7-12 微结构单元体接触连接及排列方式（6 000×）

A_3. 素土；B_3. ISS 土

从空间排列形式来看，对于面-面接触的叠聚体基本上与黏土畴（片）的取向排列是一致的，且叠聚体彼此之间有一部分呈现沿某一方向的定向排列，即表现出一定的局部定向性，但

更多的单元体之间并不表现出明显的取向性和定向排列特征。从整体上看,单元体的接触连接方式和空间分布构成近似"絮凝结构"特征。

从 ISS 土 B_3 样可以看到,黏土颗粒基本上呈现致密结合形式,各微团聚体和大团聚体随机聚合接触,而无明显的空间取向性,呈现随机无序的排列方式。与素膨胀土不同,由于团聚作用,使各种微结构单元体没有明显的边界和清晰的轮廓形态,整体上趋于"胶黏式结构"特征。由于 ISS 改性后,膨胀土微结构单元体形态以及排列、连接特征发生了改变,使得土样在水化过程中表现出更好的微结构稳定性。

3) 微结构孔隙、裂隙分布特征

从图 7-13 可以看到,对于 A_5 和 B_5 两组土样,可见明显的裂隙和孔隙分布形式。当然在其他土样中,亦可见片聚体内部的孔隙分布,但在 A_5 和 B_5 两组样品的观察断面上,ISS 加固前后,孔隙空间分布形态的变化更为明显。

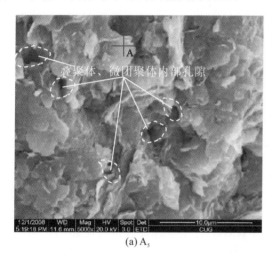
(a) A_5

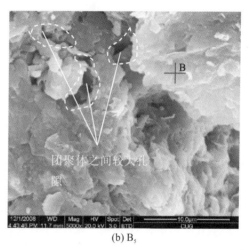
(b) B_5

图 7-13 微结构孔隙和裂隙分布特征(5000×)
A_5.素土;B_5.ISS 土

对于素膨胀土,微孔隙和裂隙多分布在叠聚体和微团聚体的内部,且数量较多;而改性土由于团聚作用,在团聚体内部并不多见孔、裂隙分布,但在团聚体之间存在一定数量的且尺寸稍微较大的孔隙分布。

由于土中微裂隙和孔隙的存在,使膨胀土中的裂隙介质呈现不连续的特点,同时也为水分的迁移提供了通道。Monroy(2005)指出,在黏土片粒团聚的过程中,叠聚体内部的孔隙数量和体积在不断减小,并伴随团聚体之间一定数量的孔隙出现,ISS 土的微结构证实了这一点。正是由于团聚体之间孔隙的发展,使得膨胀土浸水过程中,水分子难以接触到黏土基质,而主要在团聚体外部或表面发生水化过程,从而使膨胀潜势降低。

此外,由于团聚体之间孔隙的存在,也为团聚体表面的膨胀向外扩张预留了一定的空间,使膨胀程度有所降低。

总体看来,由于 ISS 的改性作用,使膨胀土微结构单元体形态、组合方式,以及单元体之间和内部分布的孔隙、裂隙结构在水化过程中朝更稳定的方向发展,从而使土体的胀缩能力降低,力学强度性质得到了提高。

7.4.3 能谱测试分析

为验证 ISS 对于膨胀土微结构的影响改变,特选取扫描电镜图片中改性前后颗粒单元体形态呈现较大改变的微区部位进行能谱分析,检查局部化学元素成分是否发生了变化。选取的测试点,见图 7-13 中的十字叉点,一处为素膨胀土中卷曲的黏土片畴中(A 点),一处为 ISS 土中较大团聚体表面(B 点)。能谱测试结果见图 7-14。

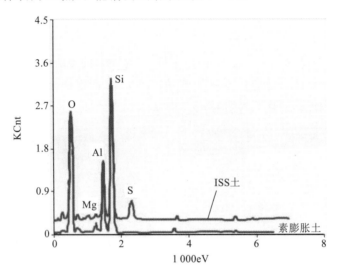

图 7-14 ISS 土加固前后局部点能谱测试图

从图 7-14 中可以看到,A 点和 B 点的化学元素中,主要以 O、Si、Al 出现较大的峰值,且两种土样上述元素含量基本一致,离子固化剂并没有对矿物化学成分含量产生影响。由于膨胀土内的原生矿物以及黏土矿物的主要化学成分均为二氧化硅和各种硅铝酸盐,因此,O、Si、Al 元素在土颗粒中含量最高。

与膨胀土相比,ISS 土 B 点中,唯一多出了 S 元素,且具有一定的相对含量。这种 S 元素应来自于添加的 ISS 成分中。前面提到,ISS 中含有大量磺酸盐表面活性剂成分,即是一种磺化油产品。ISS 在水中将电解出亲水头的—SO_3H 基,并与黏土颗粒表面吸附,因此,在能谱测试时,S 元素成分便显现出来。

而正是由于 ISS 分子与膨胀土颗粒表面紧密的吸附作用,并与表面发生一系列理化改性作用,如前面所述的表面可交换阳离子驱赶、置换侵占以及挤压扩散层,使颗粒之间的结合作用更加紧密。另外,亲水头基外的疏水尾所带的高分子链,又可以与黏土矿物表面发生羟基键合,从而使黏土片逐渐聚合成更大且结构稳定性更高的团聚单元体,改善了膨胀土微结构特征,并相应地提高了其工程特性。

7.5 ISS 改性膨胀土矿物成分及晶层间距分析

构成膨胀土的主要矿物成分包括碎屑矿物和黏土矿物。其中,碎屑矿物的主要成分有石英、斜长石、云母和方解石等,碎屑矿物是膨胀土中粗粒的主要物质成分,因含量有限,且性质稳定,一般对膨胀土的主要工程性质表现,如强度和胀缩变形影响甚微。决定膨胀土高水理活性、软化分散、膨胀变形以及可塑性的物质成分主要是其内部包含的黏土矿物组分。

膨胀土内黏土矿物主要有蒙脱石、伊利石和高岭石以及各种混层矿物等。其中,高岭石不具膨胀晶格构造,其表面理化活性低(可交换阳离子数量少,比表面积小),一般遇水稳定性较高。而具有膨胀晶格架构的蒙脱石和各种膨胀性混层矿物,是膨胀土内最"活泼"的矿物成分。由于层间连接薄弱,晶胞内静负电荷对层间阳离子引力的不平衡,极大的内比表面积,使水分子极易进入矿物层间,并推动C轴扩展,表现出极强的膨胀性和高压缩性。

由于黏土矿物,特别是膨胀性黏土矿物是形成膨胀土一系列工程性质的首要物质基础,因此,分析ISS对于膨胀土的改性机制,便需比较改性前后膨胀内矿物成分,特别是黏土矿物成分是否发生了变化,是否有矿物的消失、减少或新物相的出现。此外,膨胀性黏土矿物的晶层间距(主要是d_{001}值)的变化,是反映矿物层间稳定性和水敏性的重要标志,因此,比较分析ISS处理后膨胀性黏土矿物的晶层间距变化,也是一个重要的因素。

采用X衍射试验分别对素土和ISS土进行多项矿物组分分析,测试内容包括天然土与ISS土粉末样,小于2μ的素膨胀土及ISS土泥浆定向薄片样,经乙二醇饱和的素土及ISS土定向薄片样,以及水汽饱和条件下的素土和ISS土定向玻片样。通过上述各项测试,比较膨胀土在改性前后,全粒组矿物成分以及黏粒组黏土矿物的变化,通过乙二醇饱和细化黏土矿物鉴定结果,根据水汽饱和定向片,分析改性前后膨胀性黏土矿物的层间水稳定性状态。

7.5.1 粉晶样 XRD 图比较

将素膨胀土和ISS土经自然风干后,研磨呈粉末状,之后将两种土样粉末装入衍射试样载玻框的中间孔中,将粉末在玻璃框中压密压实,之后将载玻片粉晶样品放入仪器中进行测试。由于在土样的研磨过程中,可能会使部分矿物的晶格产生破坏,因此,在磨制粉末时,注意将素土和ISS土控制在同一研磨时间,且研磨过程不宜过久。

图7-15为素土和ISS土粉晶样衍射图谱。从中可以看到,膨胀土中粗粒碎屑矿物成分主

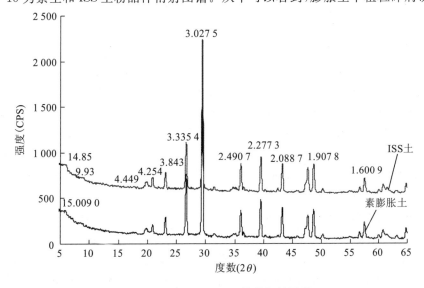

图 7-15 素土和 ISS 土粉晶衍射图谱

要有方解石(特征峰 $d=3.025Å$)、石英(特征峰 $d=4.25Å、3.33Å、2.49Å、2.28Å$),并含有少量长石矿物,包含的黏土矿物成分有蒙脱石($d=14.85\sim15Å$)、伊利石($d=10Å$)。从粉晶样中看不出高岭石矿物的特征峰值($d=7Å$)出现,可能是由于粉晶中高岭石含量较少,并且被其他矿物衍射峰掩盖而造成的。另外,在 $14\sim15Å$ 之间的衍射峰也可能是二八面体的绿泥石。因此,关于黏土矿物的鉴定分析尚需进一步试验细化。本书曾指出试验采用的安阳弱膨胀土为泥质灰岩的风化残积成因,X 射线衍射图中反映的方解石矿物很高,正是来自膨胀土的母岩中。

通过比较分析 ISS 土与素膨胀土的粉晶图谱,看到膨胀土在处理前后,矿物成分并没有发生改变,各特征衍射峰强度和位置基本保持一致,没有新的物相的衍射峰产生。这说明了 ISS 对膨胀土的改性作用过程中,并没有与土体中的矿物成分发生反应而生成新的晶体矿物,也没有对原有的矿物晶体造成破坏和分解。因此,ISS 与膨胀土矿物颗粒之间应只发生了一种表面的理化作用过程,而并不是伴随着矿物合成或分解的化学反应。

从粉晶图谱中,可以看到 ISS 土在蒙脱石衍射峰附近($15Å$)d_{001} 有轻微减小,表明 ISS 对于膨胀晶格的蒙脱石的层间发生了一定的作用。但由于全粒组粉晶样中蒙脱石矿物含量较低,峰值强度很弱,且由于矿物的无定向性排列,蒙脱石 d_{001} 值的细微变化尚且还不能明确说明是否是 ISS 的作用效果,尚需对土样进行提纯,对黏土矿物组的衍射峰进行观察,并进一步分析 ISS 对于主要黏土矿物特别是膨胀性蒙脱石矿物是否有影响改变。

7.5.2 黏土矿物组衍射图比较

为进一步分析鉴别膨胀土包含的主要黏土矿物成分,以及 ISS 作用后黏土矿物是否发生了改变,分别对素膨胀土和 ISS 土采用沉降法进行黏粒提取,提取的黏粒组小于 2μ。由于提取的黏粒悬液浓度较低,应首先吸取少量悬浮液滴在载玻片上,使浆液自然铺开并在室温条件下自然风干,之后再滴铺第二层,直至在载玻片上形成一薄层黏土片膜。对于素膨胀土和 ISS 土,在制作定向片时,应保证风干条件控制在同一温度和湿度条件下,且滴铺的定向薄片样的黏粒含量基本接近。

经提纯的素土和 ISS 土的黏粒定向片样的衍射结果见图 7-16。从中可以看到,由于黏粒在载玻片上呈片状定向铺展,各黏土矿物特征衍射峰强度较全粒组粉晶样出露得更明显,从而有利于判断膨胀土中主要黏土矿物成分及其变化。

与粉晶样的一个显著差别在于,提黏样图谱中出现了高岭石的衍射峰($d=7.12Å$)。此外,伊利石的各特征峰($d=9.92Å、4.963Å、3.32Å$)比粉晶样出现得更完整。这说明膨胀土中的黏土矿物包含伊利石和高岭石,且可以看到伊利石含量相对高岭石高。

ISS 处理后,高岭石和伊利石的衍射峰强度及位置并没有发生变化,而在蒙脱石的衍射峰发生了一定程度的偏移。与粉晶图相比,素土的 d_{001} 值由 $15Å$ 降低至 $14.465Å$,ISS 土的 d_{001} 也从 $14.85Å$ 偏移至 $14.635Å$。这种层间距减小主要是由于粉末样风干条件下的湿度要高于定向片样,使粉末样中的蒙脱石层间水分子含量高于风干的定向片样。

在采用沉降法提取黏粒过程中,两种土样都经过了水化,在此过程中蒙脱石的层间被大量水分子饱和填充,层间距将扩展到 $17Å$ 以上。之后,在将黏粒悬液滴铺到载玻片上并风干的过程中,随着水分的蒸发,蒙脱石层间距不断脱水收缩,最后稳定在与风干条件温湿度相平衡的水合状态。由于素土和 ISS 土的黏粒都经过了充分的水化以及后续的风干过程,且两种土样风干的温湿度条件均处于相同状态,而 ISS 土的蒙脱石层间 d_{001} 间距值较素土却增加了(分

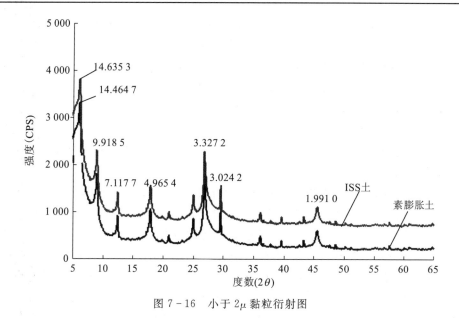

图 7-16 小于 2μ 黏粒衍射图

别为 14.635Å 和 14.465Å），说明了 ISS 处理后，土中膨胀矿物的层间持水度有了一定的增加，也反应了同等温湿度脱水条件下，ISS 土的收缩能力比素膨胀土要低，蒙脱石矿物层间收缩敏感度降低。

7.5.3 乙二醇及水汽饱和黏粒定向片分析

为进一步细化分析膨胀土中黏土矿物成分，将自然风干的黏粒定向薄片样进行乙二醇吸附。试验前，分别将素膨胀土和 ISS 土的定向片放入玻璃缸的上部，在玻璃缸底部倒入一定的乙二醇液体。密封容器后，放入 50~55℃ 的恒温箱中，让乙二醇分子逐渐被黏粒吸附饱和，整个吸附平衡时间控制在 1d 左右。之后将处理的薄片样进行 XRD 测试，结果见图 7-17。

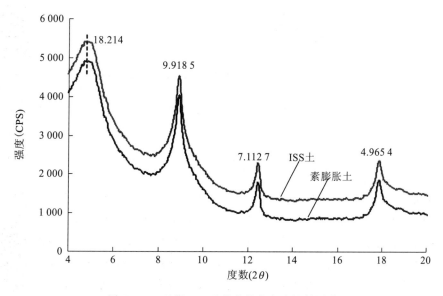

图 7-17 吸附乙二醇的黏粒定向片衍射图谱

从图 7-17 中可以看到,经乙二醇处理后,14~15Å 的衍射峰偏移至 18.21Å 左右,从而证实了该峰值对应的是蒙脱石矿物的判断,土中并不包含二八面体绿泥石。比较两种土样的相应峰值,高岭石和伊利石的特征峰没有任何改变,蒙脱石层间因乙二醇有机大分子的进入发生扩张,且素土和 ISS 土中蒙脱石的层间扩张值基本一致。这说明了 ISS 对于蒙脱石晶层间的稳定作用并不足以克服有机大分子的进入。

根据对图 7-17 的分析,ISS 对于蒙脱石膨胀晶格的层间收缩度有一定的弱化作用。反过来,让风干的土样在高湿度条件下吸附水汽,蒙脱石层间距的膨胀扩张程度是否也因 ISS 的改性作用而发生弱化?

为验证这一思路,采用与乙二醇饱和类似的方法,让黏粒定向片吸附水汽饱和。在保湿缸的底部倒入饱和的 K_2SO_4 盐溶液,将两种风干的黏土定向片放入保湿缸上部,密闭容器,并放置在 30℃ 的恒温箱中,30℃ 下饱和 K_2SO_4 盐溶液控制的相对湿度为 97%~98%。在此相对湿度下,让土样充分地吸附水汽饱和,平衡时间为 5d。之后,对水汽吸附的样品进行测试。

比较两种土样水汽吸附后的衍射图谱,见图 7-18。其中,伊利石和高岭石的衍射峰未发生变化,因为这两种矿物为非膨胀晶格矿物,水分子不易进入层间,但蒙脱石的衍射峰发生了一定程度的偏移。素膨胀土和 ISS 土的蒙脱石 d_{001} 值分别为 15.57Å、15.25Å,说明蒙脱石在吸湿过程中,层间水分子有一定程度的增加。ISS 土层间距在吸湿后扩张程度较素土小,说明了在同等吸湿条件下,ISS 的作用使蒙脱石层间吸水,膨胀度降低,水敏性减弱。

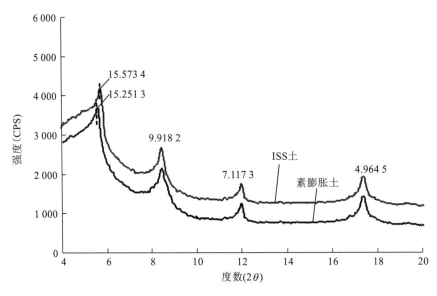

图 7-18 水汽吸附样衍射图

整体来看,ISS 改性后,膨胀土内的主要碎屑矿物和黏土矿物的成分及含量并没有发生改变,也没有新矿物的产生,ISS 只与黏土矿物颗粒的外表面及层间发生了理化作用,如与矿物表面吸附的可交换阳离子间发生交换、束缚键合以及置换作用,与矿物表面及层间上的原子发生氢键链接,以及利用其自身的高分子量、高电荷性与黏粒通过范德华力或静电引力形成紧密吸附作用和连接作用。因此,ISS 改性后蒙脱石层间水化稳定性的提高,可作以下解释。

风干状态时蒙脱石的晶层 d_{001} 间距为 14~15Å,表明其层间已稳定吸附 2 层左右的水分子,在此条件下继续吸湿,则将进入层间阳离子的水化(水合)阶段。前面已经提到,ISS 分子通过与黏土矿物表面和层间的阳离子作用,使其吸附可交换阳离子量减小,且使部分阳离子通过与 ISS 中的亲水头键合而被固定束缚。这种作用的结果,一方面将使蒙脱石矿物层间可水化(水合)阳离子总量有所降低;另一方面,通过亲水头的键合束缚作用,使阳离子的水化活性能力也有所减弱,从而使蒙脱石矿物层间距因阳离子水化而扩张的能力弱化,表现为同样的吸湿条件下,d_{001} 值较小,层间稳定性提高。另外,ISS 与矿物表面及层间上的原子发生氢键链接,以及利用其自身的高分子量、高电荷性与晶层通过范德华力或静电引力作用,也提高了层间稳定度。

需要指出的是,蒙脱石层间距的变化在一个侧面上反映了土样水化能力和膨胀性能的弱化。实际上,在高度水化分散状态下的膨胀土,其包含的 Ca^{2+} 蒙脱石的层间距也只增加到 17~18Å。因此,改性后,土中蒙脱石吸湿后层间距的细微减小,已能较好地说明 ISS 对于膨胀土的水化、膨胀的抑制效果。

8 膨胀土水合机制及改性土水合模型

8.1 膨胀土结合水形式及土-水作用性质

8.1.1 膨胀土中黏土矿物的水化活性形式

膨胀土一系列物理化学、力学表现绝大多数都可归结为与水的作用问题。水在土中扮演着重要的角色，特别是对于膨胀性黏土，水的影响作用更大。土中的水一般可分为矿物成分水和孔隙水，其中，矿物成分水包括参与晶体结构组成的结构水、结晶水以及部分膨胀性黏土矿物层间的吸附形态水；孔隙水根据水分子活动能力又分为液态水、气态水和固态水，液态水按照与土颗粒吸引的牢固程度，可细分为结合水、毛细水及重力水。

膨胀土的亲水膨胀性，正是由于它具有强烈的水合作用，而膨胀土中主要的水化物质为黏粒部分，因此，其水合能力实际上主要依赖于黏土矿物的水化程度，黏土矿物的水活性和水理性表现构建了其膨胀性能的基础。在膨胀土黏土矿物表面，存在着多种能力不等的结合水吸附中心，其主要形式有以下几中。

1) 电场吸引极性水分子

黏土矿物由于晶格缺陷、同晶置换以及晶胞侧面断键，使表面带有一定的净余电荷，一般主要为负电荷。在水分子结构中，两个氢原子和一个氧原子彼此之间是呈夹角连结的，这种不对称排列造成水分的静电荷不平衡，氧原子端有过剩负电荷，而氢原子端则多余正电荷。因此，整体上水分子的电荷分布形成点偶极体，即水分子是极性分子。当黏粒在水分介质环境下，由于其表面负电荷形成的电场引力，使极性水分子被吸附并整齐地排列在颗粒表面而失去自由扩散和运移能力。黏粒的电场作用随着远离颗粒表面而逐渐衰弱，极性水分子受静电引力减小，其排列分布定向性逐渐趋于无序状态。

2) 矿物表面的氢键连接

黏土矿物基本晶胞单位由硅氧四面体和铝氢氧八面体堆叠而成，因此，矿物表面主要由氧原子和氢氧原子以近似六边形排列组成。当水分子与矿物表面接触时，水分子偶极体的两端就容易与表面氧原子及氢氧原子以共价氢键形式连接。一般来说，这种共键连接形式吸附水分子的能量，在氧原子和氢氧原子上是存在能力不等态的，并且受到矿物晶格内部过余电子的干扰作用，但整体上，由于共价氢键的链接，使水分子在矿物表面上被牢固吸附，并呈较强的定向排列秩序。

3) 矿物表面吸附的交换性阳离子水化

黏土矿物的层间及颗粒表面分布着平衡电荷的可交换性阳离子，在与水分接触时，极性水分子与可交换性阳离子之间发生配位作用,即以水化阳离子的形式存在,不同阳离子的水化能和水化程度受其在自由水溶液中被水合的能力影响。此外,阳离子的水化能还受其与黏土矿物的相互作用能量的制约,当阳离子与矿物层间连接力越强时,其水合脱离矿物表面的能力受到的抑制越大。

可交换阳离子的水化是黏土矿物结合水的一个重要组成部分,特别是对于膨胀晶格黏土矿物,由于层间吸附可交换阳离子数量和类型的差别,使其结合水能力以及水化膨胀性呈不同的发展趋势。随着黏土水化程度的加大,表面吸附的可交换阳离子将逐渐扩散分布,并形成"双电层"结构,此时,交换阳离子的半径、电荷和价位显著影响土表面结合水的分布和数量。

4) 矿物晶体边缘不饱和化合价原子

黏土矿物晶体侧边断口上具有不饱和的价键,并形成不同类型的水合活性中心,包括伴有氧原子的单氢氧根[图 8-1(a)]和双氢氧根[图 8-1(b)]、四面体层和八面体层边界上未饱和的氧原子[图 8-1(c)]、伴有铝原子(Al)的未饱和的双氢氧根(—OH)[8-1(d)]。各种不饱和价键可与极性水分子形成共价键连接,从而在一定程度上增加了土的水合度。

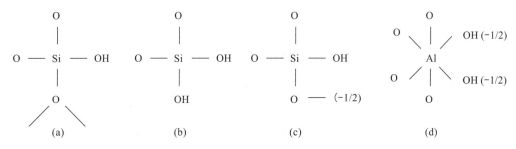

图 8-1 黏土矿物晶体侧边断口上不饱和的价键

由于膨胀土中黏土矿物包含的上述各种水化吸附能力,使其表面水合机制呈现非常复杂的情形,并且膨胀土在不同水介质环境下的水合表现又各不相同,如处在水蒸气状态下的表面吸附、在纯水溶液中以及在盐溶液中的水合表现,等等。但无论是哪一种条件下的水合(水化),对黏土性质影响最大是与其固体颗粒表面吸附结合能力较强的水,即结合水。大量研究表明,膨胀土表面的结合水分布形式、数量,是决定其高塑性、黏稠度、显著分散膨胀、收缩变形等一系列特性的主要因素。

8.1.2 结合水含量对黏土胀缩机制的影响

胀缩变形是膨胀土的一项本质属性,很多学者对膨胀土的胀缩机制提出了多种理论见解,其中,较普遍认可的有晶格扩张理论、双电层理论、渗透理论。虽然各种理论解释的出发点有所区别,如晶格扩张理论主要建立在膨胀性矿物的晶格构造角度,渗透理论基于"胶体-水"体系的物理化学性质,但总的看来,这些理论实际上都反映了土表面结合水的分布形态、数量对于胀缩变形的重要影响作用。

膨胀土水化膨胀可以分为两个阶段,第一个阶段即土体内包含的黏土矿物的晶格膨胀过程。当干土置于水中,首先在矿物颗粒表面以各种水化活性能形式吸附水分,其中包括水分被吸附进入膨胀性矿物晶层内表面以及层间阳离子的不断水化。随着水分在矿物内表面(层间)吸附量的增加,晶格不断扩张,表现为土体积急速膨胀变形,因此,晶层膨胀的整个过程就是层内吸附结合水数量不断增加的表现。层内结合水的发展经历着从初始的内层表面水化的强结合水结合,以及渐进的弱结合水膜形成的动态变化,而晶格的急剧扩张膨胀应主要发生在后期,即层内弱结合水膜不断增加的时期。

当晶格扩张到一定的程度时,表面及层间吸附弱结合水量较大,使层间及外表面的交换阳离子已趋于解离状态,并逐渐发生向外扩散,进入到膨胀发展的第二个阶段,即双电层理论解释的膨胀机制。由于土中矿物颗粒内、外表面以及矿物聚集体表面分布着反离子层,在电场力作用下,水化反离子及极性水分子按一定的取向,与颗粒表面以不同的结合力程度分布排列,即在颗粒表面进一步形成更厚的结合水膜层,结合水膜"楔开"了土颗粒,使颗粒距离进一步加大,外在膨胀表现更加明显。因此,双电层理论同样反映了颗粒表面结合水量的增加是促使膨胀变形发展的原因。

此外,对于渗透膨胀的机制,同样可以归结为由于膨胀矿物层间弱结合水量的增加和减小,使层间阳离子的浓度发生改变,进而引起与外在盐溶液的浓度差,促使水分在层间和外在溶液间迁移,使层间弱结合水量动态改变,引起胀缩变形的发展。因此,在膨胀土-水作用的过程中,土表面结合水的发展过程成为制约其膨胀特性的关键因素。

8.2 膨胀土表面吸附结合水类型界定及量化分析

结合水是膨胀土中黏土矿物与水或水溶液相互作用的产物,具有复杂的物理化学性质。由于结合水是制约膨胀土(或任何黏性土)黏稠度、可塑性、膨胀性、收缩等一系列水理性表现的关键因素,并且密切影响着膨胀土颗粒表面发生的众多理化作用的进程,因此,关于结合水的研究一直是土质土力学和工程地质学的核心问题。同时,由于膨胀土表面吸附结合水极其微观,结合水层的厚度一般都在微量级单位,结合水类型的界定、量化研究一直是一项难点。

按照水和颗粒表面结合的牢固程度,膨胀土表面结合水可分为强结合水和弱结合水。其中,关于强结合水和弱结合水的界限在哪里,相对含量有多少,以及两种结合水分别对应着土表面水合机制的哪一阶段,很多学者提出过不同的看法。如黏土表面吸附强结合水的厚度有单层水分子、多层甚至几十层水分子的不同主张;对于弱结合水的类型也有划分为毛细弱结合水、渗透弱结合水以及极弱结合水的看法。有学者认为强结合水吸附完成时含水量对应着土的塑性下限,在液限含水量状态下弱结合水量达到饱和最大值;也有学者提出,在塑性含水量前,土表面已存在一定数量吸附能力强度较高的"松散弱结合水",而饱和的弱结合水吸附量出现在土液限状态之前,并以"最大分子含水量"来表征强结合水和弱结合水的总量。

这里我们无意对上述有关结合水的不同主张进行统一,实际上由于土表面结合水机制所体现出的复杂性,对结合水类型、数量进行所谓的统一标准是很难做到的,也是不切实际的。正是由于不同黏土物质成分、表面结构性质的差异才使结合水的机制和形式呈现多样性,并且不同学者对土结合水测试、量化的分析角度和试验手段也是各不相同。因此,在借鉴已有的结合水研究的理论基础上,并通过相关试验方法,本节只力图对本次试验采用的特定膨胀土样表面吸附结合水类型和水合机制进行探讨,并以此为基础,分析ISS对于膨胀土表面结合水的改变作用机制。

8.2.1 膨胀土表面等温水汽吸附特征

目前,关于土表面吸附结合水的定量测定方法多在"土-水溶液"分散体系中进行,并假设分散体呈各种理想模型运动形式,如黏土胶体溶液电化学方法、增比黏度法、双电层厚度计算法。"土-水溶液"体系实际上对应着土表面彻底水化的最终形态,在此状态下,计算得到的结合水含量是表面吸附各种结合水的最终饱和量。因此,基于"土-水溶液"的计算方法只能界定出土在水溶液中完全水化状态下各种结合水分布的相对量,而不能反应出土表面水合的动态阶段变化过程,特别是不同类型结合水在土表面吸附的过渡转折特征。

很多学者借助等温水汽吸附试验,测试分析土表面吸附水的动态发展过程,并提出了关于结合水类型划分和数量变化的很多有价值的结论。这些水汽吸附试验多采用纯黏土矿物为研究对象,虽然膨胀土中的水合活性主要来自于其包含的黏土矿物成分,但由于膨胀土中包含的黏土矿物种类的差异,以及矿物结构及表面理化性质的多样性,使其吸附结合水的数量和发展过程与单一纯黏土矿物相比应有所不同。考虑到水汽吸附方法既可以反应出土表面与水分子直接接触的实际情形,又能体现出吸附结合水量变化和结合水发展的整个历程,且影响因素少,因此,本节首先对膨胀土开展不同相对湿度下的水汽吸附试验,观测膨胀土吸附水变化过程,在此基础上,通过进一步试验对不同水汽吸附阶段的结合水类型、含量进行界定。

1) 试样制备及相对湿度控制

试验采用安阳弱膨胀土,将土样风干碾碎后过 0.1mm 筛,筛去粗颗粒备用。为测定土在绝对干燥、不含任何结合水量状态下逐渐吸附水的变化特征,需要对风干土进行进一步脱水处理。已有研究表明,在 105~110℃ 温度下干燥时,虽然土中弱结合水和绝大多数强结合水可脱去,但仍残留部分与矿物表面结合紧密的强结合水。根据热重分析结果,典型的黏土矿物在 200~250℃ 基本已完全脱去层间和表面吸附水分。鉴于此,吸附试验前,将过筛的风干土样在 200℃ 温度下进行烘干处理,使土样处于完全无结合水吸附状态。

待烘干土样冷却后,分别称取一定质量试样装入铝盒,并放置于温度控制在约 25℃、不同相对湿度的保湿缸中。本次试验中相对湿度环境采用不同饱和盐溶液进行控制,见表 8-1。试验过程中,每隔一天,将土样从保湿缸取出,采用电子天平称重。当连续 2d 内,土样的吸附质量不发生变化,即吸附水汽量已达到平衡状态,试验完成并称重。根据试验前 200℃ 下的干土质量计算其含水率,并定义此含水率为绝对含水率,以区别通常土工规范中根据 105~110℃ 温度下干土质量计算的含水率。试验过程中,不同相对湿度条件下,土的吸附平衡时间是不一致的,整体来看,相对湿度越高,吸附时间较长。10d 左右,所有土样基本都完成吸附平衡。试验装置见图 8-2。

表 8-1 25℃ 下饱和盐溶液控制的相对湿度值

饱和盐溶液	$MgCl_2$	$NaBr$	$NaCl$	KCl	K_2SO_4
相对湿度(%)	33	60	75	85	98

2) 水汽吸附曲线

膨胀土不同相对湿度下吸附平衡的绝对含水率试验结果见图 8-3。从中可以看出,随着

图 8-2 等温水汽吸附试验

相对湿度的增加,土表面结合水含量是在不断增大的。观察水汽吸附曲线形态,整体上并不是属于朗缪尔单分子吸附模型,而比较接近于 BET 多分子吸附形态,表明土表面水分子的结合趋于单层到多层逐渐过渡的发展。

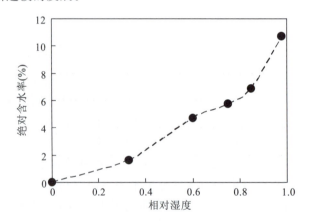

图 8-3 绝对含水量随相对湿度的变化

土表面结合水绝对量随着相对湿度的增加,并非是以恒定速度线性变化的。从图 8-3 中可以看到,整体曲线存在三个不同阶段的斜率变化点,分别在 0.33~0.6、0.6~0.85 以及 0.85~0.98 范围内。当相对湿度从 0.33 增加到 0.6 时,水汽吸附量呈较大的增加,吸附水量发展速度较快;之后在 0.6~0.85 范围内,结合水量增加速度比较缓慢;当相对湿度达到 0.98 时,含水率有一个跳跃式上升,急速增大。

膨胀土表面吸附水量随相对湿度变化而表现出的阶段发展过程,密切联系着水分与土颗粒表面结合的不同机制过程,同时清晰地反应了表面结合水含量和分布性质的不断过渡变化。

如果从曲线形态上来看,土样在相对湿度从 0.33~0.6 之间结合水显著的量变,暗示了土表面以一种新的能力形态对水分子进行吸附;而在 0.6~0.85 阶段的缓慢增加则表明,表面结合水的形态基本保持稳定,只是由于水汽湿度含量的增加,颗粒表面结合水分子缓慢地铺展增加;而当相对湿度值在0.85~0.98之间时,吸附水量跳跃式的发展,则暗示了结合水的性质发生了某种质变,即土颗粒表面以另外一种结合能方式吸附水分子。也就是说,在相对湿度在0.33~0.6及0.85~0.98之间时,传达了结合水类型过渡发展的信息,特别是在0.85~0.98之间很小的相对湿度区间内所表现出吸附量的跳跃上升,更体现出土表面水合状态和结合水性质发生了转变。因此,根据等温吸附曲线,将结合水类型界定的特征湿度可初步确定为0.33、0.6及0.98。

8.2.2 结合水热失重-差热分析

热失重-差热技术是根据测定土在受热情况下质量不断变化,以及伴随的吸热和放热反应性质,来鉴别土中包含的黏土矿物种类的方法。由于黏土矿物在不同温度区间内发生脱水、分解、重结晶以及氧化等性质变化,因此,可根据对加热过程中质量的变化以及不同性质变化所存在的吸热谷和放热峰值特征来判别矿物类别及晶体组分的变化。基于热失重-差热试验的上述特点,它同样也可用于土中吸附结合水数量及性质的鉴别分析。

土表面不同类型的吸附结合水与颗粒表面的结合能力和连接牢固度是不同的,因此,在连续加热过程中,不同类型结合水应在不同的温度区间内逐渐被脱去,从而在差热曲热上形成一定的特征峰值,即在不同温度区间内,土热失重-差热性质既可以定性判断结合水与颗粒表面结合的能力,区分不同类型的吸附结合水,又可以定量表征对应的结合水类型的数量。

采用STA 409 PC同步热分析仪对等温水汽吸附确定的特征湿度0.33、0.6、0.98下吸附平衡土样分别进行热失重-差热分析,三组土样编号分别为A_1、A_2、A_3。为使结合水在对应温度区间内有效脱出,实验升温速率控制在较慢幅度,每分钟10℃左右,升温区间在20~1 000℃。

图8-4给出了A_1土样的热失重-差热变化曲线,可以看到在小于200℃温度区间内,存在一个较弱的吸热谷,温度在145℃左右。与此对应的吸热范围内,热重曲线有一段1.555%的质量减小,此温度区间内土样脱水速率较慢。从热重曲线的形态来看,土样开始失水的温度范围为110~180℃。

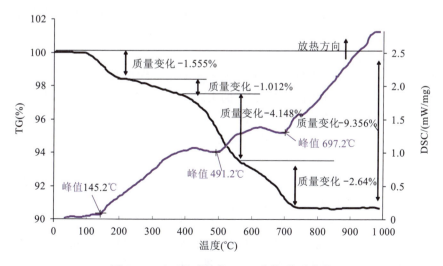

图8-4 A_1(相对湿度0.33)差热-热重曲线

差热曲线中,另外两组吸热谷峰温在 490℃和 700℃左右,这两组温度区间内,膨胀土内主要黏土矿物逐渐脱去晶格"水"(OH—),并伴随着较大的热失重变化。

A_1 样吸附试验相对湿度较低,膨胀土表面吸附结合水数量较少,且脱去该层结合水所需要的温度较高,表明结合水与土表面吸附连结牢固,因此,该湿度条件下吸附结合水类型可定为强结合水。

图 8-5 为 A_2 样差热-热重曲线。与 A_1 相比,热重变化曲线在小于 200℃温度区间内,多出了一个失重阶台。与此相对应,差热曲线除 140℃左右的吸热谷外,在 97℃温度左右出现了较微弱但可分辨的吸热谷,表明土表面结合水数量和形态已经发生了改变。

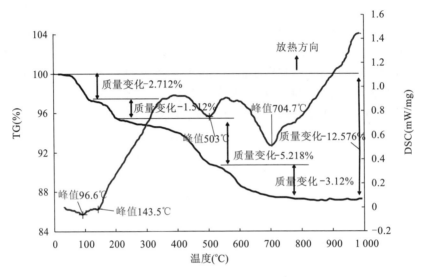

图 8-5 A_2(相对湿度 0.6)差热-热重曲线

与 97℃温度吸热谷相应脱去的结合水量为 2.712%,正是由于这部分结合水层在土表面的吸附,使图 8-3 等温吸附曲线在 0.33~0.6 湿度范围内出现较快的增加。但该部分结合水与土表面吸附能力相对较弱,脱去温度要低。此外,A_2 样在 140℃左右对应的失重量为 1.512%,与 A_1 样的失重量相比,变化不大,表明强结合水吸附量在 0.33~0.6 湿度范围内,并没有增加,基本保持恒定。

差热分析表明,在 0.6 特征湿度下,膨胀土表面的水合性质和机制已经发生了转变,即表现为与颗粒表面吸附作用力稍弱的结合水层的出现,土中结合水已经可以划分为两种类型,分别为对应于 140℃吸热谷的强结合水,以及 97℃附近的结合水层。从热重曲线来看,第二种结合水的脱失温度区间为 90~115℃,表明该层结合水与土表面的吸附连结仍处于较牢固的状态。

在 200℃以上的温度范围内,A_1 与 A_2 样的差热曲线形态未发生显著变化,表明土中黏土矿物在高温区的热反应性质未发生变化。

A_3 样的热曲线见图 8-6。与前两种土样相比,差热曲线在 200℃内有三个吸热谷出现,分别为 79℃、123℃及 168℃温度范围内,其中 123℃吸热谷较强,79℃吸热谷较弱但可分辨。与这三个吸热峰对应,热重曲线出现斜率变化明显的三段台阶,热重失去量分别为 2.3%、5.78%及 1.54%。

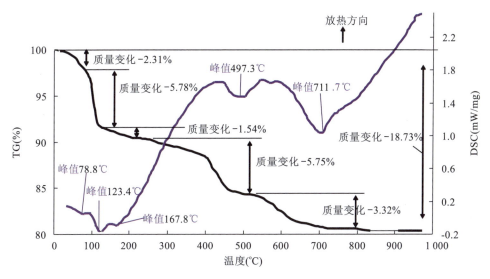

图 8-6　A_3（相对湿度 0.98）差热-热重曲线

与 A_2 样相比，200℃以下，差热曲线多出了第一个吸热温度区间，并且在第二个和第三个吸热谷温度也有所增加。这说明了随着吸附相对湿度的增加，土中结合水数量有了大幅增加外，结合水性质也发生了新的变化。

在 79℃附近低温区出现了较弱的吸收峰，表明水分子在土表面吸附量增加的过程中，与土表面的结合作用能在逐渐衰弱，这种连接力弱的吸附水分子层构成了新的结合水类型。

研究表明，纯蒙脱石在 100% 相对湿度的水汽吸附条件下，吸附水类型基本上都属于结合水范围（包括强结合水＋弱结合水）。从表 8-1 看到，试验弱膨胀土即使在很高湿度条件下吸湿的绝对含水率量也并不大。因此，膨胀土表面吸附结合水之间相互聚合凝结成自由水的几率很小。A_3 土样在 79℃附近低温区对应吸附水层，应全部属于与土颗粒表面连结力较薄的弱结合水类型。

此外，A_3 土样中 123℃及 168℃附近吸热谷的出现，表明随着土吸附水总量的增加，强结合水、介于强结合水和弱结合水之间的吸附水与土表面的结合牢固度也有着一定程度的增加。

总体来看，随着相对湿度的增加，膨胀土表面结合水的数量和类型发生着不断变化，差热-热重试验结果证实了等温吸附试验的结论，即分别在 0.33、0.6 及 0.98 相对湿度下，土表面水合作用性质发生了改变，并伴随着三种类型的吸附结合水的出现。

(1) 强结合水。在相对湿度为 0.33 时，土表面吸附着很薄的强结合水膜，该层水分子与黏土呈紧密牢固的结合，水分子主要在黏土矿物颗粒的外表面吸附。吸附活性能为黏土颗粒表面与极性水分子间的强烈电场引力，矿物表面的氢键连接，土颗粒团聚体外少量吸附阳离子与水分子形成"离子-偶极体"连接。这三种活性中心与水分子均形成非常牢固的结合作用，使水分子层在颗粒表面形成紧密的"岛状"排列，性质上接近于固体的一部分，需要很高的温度才能将该层结合水脱去。

(2) 强结合水向弱结合水过渡阶段吸附。该层结合水与土表面的连接强度介于强结合水和弱结合水之间，相对湿度超过 0.6 以上吸附条件下，在土表面结合量不断增加，在差热曲线上，对应着 A_2 样 97℃附近的吸热谷及 A_3 样 123℃的吸热谷温度区间。该层结合水与颗粒表面的连接力较大,脱去的温度区间值较高,在性质上偏向于强结合水范围。但随着相对湿度的增加,该层水膜不断加厚,并逐渐向弱结合水过渡,因此,将其定义为过渡结合水。

过渡结合水随着相对湿度的增加,与土表面的水合机制不断变化,表现为水分子逐渐进入膨胀性矿物晶层内表面并形成氢键连接,层间阳离子的水合作用,矿物颗粒外表面水分子之间的极性连接而形成水膜厚度增加,等等。随着结合厚度的增加,过渡层最外层水分子与这些水化活性中心的连接能量逐渐减弱,但过渡结合水与颗粒表面作用的总能量在逐渐增大,因此表现出高相对湿度 A_3 土样对应的吸热谷温度比低湿度土样 A_2 要高。

(3)弱结合水。该层结合水膜与颗粒表面作用力很弱,70℃温度附近即可从土中逐渐脱去,该层水分子随着与颗粒表面距离的增加其连接作用力逐渐减小,定向排列的程度很差。其与颗粒表面的结合机制主要有:由矿物表面吸附水分子偶极体之间的氢键连接而形成多层吸附,膨胀性矿物晶层间水分子的多层排列,层间吸附阳离子水化膜厚度增加,以及在颗粒与颗粒接触点处的微毛细管水。

随着相对湿度的增加,不同类型结合水在膨胀土表面陆续形成。根据差热-热重试验的结果,可以将三种结合水按照脱附温度大体进行如下界定区分。

三种特征湿度的土样在 140~160℃ 均出现了明显的吸热谷,表明强结合水在此温度区间内被主要脱去,但强结合水脱去的过程较为缓慢,分布的温度区间相对较宽。从所有土样的热曲线来看,在 120℃ 左右开始出现热失重,在 200℃ 左右热重曲线出现进入另一平台阶段,表明强结合水已完全除去。因此,强结合水层对应热温度区间为 120~200℃。

过渡结合水在 A_2 样 97℃ 附近及 A_3 样 123℃ 附近存在着吸热谷,表明该层水膜的脱附温度区间随总含水量的变化而变化,但从整体上来看,在 80℃ 已表现出明显的失重,在 120℃ 绝大多数已经被完全除去。因此,过渡结合水层对应的温度范围为 80~120℃。

弱结合水在 80℃ 左右基本已完全除去, A_3 热重曲线表明该层水合膜在 55℃ 左右已开始脱失。因此,可将 55~80℃ 作为弱结合水层的界定温度区间。

需要指出的是,各种结合水实际上并非严格按照上述温度区间逐渐脱失,如过渡结合水中少量水分子在升温过程中可能会向弱结合状态转化并在弱结合水的温度区间被除去,也有少量水分子接近于强结合状态,可能在强结合水的温度区间才开始失去,土表面的结合水层本身也是不断过渡而不能严格划分的连续分布体系。因此,这里提出的结合类型界定温度,代表着不同结合水与颗粒表面连接作用的主体能力分布范围,并且这种划分方法与土的等温水汽吸附特征及热分析的结果是相吻合的。

根据上述划分标准,分别将各相对湿度吸附平衡的土样依次进行热天平(热重)试验,记录在温度不断上升过程中质量的变化,并按照其与 200℃ 烘干土的质量比计算绝对含水率。注意,热重曲线记录的重量变化是按照脱失的质量与初始土样的质量比进行计算的,初始土样质量包括 200℃ 烘干土质量和结合水总量两部分。将不同温度区间内的热失重质量换算成绝对含水率值,结果见表 8-2。

由表 8-2 可以看到,随着相对湿度的增加,膨胀土表面吸附的强结合水绝对含水率在 1.58%~1.72% 间呈微弱增加,总体上变化不大;过渡结合水含量随相对湿度显著增大,弱结合水在相对湿度为 0.85 时在土表面逐渐吸附分布,在 98% 湿度下达到 2.55%。

表 8-2 膨胀土不同类型结合水绝对含水率

相对湿度	0.33	0.60	0.75	0.85	0.98
绝对总吸附水量(%)	1.58	4.68	5.75	6.86	10.68
强结合水(120～200℃)(%)	1.58	1.58	1.64	1.69	1.72
过渡结合水(80～120℃)(%)	0	3.1	4.11	5.04	6.41
弱结合水(55～80℃)(%)	0	0	0	0.13	2.55

强结合水含量在湿度变化条件下基本保持稳定,反应了土样颗粒外表面以最牢固电场和键力方式连接的水分子量是一定的。随着湿度的增大,颗粒表面各种水化活性能量主要被吸附的过渡结合水所平衡,并随着该水层厚度的增加,各水化活性能力逐渐被平衡而消退,从而转化到水分子之间以极性键连接的多层吸附以及微毛细作用而形成的弱结合水阶段。在98%饱和吸湿状态下,强结合水含量最低,过渡结合水含量最高,弱结合水次之。由于本次试验的相对湿度最大值为 0.98,若继续增加湿度环境,弱结合水量还将继续显著增大。

8.3 ISS 改性膨胀土表面结合水定量分析

通过等温水汽吸附特征及差热分析,试验弱膨胀土表面吸附结合水的类型和水合机制已得到较清晰的界定。在此基础上,本节进一步分析比较 ISS 改性后膨胀土表面各类型结合水的吸附量变化,以及 ISS 对于膨胀土表面水合作用机制的影响改变。

8.3.1 改性土表面结合水分布、数量

将经过最优配比浓度的 ISS 溶液充分作用的膨胀土样自然风干,之后碾碎过 0.1mm 筛,取筛下土在 200℃烘干,然后采用与素膨胀土相同的方法进行等温水汽吸附试验,ISS 土的吸附平衡时间较素膨胀土短,平均在 8～10d 基本达到吸附质量不变。当各相对湿度条件下 ISS 土吸附完成后,取出土样,进行热天平(热重)试验,计算 ISS 土表面分布各类型结合水的绝对含水率。试验结果见图 8-7 至图 8-9 及表 8-3。

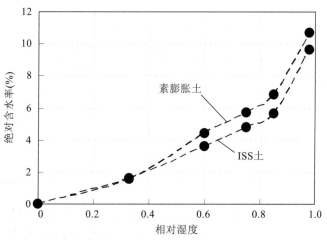

图 8-7 不同相对湿度下总结合水含量

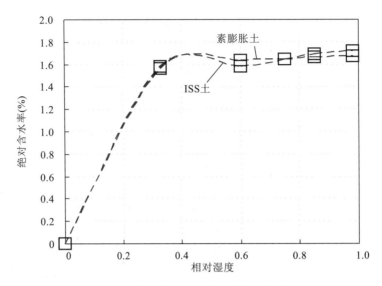

图 8-8 素土及 ISS 土强结合水含量对比

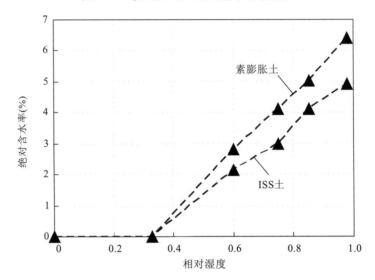

图 8-9 素土及 ISS 土吸附过渡结合水量对比

表 8-3 ISS 改性土吸附各组分结合水含量

相对湿度	0	0.33	0.60	0.75	0.85	0.98
总吸附水(%)	0	1.56	3.76	4.64	5.79	7.64
强结合水(%)	0	1.56	1.63	1.64	1.66	1.67
过渡结合水(%)	0	0	2.13	3.00	4.13	4.93
弱吸附水(%)	0	0	0	0	0	1.04

分析比较改性前后膨胀土表面各类型结合水分布及含量变化,可以得到以下结论。

(1)ISS 土表面结合水含量随相对湿度增大而增加,表现为特征湿度处结合水增量有较大变化。但在过渡结合水阶段(相对湿度 0.6~0.85),增加速度较素膨胀土更为平缓,表明此阶段土表面结合水活性和能力受到了显著的抑制。在低湿度条件下，ISS土表面只吸附少量强结合水，且数量与素土几乎一致，随湿度增大，ISS结合水总量比素土要小，两者的差距逐渐变大。

(2) ISS表面吸附强结合水数量随湿度增加呈非常微弱的增长趋势，整体上变化不大，见图8-8。ISS改性前后，膨胀土的强结合水量变化均非常不明显，基本在1.55%～1.7%范围内波动，说明了ISS对膨胀土表面吸附强结合水改变作用很弱。

(3) 从图8-9看到，ISS可显著抑制膨胀土吸附的过渡结合水分布量，该层结合水也是影响ISS土总结合水量的主要组成部分。过渡结合水是膨胀土表面吸附强结合水后，水分子进一步进入膨胀性矿物层间所形成的另一种类型结合水，是层间阳离子水化的主要形式，这表明ISS可显著降低水分在黏土矿物层间的吸附并改善层间阳离子的水化能力。

(4) 素膨胀土在0.85湿度条件下表面已经开始存在少量弱结合水膜，见表8-2。而ISS土在该湿度下仍处于过渡结合水吸附阶段，在0.98的高湿度条件下，ISS土的弱结合水出现，且较素土数量小得多，仅为1%左右。膨胀土表面水化活性能力在结合了强结合水和较多的过渡结合水后已经有了很大的消退，之后通过残余的分子引力和电场力，以及利用水分子之间的偶极体连接，形成了弱结合水层的吸附排列。随着土中总体湿度的增加，ISS分子解离的疏水基团活性得到了发挥，并有效阻止了土颗粒表面已经较弱的结合能对水分子的吸附作用，使膨胀土弱结合水量减小。

总的来说，由于ISS的改性作用，使膨胀土表面吸附结合水总量降低，其中，强结合水含量整体变化不明显，过渡结合水受到了很大的抑制，在很高的湿度条件下才出现少量的弱结合水分布。

8.3.2　改性土吸附结合水红外光谱分析

红外光谱分析方法是研究黏土矿物成分和分子结构变化的有效手段。红外光谱属于分子振动光谱，是由分子振动能级跃迁引起分子偶极矩变化，产生红外活动振动，进而得到红外吸收。换言之，只有在分子振动能级跃迁时，能引起分子偶极矩变化的振动才具有红外活性，产生红外吸收。

水分子属于偶极体结构，氧原子和氢原子沿着之间的化学键将发生伸缩和弯曲振动。膨胀土中不同类型的结合水中，水分子与矿物颗粒表面的结合作用能力是不同的，从而表现出水分子中氧原子和氢原子化学键的振动形式会发生相应的变化，化学键的偶极矩也将改变。那么，键吸收和释放的能力不同，水分子中化学键合就会改变，氧原子和氢原子键的振动频率也随之改变，在红外光谱图上则反应出吸收峰形态和强度的改变。

因此，可通过土样的红外光谱图直观地表现出各类型结合水与土表面及矿物层间结合能力的差别，从而可定性地鉴别出各类型结合水在土表面的分布形态。鉴于此，通过采用傅里叶红外光谱分析手段，进一步对膨胀土表面吸附结合水类型界定进行验证，并定性分析ISS改性后膨胀土表面结合水的分布改变。

试验采用0.85湿度条件下吸附平衡的素膨胀和ISS土。采用该湿度条件的原因在于：素膨胀土表面吸附的各类型结合水都已经完全出现，且与改性土结合水的分布类型和含量差别很明显，有利于观察对比。0.98湿度条件下，两种土样的结合水含量虽差别最大，但由于样品过湿，不便于试验测试而未采用。试验测试的土样包括0.85湿度吸附平衡的素膨胀土及ISS

土样,以及素膨胀土在热天平烧失温度在80℃、120℃、200℃状态下的土样。采用溴化钾压片法制样,对于各样品,控制样品研磨时间和用量尽量在同一条件。

膨胀土内黏土矿物中分布的水分子及结构OH^-通常在红外光谱中表现出几个特征峰吸收位置:在3 600~3 700cm^{-1}区域内,3 700cm^{-1}吸收对应高岭石矿物晶格OH^-的伸缩振动,3 620cm^{-1}主要对应蒙脱石及高岭石八面体晶格内的OH^-的伸缩振动。也有学者认为,3 620cm^{-1}部分归属于蒙脱石层间最牢固键合水的H-O-H伸缩振动。3 400cm^{-1}附近的吸收对应于膨胀结构矿物层间水的伸缩振动。在1 640cm^{-1}附近的吸收对应于矿物层间水分子的弯曲振动。另外,潮湿的蒙脱石在1 600cm^{-1}存在弱吸附水分子的弯曲振动。

从图8-10可以看到,在吸湿平衡的素膨胀土中,上述典型的水分子及结构OH^-吸收位置都有出露,并且在3 400cm^{-1}附近的吸收峰强度很大,表明土中蒙脱石矿物层间水含量大。从表8-2可以看到,土样中以过渡结合水含量最大,因此,3 400cm^{-1}应主要对应着该层水分子的伸缩振动,这部分结合水中有相当一部分是吸附在膨胀矿物的层间。

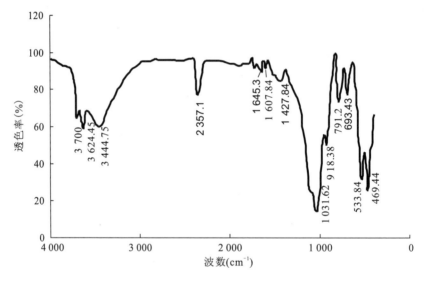

图8-10 湿度为0.85素膨胀土红外光谱

图8-10中,1 640cm^{-1}附近的吸收峰对应着层间水分子的弯曲振动。由于水分子发生弯曲振动时,要求其自由活性较强,但过渡结合水在层间吸附时与内层的结合作用较强,只有少数外层的水分子表现出较大的自由活性,因此,在1 640cm^{-1}的弯曲振动峰强度并不大。另外,在1 600cm^{-1}附近的很弱的吸收峰应对应着土样吸附的极少量弱结合水分子的弯曲振动。

图8-11表明,在80℃烧失温度下,膨胀土红外光谱的主要变化为:3 400cm^{-1}峰的强度降低了,另外,1 640cm^{-1}吸收峰有所弱化,1 600cm^{-1}振动峰消失。这种变化表明,土中的弱结合水在80℃后被完全脱去,引起其弯曲振动峰消失,从而验证了之前弱结合水的分布温度区间。

而3 400cm^{-1}峰的弱化,一方面表明了土吸附的弱结合水部分在层间分布并在加热时被除去,另外一方面也说明在80℃时小部分层间过渡结合水分子向弱结合状态转变而被除去。这也与之前的分析基本一致,即过渡结合水与土的作用能力在较宽的范围存在,很难采用固定的温度区间进行明确界定,并且在外在条件变化时(湿度、温度),过渡结合水分子与土表面结合同时存在向强结合水和弱结合水转化的态势,但总体上,这层水分子与土表面结合趋于较牢固状态,脱去的温度区间值较高。

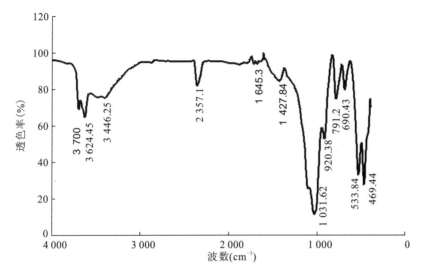

图 8-11　湿度为 0.85 素膨胀土在烧失温度 80℃后的红外光谱

从图 8-12 和图 8-13 可以看到,在 120℃时,3 400cm^{-1} 峰已弱化为不明显的平台,表明土样层间结合较牢固的过渡结合水基本已完全脱去;当温度在 200℃时,3 400cm^{-1} 消失,说明矿物层间少量的强结合水已经被完全除去,并且 3 600cm^{-1} 处吸收也有一定的弱化,表明 3 600cm^{-1} 处吸收也对应着矿物外表面的少量强结合水的伸缩振动。

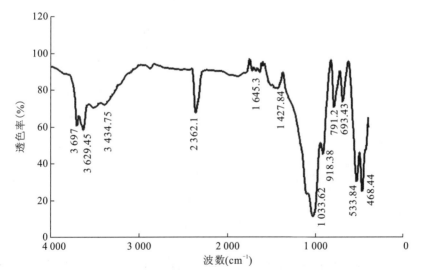

图 8-12　湿度为 0.85 素膨胀土在烧失温度 120℃后的红外光谱

比较图 8-10 和图 8-14 可以看到,ISS 改性土无 1 600cm^{-1} 的吸收峰出现,土表面无弱结合水分布而形成的水分子弯曲振动;3 400cm^{-1} 吸收峰较素土弱,表明其层间吸附的过渡结合水量比素膨胀土少;3 600cm^{-1} 吸收锋无明显变化,说明 ISS 对于膨胀土黏土矿物的晶格无破坏作用,不影响其晶格内部 OH⁻ 的连接方式。另外,如前所述,3 600cm⁻¹ 处吸收也对应着矿物外表面的少量强结合水的伸缩振动,说明 ISS 土与素膨胀土层间分布的强结合水含量基本一致。两种土样红外光谱变化所反应的结合水量分布特征,与前面的热分析是吻合的。

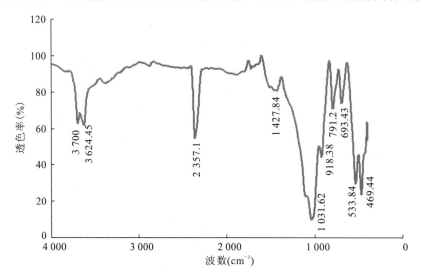

图 8-13　湿度为 0.85 素膨胀土在烧失温度 200℃后的红外光谱

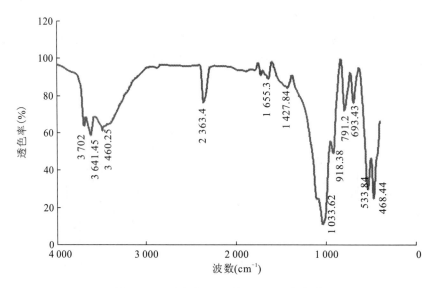

图 8-14　湿度为 0.85 的 ISS 土红外光谱

另外,ISS 改性后,土中主要黏土矿物在中低频区,1 031cm⁻¹(Si-O-Si)、533cm⁻¹(Al-O-Si)、791cm⁻¹(Al-O-H)等主要结构基团的振动形式和吸收特征均没有改变,也验证了 X 射线衍射的结论,即 ISS 并没有改变膨胀土中矿物的组分和晶体构架。

总体上,不同温度区间烘干土的红外光谱的变化,较好地验证了膨胀土表面吸附结合水分布温度区间的界定结论。由于膨胀土实际上是由多种黏土矿物混合组成的,因此,在红外光谱上不可避免会出现各种矿物特征峰位置的重叠和混合,所以很难准确、量化分析结合水的改变。但从定性的角度,其很好地反映出了结合水在土中分布状态,以及 ISS 改性后结合水的改变程度。

8.3.3 液态水化下 ISS 对土表面结合水的改变

膨胀土的水合过程可以通过一定湿度条件下吸附水汽的形式进行,当然也可以在液相水环境下水化而形成不同结合水层的分布。由于在液相水中,土表面接触的水分子密度很大,因此水合作用充分,从而表现为各类型结合水的数量发生改变,并且随着土含水总量的增加,土颗粒表面及矿物层间吸附的可交换阳离子发生"解离"而向外扩散,进而使弱结合水层以双电层中的阳离子扩散形式进一步发展。

尽管存在上述一般认识,但目前关于土在气态水分子和液相水环境下的各种结合水的分布特征,尚没有统一的认识。因此,ISS 对于液态水化条件下膨胀土表面的结合水改变情况是否完全等同于水汽吸附的情形,有必要作进一步分析。

本次试验将素膨胀土过 0.1mm 筛的风干样在 200℃下烘干,冷却后称取一定质量的土样,按照绝对含水率为 20% 的控制条件,喷洒水溶液,充分拌合均匀,此时土样的含水状态在塑限左右。之后将土样密封保湿,使其充分水合作用 2d 后,取出部分湿土,进行热天平(热重)试验。另外取出一部分湿土,按照最优配比浓度,添加 ISS 原液,充分拌合后,同样密封保湿作用 2d,取出进行热天平试验。

将两种土样热失重质量换算成 200℃下烘干土的绝对含水率值,并根据之前确定的各结合水分布温度区间,计算土中各类结合水的含量,结果见表 8-4。

表 8-4 液态水化下膨胀土表面结合水分布量

土样	素膨胀土	ISS 土
绝对总吸附水量(%)	19.53	19.41
强结合水量(120~200℃)(%)	1.75	1.78
过渡结合水(80~120℃)(%)	5.77	4.53
弱结合水(55~80℃)(%)	9.87	6.79
自由水(<55℃)(%)	2.14	6.31

从表 8-4 中可以看到,通过热失重烧出的绝对总水量较初始制样控制的绝对含水率(20%)要略低,这可能来自于样品处理过程中少量水分的蒸发流失。另外,热天平加热是一个温度逐渐上升的过程,与控制在恒定温度下的烘干有所差别。

液态水化条件下,素土及 ISS 土在 120~200℃升温区间脱失的强结合水量分别为 1.75% 和 1.78%,即 ISS 并没有显著降低土中强结合水的含量,这与水汽吸附的结果是一致的。另外,与 0.98 湿度条件下的水汽吸附相比,两种土样的强结合水量变化也不明显(图 8-15),说明膨胀土与水分子以极牢固的氢键、电场力及分子引力连接形式形成的这层水膜基本上是不随水化介质条件及 ISS 的改性作用而变化,反应了土表面某种固有的水化能力。

素膨胀土在液态水化条件下,过渡结合水量较 0.98 湿度条件水汽吸附状态略低一点,但改变量并不明显。弱结合水含量显著增加,从吸附状态的 2.55% 增加到 9.87%,表明随着土在较充分液态水作用的条件下,水化阳离子及极性水分子在土颗粒周围形成了更厚的弱结合水扩散分布状态，离颗粒表面越远，分子排列定向程度越趋于杂乱状态，与土连接力越微弱。弱结合水膜充分形成后，更多的水分子将以自由状态在土颗粒孔隙之间存在，从而在小于55℃温度区间内伴随部分自由水的脱失。

ISS作用后，土中过渡层吸附及弱结合水含量明显降低，其中，对于过渡结合水的改变程度与水汽吸附条件下基本一致，主要表现在弱结合水含量有显著减少。另外，ISS土中自由水的含量显著增加了。从形式上看，这部分多出的自由水应来自于ISS对于过渡结合水及弱结合水的减小量。

液态水条件下，当土表面结合水分布体系形成后，ISS添加其中将从"土-水"体系中解离出有效离子和活性基成分，并首先通过与围绕土颗粒表面的水化阳离子发生一系列理化作用，使弱结合水膜中的"溶剂化"离子与极性水分子之间的电化学键被破坏，使弱结合水分子与"土-阳离子"体系中的连接能量被破坏，从而有效地挤压了表面扩散层"水分子-阳离子"体系的厚度，使弱结合水含量降低。此外，随着ISS分子进一步进入到膨胀性矿物的层间，与层间水化阳离子形成化学键合，使阳离子"去水化"而脱出部分吸附较紧密的过渡层水分子。这些被ISS释放的结合水分子，将进入自由活性状态，转化为自由水，并在较低的温度区间内即可从土中脱去。由于这一系列作用，使ISS改性后，膨胀土过渡吸附水及弱结合水含量减小，并转化为自由水而排除。

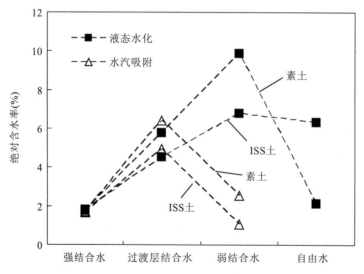

图8-15 水汽吸附(0.98)和液态水化下膨胀土结合水分布

由于膨胀土颗粒中过渡结合水和弱结合水的含量、水层厚度控制着土体内矿物的晶格膨胀的发展程度以及颗粒之间的连接作用力，当结合水厚度越大时，矿物晶格膨胀体积越显著，并且土颗粒之间被结合水"楔开"的程度越大，粒间连接越微弱，从而外在表现为土体更大的膨胀变形量。之前的试验结果已表明，无论是水汽吸附形式还是液态水合环境，ISS显著降低了膨胀土表面过渡结合水及弱结合水的分布含量，因此，从结合水角度，反映了ISS降低了膨胀土膨胀势和体积变形的内在机理。

8.4 ISS 与膨胀土结合水作用模型及改性机理分析

ISS 的主要成分为有机磺酸盐,其化学组成可以表示为 RSO_3H-M^+。当 ISS 添加到"膨胀土-水"体系中时,将电解成两部分结构,一部分为活性基团 RSO_3H,另外一部分为带正电荷的阳离子基 M^+。其中,活性基团呈亲水头基 SO_3^{2-} 和疏水尾基 $R-H$ 直接相连形成"二元结构"形式。ISS 电离的亲水头基有很强的亲水性,而疏水尾不溶于水,阳离子基 M^+ 为碱(土)金属及小分子量有机阳离子,从可交换阳离子试验来看,M^+ 中包含着一定数量的 Ca^{2+}。

当膨胀土水化发展到一定程度后,表面各类型结合水已形成,并以一定数量分布在土中,如图 8-16(a)所示。弱结合水含量最大,广泛分布于颗粒表面扩散离子层中以及膨胀黏土矿物表面及层间;强结合水为土颗粒表面及层间以最强的连接力紧密吸附的一层水分子,性质上接近于固体颗粒的一部分,分子排列成"岛状";过渡结合水结合力介于强结合水与弱结合水之

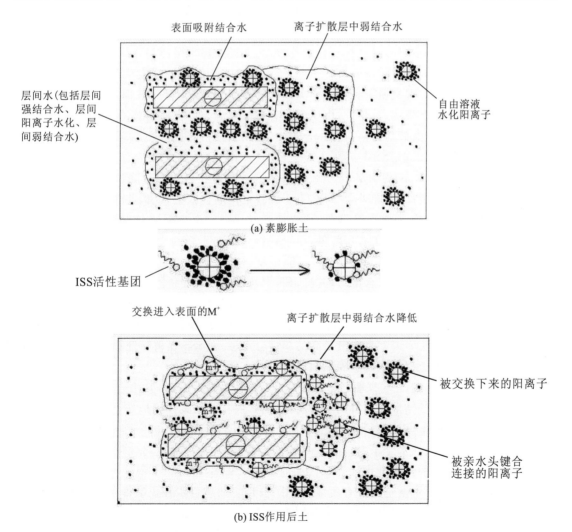

图 8-16 ISS 与"膨胀土-水"体系作用模型

间,其分布形式主要在矿物层间阳离子水化膜表面分子、颗粒表面及层间较牢固吸附的水分子层、少量分布在扩散离子层表面。

当 ISS 添加到"膨胀土-水"中后,首先电解出大量的阳离子基 M^+ 及活性基团,其中,阳离子基 M^+ 与膨胀土颗粒扩散层分布的可交换水化阳离子发生交换作用。由于 ISS 携带的 M^+ 基为高电荷且水化能低的无机及有机离子,这些交换上去的阳离子与土颗粒表面静电作用力强烈,从而进入扩散层中更靠近土表面位置并挤压扩散层,使扩散层厚度减薄,并且由于这些离子水合能力弱,使扩散层弱结合水数量大为降低。

另外,ISS 解离的活性基团的亲水头基 SO_3^{2-} 溶于扩散层阳离子体系的弱结合水中,并通过强烈的化学键合力与阳离子紧密的结合起来。同时,通过疏水尾的挤压力,使阳离子"去溶剂化",从而脱去云集在离子周围的弱结合水膜,使弱结合水转化成自由水分子,失去与"土-离子"体系的结合力。

随着上述作用过程的继续,亲水头基逐渐进入到颗粒更近表面以及层间,与矿物表面及层间的阳离子发生化学键合,使表面、晶层内表面及层间阳离子吸附的弱结合水水量进一步被脱去,并减小部分连接力较弱的过渡结合水。此外,亲水头基通过氢键与矿物表面及层间氧原子、氢氧原子连接,从而被牢固吸附在矿物内外表面,并通过疏水尾使部分结合水分子除去。

由于上述一系列作用过程[图 8-16(b)],使土颗粒表面理化性质发生了一系列改变,表现为:①亲水头基通过与可交换阳离子的牢固的化学键合,使阳离子一方面"去溶剂化",从而被束缚住,成为不可再交换状态;另外,由于部分有机阳离子与可交换阳离子在土表面交换后,因较强的分子连接力和电荷引力而占据在土表面,也很难被再交换下来,从而使膨胀土的阳离子交换量显著降低。②由于 ISS 与膨胀土表面可交换阳离子的交换、键合作用,使扩散层厚度降低,从而在电泳试验中,表现为 Zeta 电位降低。③伴随着扩散层厚度降低及弱结合水层变薄,土颗粒之间距离逐渐靠近,在外力作用下,土颗粒之间的连接更紧密,并伴随着各种土粒团聚现象的微结构特征变化,孔隙体积降低,比表面积减小。④土中弱结合水吸附量显著减小,结合力较牢固的过渡结合水量也有所降低,由于强结合水与土颗粒表面通过氢键和极大的电荷引力作用而牢固结合在土颗粒表面,ISS 不能改变强结合水状态。由于 ISS 亲水头与阳离子键合后,阳离子仍存在部分水合能力,并且 ISS 中携带的部分无机离子,在交换进土表面后,仍可发生水化而形成弱结合水;此外,过渡结合水中与晶层内表面及层间阳离子结合作用强的水分子,也将有一定量的存在。因此,ISS 不能完全除去土中所有结合水。由于制约土膨胀性、塑性及强度变化的主要因素是含量最高的弱结合水层,而 ISS 显著降低膨胀土弱结合水分布量,反应了改性后土工程性质得到提高的内在机制。

通过上述一系列作用,ISS 改性之后的膨胀土,若发生再度水化,其水合能力将发生显著降低,通过水汽吸附试验结果已经得到了证实,现对其内在机制具体分析如下。

(1)在低湿度条件下,由于膨胀土黏土矿物带永久负电荷而具有的强烈电场吸附力,以及矿物表面氧原子层与极性水分子的牢固氢键键合能力,水分子将在矿物颗粒表面形成单分层的牢固吸附,并以很薄的强结合水层存在。如前所述,ISS 不能阻止土中这种固有亲水能力,因此,改性前后,强结合水量基本没有变化,见图 8-17。强结合水在土表面的强烈作用下,排列形式和分布形态接近于"固态",并完全有别于水的正常属性,表现为极大的黏滞性、弹性、抗剪强度,不能传递静水压力,且其含量非常低。因此,强结合水并不是引起矿物水化膨胀的因素,对土的塑性、黏性都没有影响,不是 ISS 对膨胀土的改性效果的影响因素。

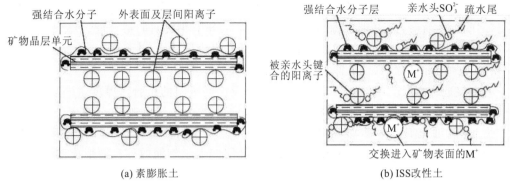

图 8-17 低湿度下表面强结合水吸附

(2)在中等湿度条件下,越来越多的水分子进入到黏土矿物层间,并与矿物内层表面形成氢键连接以引起层间阳离子水化,形成结合能力介于强、弱结合水之间的过渡结合水;同时,土表面已经吸附的水分子之间通过偶极体连接,引起的吸附量增加也是过渡层水分子的一部分,但这种连接形式较弱,属于过渡结合水中连接较弱的类型。由于矿物层间阳离子水化程度增加,阳离子逐渐脱离矿物内层表面,向晶层中间移动,从而一方面使"晶层-阳离子"之间的电荷引力降低,使更多的水分子在层内表面吸附,另一方面,由于阳离子位置的移动,使更多水分子在阳离子周围以"双向配位"形式云集,使阳离子水化程度近一步增加,过渡结合水含量逐渐增大,见图 8-18。

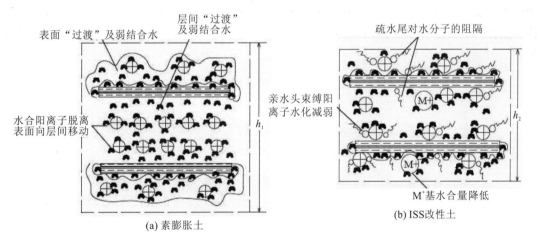

图 8-18 中-饱和湿度下表面结合水分布

ISS 改性后,膨胀土在中等湿度下的结合水分布形态将不同于素土(图 8-18)。具体表现为:①通过离子交换作用进入土中的 M^+ 基水化能力低,其水合形成的结合水量减小。②矿物晶层内表面因为被 ISS 分子吸附占据,降低了其吸附极性水分子氢键链接能力。同时,随着土湿度变大,土中整体含水量变高,ISS 疏水尾活性得到显著发挥,阻碍了水分子与晶层内外表面的吸附结合。③ISS 亲水基通过与层间阳离子的化学键合而将阳离子牢牢固定在晶层内表面上,这种键合链接一方面使阳离子成为"基团-离子"复合体而使水化能力降低,另一方面,由于阳离子被牢牢固定在矿物内表面而不能向层间移动,使其有效水分子接触面减小,使水分子只能在阳离子上形成"单向"配位。同样,由于阳离子被亲水基束缚在层内表面,"晶层-阳离子-晶层"之间的电荷引力没有明显弱化,从而阻碍了水分子在层间的结合能。ISS 通过上述作用方式,使膨胀土在中等湿度下逐渐吸附的过渡结合水含量减小,并且由于 ISS 限制了层间水分子层厚度的增加,因此有效地抑制了矿物晶格扩张的发展。

(3)在接近饱和湿度条件下,膨胀土矿物表面及层间吸附的结合水厚度进一步增大,矿物表面及层间阳离子的表面水分子不断云集,弱结合形式水分子层出现,并分布于外表面及晶层内,矿物晶格膨胀程度进一步加大[图 8-18(a)]。需要指出的是,即使在高湿度水汽吸附条件下,因离子水化程度总体上并不高,因此,表面及层间离子不能向外扩散形成双电层结构分布。

从图 8-18(b)可以看到,由于 ISS 亲水基团对于阳离子的束缚,亲水基在表面和层间的吸附,以及疏水基团对于水分子的有效阻隔,使过渡结合水和弱结合水数量降低,使层间膨胀的发展得到进一步抑制。改性前后膨胀土在高吸湿状态下(湿度为 0.98)X 射线衍射测定的蒙脱石层间距变化已证实了这一点。

总体上,ISS 对于膨胀土的改性机理涉及到多个方面,包括与土颗粒表面及矿物层间吸附阳离子的交换、键合束缚、驱赶占据,与矿物表面及层间的氢键链接、牢固结合包裹,以及疏水基团对于水分子吸附的阻碍等,并通过以上微观作用过程,使"土-水"表面双电层结构改变,扩散层厚度减小,Zeta 电位降低。由于膨胀土扩散层厚度减小,使土粒间连接力增大,土粒团聚作用明显,孔隙体积量减小,在同样外力压实作用下,土体整体表现出更高的微结构稳定性及力学强度。另外,通过减小膨胀土吸附弱结合水数量和厚度,使膨胀土粒间因结合水"楔入"的膨胀程度减小。ISS 与膨胀土的改性作用效果稳定性强,由于表面及层间亲水力均明显弱化,使膨胀性矿物晶层稳定性提高,即使土样再度吸湿,也可做到有效地抑制土体晶格膨胀的发展。

参 考 文 献

包承纲,饶锡保.土工离心模型试验原理[J].长江科学院院报,1998,15(2):2-7.
查甫生,崔可锐,刘松玉,等.膨胀土的循环胀缩特性试验研究[J].合肥工业大学学报(自然科学版),2009,32(3):399-402.
柴军瑞,仵彦卿.变隙宽裂隙的渗流分析[J].勘察科学技术,2000,3:39-41.
陈丽华,缪昕,于众.扫描电镜在地质上的应用[M].北京:科学出版社,1986.
陈正汉,周海清,Fredlund.非饱和土的非线性模型及其应用[J].岩土工程学报,1999,21(5):603-608.
崔德山.离子土壤固化剂对武汉红色黏土结合水作用机理研究[D].武汉:中国地质大学,2009.
崔新壮,丁桦.静力触探锥头阻力的近似理论与实验研究进展[J].力学进展,2004,34(2):251-261.
丁振洲,郑颖人,李利晟.膨胀力变化规律试验研究[J].岩土力学,2007,28(7):1 328-1 333.
董晓娟.南水北调中线工程潞王坟段膨胀岩(土)膨胀变形规律研究[D].武汉:中国地质大学,2010.
范仲勇,陈茂涛,董跃红.红外光谱在黏土稳定剂研究中的应用[J].西安石油学院学报,1992,7(2):70-73.
冯美果,陈善雄,余颂,等.粉煤灰改性膨胀土水稳定性试验研究[J].岩土力学,2007,28(9):1 889-1 893.
高国瑞.膨胀土微观结构特征的研究[J].工程勘察,1981(5):39-42.
郭爱国,孔令伟.石灰改性膨胀土施工最佳含水率确定方法探讨[J].岩土力学,2007,28(3):517-521.
贺行洋,陈益民,张文生,等.膨胀土化学固化现状及展望[J].硅酸盐学报,2003,31(11):1 101-1 106.
黄文强.ISS离子土壤稳固剂在堤顶路面的应用[J].中国农村水利水电,2005(10):77-78.
黄熙龄.膨胀土三向变形的特性[C]//中国土木工程学会土力学及基础工程学会主编.非饱和土理论与实践学术研讨会论文集.北京:地质出版社,1992:153-161.
惠会清,胡同康,王新东.石灰、粉煤灰改良膨胀土性质机理[J].长安大学学报,2006,26(2):34-37.
贾东亮,丁述理,杜海金.邯郸击实膨胀土的胀缩特性研究[J].东北水利水电,2004(8):34-37.
姜利,邢志强.路邦EN-1固化剂稳定土路用性能试验研究[J].公路运输工程,2010,27(3):234-237.
柯尊敬.用胀缩潜量指标判别和评价膨胀土[J].冶金建筑,1980(9):12-17.

李培勇,杨庆,栾茂田.非饱和膨胀土裂隙开展深度影响因素研究[J].岩石力学与工程学报,2008,27(S1):2 967-2 970.

李佩玉,袁安顺,林鸿福.对影响蒙脱石层间距离诸因素的探讨[J].中国地质科学院南京地质矿产研究所所刊,1986,7(1):61-70.

李生林,施斌.中国膨胀土工程地质研究[M].南京:江苏科学技术出版社,1992.

李生林.塑性图在判别膨胀土中的应用[J].地质论评,1984,30(4):352-356.

李献民,王永和,杨果林.击实膨胀土工程变形特征的试验研究[J].岩土力学,2003,24(5):826-830.

李振,周俊,邢义川.三轴应力状态下膨胀土增湿变形特性[J].岩土力学,2008,27(增1):3088-3094.

廖世文.膨胀土与铁道工程[M].北京:中国铁道出版社,1984.

林极峰.贵州盘县地区膨润土矿产出地质特征及其物化性能研究[J].贵州地质,1989,6(4):21-33.

刘起霞.地基处理[M].北京:北京大学出版社,2011.

刘清秉,项伟,张伟锋,等.离子土壤固化剂改性膨胀土的试验研究[J].岩土力学,2009,30(8):2 286-2 290.

刘清秉.膨胀土胀缩特性及固化剂改性作用机理研究[D].武汉:中国地质大学,2011.

刘斯宏,白福青,汪易森.膨胀土土工袋浸水变形及强度特性试验研究[J].南水北调与水利科技,2009,7(6):54-58.

刘松玉,方磊,陈浩东.论我国特殊土粒度分布的分形结构[J].岩土工程学报,1993,15(1):23-30.

刘松玉,季鹏,方磊.击实膨胀土的循环膨胀特性研究[J].岩土工程学报,1999,21(1):9-13.

刘志彬,施斌,王宝军.改性膨胀土微观孔隙定量研究[J].岩土工程学报,2004,26(4):526-530.

刘祖德,王园.膨胀土浸水三向变形研究[J].武汉水利电力大学学报,1994,27(6):617-622

楼蓉蓉.冻融循环对离子固化剂改性膨胀土力学性质的影响[D].武汉:中国地质大学,2013.

卢肇钧,吴肖茗,孙玉珍.膨胀力在非饱和土强度理论中的作用[J].岩土工程学报,1997,19(S):20-27.

卢肇钧,张惠明,张建华.非饱和土的抗剪强度与膨胀压力[J].岩土工程学报,1992,14(3):1-8.

苗鹏,肖宏彬,范志强.不同初始条件下的南宁膨胀土胀缩应变试验研究[J].公路工程,2008,33(2):38-42.

欧鸥.基于细观结构的SPP类液态稳定剂加固土机理及试验研究[D].广西:广西大学,2004.

任磊夫.黏土矿物与黏土岩[M].北京:地质出版社,1992.

沙庆林.水泥稳定土基层及底基层[M].北京:人民交通出版社,1981.

邵梧敏,谭罗荣,张梅英,等.膨胀土的矿物组成与膨胀特性关系的试验研究[J].岩土力学,1994,15(1):11-19.

沈新元,邓社军,曹华,等.ISS材料在防汛道路中的应用研究[J].人民长江,2003,34(12):16-18.

沈珠江.广义吸力和非饱和土的统一变形理论[J].岩土工程学报,1996,18(2):1-9.

施斌.黏性土微观结构的定量技术与微观力学模型[D].南京:南京大学,1995.
施斌.黏性土微观结构简易定量分析法[J].水文地质工程地质,1997(1):7-10.
水利电力部.SDS01-79 土工试验规程[S].北京:水利出版社,1981.
松尾新一郎.土质加固方法手册[M].孙明漳,等,译.北京:中国铁道出版社,1983.
宋玉梅.山西浑源膨润土岩石矿物特征及工艺性能研究[J].山西地质,1992,7(1):1-15.
速宝玉,詹美礼,张祝添.充填裂隙渗流特性试验研究[J].岩土力学,1994,15(4):46-52.
孙长龙.宁夏膨胀土地基浸水变形规律的试验研究[J].河海大学学报,1997,25(2):82-85.
孙钧,李成江.复合膨胀渗水围岩—隧洞支护系统的流变机理及其黏弹塑性效应[C]//第一届全国岩石力学数值计算与模型试验论文集.四川:西南交通大学出版社,1988.
孙役,王恩志,陈兴华.降雨条件下的单裂隙非饱和渗流试验研究[J].清华大学学报,1999,39(11):14-17.
谭罗荣,孔令伟.膨胀土膨胀特性的变化规律研究[J].岩土力学,2004,25(10):1 555-1 559.
谭罗荣,张梅英,邵梧敏,等.灾害性膨胀土的微结构特征及其工程性质[J].岩土工程学报,1994,15(2):48-57.
谭罗荣.蒙脱石晶体反常膨胀的电解质浓度效应[J].矿物学报,2002,22(4):371-374.
汪明元,包承纲,丁金华.试验条件对土工格栅与膨胀土界面拉拔性状的影响[J].岩土力学,2008,29(S1):442-448.
汪益敏,贾娟,张丽娟,等.ISS加固土的微观结构及强度特征[J].华南理工大学学报(自然科学版),2002,30(9):96-99.
汪益敏,张丽娟,苏卫国,等.ISS加固土的试验研究[J].公路,2001(7):39-43.
王国强.安徽省江淮地区膨胀土的工程性质研究[J].岩土工程学报,1999,21(1):119-121.
王平全.黏土表面结合水定量分析及水合机制研究[D].成都:西南石油学院,2001.
王媛,速宝玉.单裂隙面渗流特性及等效水力隙宽[J].水科学进展,2002,13(1):61-68.
韦秉旭,周玉峰,刘义高,等.基于工程应用的膨胀土本构模型[J].中国公路学报,2007,20(2):18-23.
温春莲,陈新万.初始含水率、容重及荷载对膨胀岩特性影响的试验研究[J].岩石力学与工程学报,1992,11(3):304-311.
吴云刚.南水北调中线工程膨胀土膨胀本构模型试验研究[D].武汉:中国地质大学,2011.
项伟,崔德山,刘莉.离子土固化剂加固滑坡滑带土的试验研究[J].地球科学,2007,32(3):397-402.
肖荣久.陕南膨胀土及其灾害地质研究[M].西安:陕西科学技术出版社,1992.
肖武权,徐林荣.膨胀土化学改良法[J].铁道建筑,2001(5):30-32.
谢云,陈正汉,李刚,等.南阳膨胀土三向膨胀力规律研究[J].后勤工程学院学报,2006,1:1-14.
邢忠信.南水北调中线河北地段膨胀土特性及改性实验研究[J].华北地质矿产,1999,14(2):266-272.
熊厚金,林天键,李宁.岩土工程化学[M].北京:科学出版社,2001.
须藤俊男.黏土矿物学[M].北京:地质出版社,1981.

徐海清.离子土固化剂加固滑带土研究[D].武汉:中国地质大学,2008.

徐晗,汪明元,黄斌.土工格栅加筋膨胀土渠坡数值模拟研究[J].岩土力学,2007,28(S1):599-603.

徐永福,龚友平,殷宗泽.宁夏膨胀土膨胀变形特性的试验研究[J].水利学报,1997,9:27-30.

徐永福,刘松玉.非饱和土强度理论及工程应用[M].南京:东南大学出版社,1999.

徐永福.非饱和膨胀土的力学特性及其工程应力[D].南京:河海大学,1999.

徐永福.宁夏膨胀土膨胀变形的速率工程参数的确定[J].河海大学学报,1999,27(5):100-102.

徐永福.膨胀土的浸水规律[J].河海大学学报,1998,26(5):66-70.

许瑛,雷胜友.影响有荷膨胀率的因素分析[J].长安大学学报(建筑工程与环境科学版),2003,20(2):6-9.

薛家华.黏土-水体系中的水[M].北京:科学出版社,1987.

燕守勋,李兴,张兵.蒙皂石含量与膨胀土光谱吸收参量相关关系研究[J].遥感学报,2005,9(3):345-348.

杨和平,肖夺.干湿循环效应对膨胀土抗剪强度的影响[J].长沙理工大学学报,2005,2(2):1-6.

杨和平.云南楚大公路膨胀土的土性试验研究[J].中国公路学报,2002,15(1):10-14.

杨明亮.石灰处治膨胀土路基长期性能影响因素试验研究[D].武汉:中国科学院武汉岩土力学研究所,2010.

杨庆.膨胀岩与巷道稳定[M].北京:冶金工业出版社,1995.

杨世基.公路路基膨胀土的分类指标[J].公路工程地质,1997,1(1):1-6.

杨洋,姚海林,陈守义.广西膨胀土的孔隙结构特征[J].岩土力学,2006,27(1):155-158.

杨志宏,张炳宏.新型材料—奥特赛特(Aught-Set)土壤固化剂的应用技术[J].铁道标准设计,2002,20(5):55-58.

姚海林,杨洋,程平,等.膨胀土的标准吸湿含水率及其试验方法标准[J].岩土力学,2004,25(6):856-859.

易顺民.膨胀土裂隙结构的分形特征及其意义[J].岩土工程学报,1999,21(3):294-298.

于强,傅妮.ISS离子土壤稳固剂研究与分析[J].四川建筑,2001,21(3):73-74.

余颂.膨胀土判别与分类指标及方法研究[D].武汉:中国科学院武汉岩土力学研究所,2006.

袁俊平,殷宗泽.膨胀土裂隙的量化指标与强度性质研究[J].水利学报,2004,6:1-6.

张爱军,哈岸英,骆亚生.压实膨胀土的膨胀变形规律与计算模式[J].岩石力学与工程学报,2005,24(7):1236-1241.

张丽娟,汪益敏,陈页开,等.电离子土壤固化剂加固土的压实性能[J].华南理工大学学报(自然科学版),2004,32(3):83-87.

张丽娟,汪益敏,苏卫国,等.加固土的CBR试验研究[J].华南理工大学学报(自然科学版),2002,30(7):78-82.

张梅英,谭罗荣,邵悟敏,等.南方膨胀土的微结构特性与工程性质研究[J].岩土力学,1993,14(1):67-82.

张乃娴.黏土矿物研究方法[M].北京:科学出版社,1990.

张倩. 谈谈自由膨胀率试验的局限性[J]. 公路工程与运输,2004,128:16-20.

张天乐,王宗良. 中国黏土矿物的电子显微镜研究[M]. 北京:地质出版社,1978.

张霆,刘汉龙,胡玉霞,等. 鼓式土工离心机技术及其工程应用研究[J]. 岩土力学,2009,30(4):1 191-1 196.

张伟锋. 南水北调中线工程膨胀岩(土)膨胀及加固机理研究[D]. 武汉:中国地质大学,2011.

张晓炜. 路基改性膨胀土的微观结构研究[J]. 河南科学,2006,24(3):408-410.

张正斌,刘莲生. 海洋物理化学[M]. 北京:科学出版社,1989.

章高峰. 宁明非饱和膨胀土的变形特性研究[D]. 长沙:长沙理工大学,2008.

章庆和. 膨润土差热曲线与物理化学特性的关系[J]. 矿物学报,1989,9(2):178-184.

中华人民共和国城乡建设环境保护部. GBJ112-87 膨胀土地区建筑技术规范[S]. 北京:中国计划出版社,2003.

中华人民共和国行业标准编写组. JTGD30—2004 公路路基设计规范[S]. 北京:人民交通出版社,2004.

周玉峰. 宁明膨胀土膨胀变形规律和本构关系研究[D]. 长沙:长沙理工大学,2005.

Arnold M. 膨胀土成因及黏土矿物鉴定[C]//国外膨胀土研究新技术——第五届国际膨胀土大会论文选译集. 成都:成都科技大学出版社,1984:32-36.

Bishop J L. 蒙脱石中水性质的红外光谱分析[J]. 地质科学译丛,1995,13(1):1-6.

格里姆 R E. 黏土矿物学[M]. 许冀泉,译. 北京:地质出版社,1981.

Hiemen P C. 胶体与表面化学原理[M]. 周祖康,马季铭,译. 北京:北京大学出版社,1986.

Tersoanives. 水在裂隙网络中的运动[M]. 盛志浩,田开铭,译. 北京:地质出版社,1987.

Alan F,Rauch J S,et al. Measured effects of liquid soil stabilizers on engineering properties of clay[J]. Transportation Research Record,2002,1 787:33-38.

Alonso E E,Gens A,Iosa A. A constitutive model for partially saturated soils[J]. Géotechnique,1996,40(3):405-430.

Alonso E E. Modeling the mechanical behaviour of expansive clays [J]. Engineering Geology,1999,54(2):173-183.

Al-Mhaidib A I. Swelling behavior of expansive shale[J]. Expansive Soils:Recent Advances in Characterization and Treatment,2006:273.

Al-Mukhtar M,Abdelmadjid L. Behaviour and mineralogy changes in lime-treated expansive soil at 20°C [J]. Applied Clay Science,2010,50(2):191-198.

Avsar E,Ulusay R,Sonmez H. Assessments of swelling anisotropy of Ankara clay[J]. Engineering Geology,2009,105:24-31.

Azam S. Large-scale odometer for assessing swelling and consolidation behaviour of Al-Qatif clay. Expansive soils:Recent advances in characterization and treatment [M]. Al-Rawas AA, Goosen MFA Editors. Balkema Publishers-Taylor & Francis, the Netherlands,2006:85-99.

Baligh M M. Strain path method[J]. J Geotech Engrg,ASCE,1985,111(9):1 108-1 136.

Bell F G. Engineering treatment soils (1st edn)[M]. London:E&F Spon,1993.

Bishop A W, Alpan I, Blight G E, et al. Factors controlling the strength of partly saturated cohesive soils[C]//Research Conference on Shear Strength of Cohesive Soils[s. l.]: University of Colorado, 1960.

Bishop A W, Bjerrun L. The relevance of the triaxial test to the solution of stability problems. Research Conf. on shear strength of cohesive soils[C], ASCE, 1960:437 – 501.

Bishop W. The principle of effective stress[J]. Teknisk Ukeblad, 1959, 106(39):859 – 863.

Bjerrun L. Progressive failure in slopes of over consolidated plastic clay soil[J]. J. Mechanics and Found Div. ASCE, 1967, 93(SM5):3 – 50.

Brand E W. Alteration of Soil Parameters by Stabilization with Lime[C]. Proc 10th Int Conf on Soil Mech and Found, 1981:587 – 594.

Bronswijk J J B. Shrinkage geometry of a heavy clay soil at various stresses [J]. Soil Science Society of America Journal, 1990, 54:1 500 – 1 502.

Buzzi O, Fityus S, Sloan S. A proposition for a simple volume change model for saturated expansive soils[M]// Pande G, Pietruszczak S(Eds.). Numerical Models in Geomechanics – NUMOG X, Rhodos, 2007:99 – 104.

Chen F H. Foundations on expansive soils[M]. Elsevier Scientific Publishing Co. , Amsterdam, 1988.

Chertkov V Y. Modelling the shrinkage curve of soil clay pastes [J]. Geoderma, 2003, 112:71 – 95.

Chew S H, Kamruzzaman A H M, Lee F H. Physicochemical and engineering behavior of cement treated clays[J]. J. Geotech. Geoenviron. Eng, 2004, 130(7):695 – 704.

Cokca E. Use of Class C fly ashes for the stabilization of an expansive soil [J]. J. Geotech. Geoenviron. Eng. , 2001 127(7):568 – 573.

Delage P, Audiguier M, Cui Y J. Microstructure of a compacted silt[J]. Canadian Geotechnical Journal, 1996, 33(1):150 – 158.

Delage P, Graham J. Mechanical behaviour of unsaturated soils: Understanding the behaviour of unsaturated soils requires reliable conceptual models[C]// Proceedings of the First International Confernece on Unsaturated Soils. Paris: Balkerma A A, 1995, 3:1 223 – 1 256.

Delage P, Howat M D, Cui Y J. The relationship between suction and swelling properties in heavily compacted unsaturated clay[J]. Engineering Geology, 1998, 50:31 – 48.

Delage P. Some microstructure effects on the behaviour for compacted swelling clays used for engineered barriers[J]. Chinese J. of Rock Mechanics and Engineering, 2006, 25(4):721 – 732.

Du Y J, LI S L. Swell-shrinkage properties and soil improvement of compacted expansive soil in Ning-Liang Highway[J]. China Eng Geology, 1999, 63(3):351 – 358.

Einstein H H, Bischoff N, Hofmann E. Behavior of studs soles which swells in marl[R]. Reports of the International Symposium for Underground Mining, Luzern, Switzerland, 1972.

Einstein H H. Suggested methods for laboratory testing of arginaeeous swelling roek[J]. Int. J. RoekMeth. Minsei. , 1989(3):415 – 426.

Erguler Z A, Ulusay R. Swelling behavior of ankara clay[J]. Expansive Soils: Recent Advances in

Characterization and Treatment, 2006: 149 – 172.

Ferguson G, Zey J. Use of coal ash in highway pavements: Kansan Demonstration Project[R]. Electric Power Research Institute (EPRI), 1992, Palo Alto, CA, Final Report TR – 100328.

Fleureau J M, Kheirbek-Saoud S, Taibi S. Experimental aspects and modeling of thebehavior of soils with a negative pressure[C]// Unsaturated soils-95. Alonso & Delage (Eds), 1995: 57 – 63.

Fredlund D G, Morgenstern N R. Stress state variables for unsaturated soils[J]. J. Geotech. Eng. Div., ASCE 103, 1977, No. GT5: 447 – 466.

Fredlund, Rahardjo. Soil mechanics for unsaturated soils[M]. New York: John Wiley and Sons Inc., 1993.

Fuglsang L D, Ovesen N K. The application of the theory of modelling to centrifuge studies[J]. Centrifuge in Soil Mechanics, 1998: 119 – 138.

Gatmiri B, Delage P. A new void ratio state surface formulation for the non – linear elastic constitutive modeling of unsuturated soilcode U – dam [J]. Published by A A Balk – ema, Rotterdam, Nerlands, 1995: 124 – 131.

Gens A, Alonso E E. A framework for the behavior of unsaturated expansive clays [J]. Canadian Geotechnical Journal, 1992, 40(1): 31 – 44.

George S Z, Ponniah D A. Effect of temperature on lime – soil stabilization[J]. Construction & Building Materials, 1992, 6(4): 247 – 252.

Gysel M. Design methods for structure in swelling rock[C]. 6th ISRM Congress. International Society for Rock Mechanics, 1987.

Holtz W G, Gibbs H J. Engineering properties of expansive clay[J]. Transactions of the Americian Society of Civil Engineers, 1956, 121(1): 641 – 663.

Hoyos L R, Puppala A J, Chainuwat P. Dynamic properties of chemically stabilized sulfate rich clay [J]. Journal of Geotechnical and Geoenvironmental Engineering, 2004, 130(2): 153 – 162.

Ingles O G, Metcalf J B. SoilStablizer, principle and practice[M]. Butterworths, Sydney, 1972.

Katti K S, Katti D R. Relationship of swelling and swelling pressure on silica-water interactions in montmorillonite[J]. Langmuir, 2006, 22: 532 – 537.

Katz L E, Rauch A F, Liljestrand H M, et al. Mechanisms of soil stabilization with a liquid Ionic stabilizer. in transportation research record[J]. Journal of the Transportation Research Board, TRB, National Research Council, Washington, D. C., 2001(1757): 50 – 57.

Komine H, Ogata N. Prediction for swelling characteristics of compacted bentonite[J]. Can. Geotech. J., 1996, 33(1): 11 – 22.

Komornik A, Zeitten J G. Laboratory determination of lateral and vertical stresses in compacted swelling clay[J]. Joumal of Materials, JMLSA, 1970(1): 108 – 128.

Kota Prakash B V S. Sulfate – bearing soils: problems with calcium based stablizers[R]. TRR, National Research Council, Washington. D. C, 1996, 15: 62 – 69.

Loret A, Gens A, Batlle F, et al. Flow and deformation analysis of partially saturated soils[C]// Proc

9th Eur Conf Soil Mech. Dublin,1987,2: 565-568.

Ladanyi B,Johnston G H. Behavior of circular footings and plate anchors embedded in permafrost[J]. Can Geotech J,1974,11(3):531-553.

Little L,Carlson R F,Connor B G. Tests of stabilization products for sandy soils from the national petroleum reserve-alaska[C]. Transportation Research Board 86th Annual Meeting,2007(7):316.

Mahjoory R A. Occurrence and mineralogy of a deposit of shampoo-clay in southernIran[J]. Applied Clay Science,1996,10(1):69-76.

Marcial D,Delage P,Cui Y J. On the high stress compression of bentonites[J]. Canadian Geotechnical Journal,2002,39:812-820.

Marquart D K. Chemical stabilization of three texas vertisols with sulfonated naphthalene[D]. M. S. Thesis,Texas A&M University,1995.

Monroy R. The influence of load and suction change on the volumetric behavior of compacted London Clay [D]. PhD thesis. Imperical College. London,2005.

Nayak N V,Christensen R W. Swelling characteristics of compacted expansive soils [J]. Clays and Clay Minerals,1974,19(4):251-261.

Peron H,Hu L B,Laloui L,et al. Mechanisms of desiccation cracking of soil: validation[M]// Pande G,Pietruszczak S(Eds.). Numerical Models in Geomechanics-NUMOG X,Rhodos. Balkema,2007.

Petry T M,Little D N. Update on sulfate-induced heave in treated clays: problematic sulfate levels [R]. Transportation Research Record 1362,TRB,National Research Council,Washington,D. C. ,1992:51-55.

Prost R K,Benchara T,et al. State and location of water adsorbed on clay minerals: consequences of the hydration and swelling-shrinkage phenomena[J]. Clays and clay minerals,1998,46 (2):117-131.

Puppala A J,Kadam R,Madhyannapu R S,et al. Small-strain shear moduli of chemically stabilized sulfate-bearing cohesive soils [J]. J. Geotech. Geoenviron. Eng. ,2006:132(3):322-336.

Pusch R. The buffer and backfill handbook, part 1: definitions, basic relationships, and laboratory methods[R]. Stockholm:SKB Technical Report TR-02-20,2002.

Rao S M,Reddy B V V,Muttharam M. The impact of cyclic wetting drying in the swelling behaviour of stabilized expansive soils[J]. Engineering Geology,2001,6:223-233.

Richards B G,Peter P,Martin R. The determination of volume change properties in expansive soils [C]// ASCE. Proc. 5th Int. Conf. on Expansive Soils. Adela—ide:ASCE,1984:179-186.

Robertson A M. Lateral swelling pressurein active clay[C]. Sixth Regional Confereneefor Africa Soil Mechanics&Foundation Engineering,Darbanm South Africa,SePtember. 1975.

Roslan H, Agus S M. Swelling rate of expansive clay soils. expansive soils:recent advances in characterization and treatment[M]// Al-Rawas A A, Goosen M F A(Eds.). Balkema Publishers-

Taylor & Francis, the Netherlands, 2006.

Salgado R. Analysis of penetration resistance in sands [D]. Berkeley: University of California, 1993.

Salles F, Bildstein O, Douillard J, et al. Determination of the driving force for the hydration of the swelling clays from computation of the hydration energy of the interlayer cations and the clay layer[J]. Journal of Chemical Physics, 2007, 111(35): 13 170 – 13 176.

Schmitz R M, Schroeder C, Charlier R. Chemo-mechanical interactions in clay: a correlation between clay mineralogy and atterberg limits[J]. Applied Clay Science, 2004, 26: 351 – 358.

Scholen D E. Stabilizer mechanisms in nonstandard stabilizers[C]. 6th International Conference on Low Volume Roads, 1995, 6(2): 252 – 260.

Seed H B, Woodward R J, Lundgren R. Prediction of swelling potential for compacted clays[J]. Journal of Social Mechanics and Foundation Engineering Soil Division, ASCE, 1962, 88: 53 – 87.

Sharma R S, Phanikumar B R. Laboratory study of heave behavior of expansive clay reinforced with geopiles [J]. J. Geotech. Geoenviron. Eng., 2005, 131(4): 512 – 520.

Skempton W A. Fourth R. Lecture: long – termstability of clay slopes[J]. Géotechnique, 1964, 14(2): 1 – 35.

Slade P G, Quirk J P, Norrish K. Crystalline swelling of smectite samples in concentrated NaCl solutions in relation to layer charge[J]. Clays & Clay Miner, 1991, 39: 234 – 238.

Tsiambaos G, Tsaligopoulos C H. A proposed method of estimating the swelling characteristics of soils: some examples from greece[J]. Engineering Geology, 1995, 52(10): 109 – 115.

Van D M D H. The prediction of heave from the plasticity index and percentage clay fraction of soils [J]. The Civil Engineers Africa Inst. Civ. Engrs, 1964, 6(1): 103 – 131.

Vittons H J, Wendell W. Engineering significance of shrinkage and swelling soils in blast damage investigation[C]. Proc of the Annual Symposium on Explosives and Blasting Research. International Society of Explosives Engineers, 1996: 65 – 75.

White D J, Bergeson K L. Long-term strength and durability of hydrated fly-ash road bases[J]. Transportation Research Board of the National Academies, 2001, 1755: 151 – 159.

Winterkom H F, Pamukcu S. Soil stabilization and grouting foundation engineering handbook (2nd edn)[M]. New York: Van Nostrand Reinhold, 1991.

Xu Y F, Dai J Q, Yin Z Z. Preliminary Study on the model of the swelling deformtion of some expansive soil in Ningxia[J]. Journal of Basic Science and Engineering, 1997, 5(2): 161 – 166.

Wittke W, Rissler P. Dimensioning of the lining of underground openings in swelling rock applying the finite element method[M]. Institute for Foundation Engineering, Soil Mechanics, Rock Mechanics and Water Ways Construction, RWTH (University), 1976.

Yasufuku N, Hyde A F. Pile end bearing capacity in crushable sands [J]. Geotechnique, 1995, 45(5): 663 – 676.

Yoothong K, Moncharoen L, Vijarnson P. Clay mineralogy of Thai soils[J]. Applied Clay Science, 1997, 11(5): 357 – 371.

Yu H S, Houlsby G T. Finite cavity expansion in dilatant soils: loading analysis[J]. Geotéchnique, 1991, 41(2): 173 - 183.

Yu H S, Mitchell J K. Analysis of cone resistance: a review of methods[R]. Dept of Civ Engrg, University of Newcastle, Australia. Internal rep No, 142. 09. 1996.

Zhang F S, Low P F, Roth C B. Effects of monovalent, exchangeable cations and electrolytes on the relation between swelling pressure and interlayer distance in montmorillonite[J]. Journal of Colloid and Interface Science, 1995, 173(1): 34 - 41.